Traumzeit-Verlag

Impressum

Alle Angaben in diesem Buch erfolgen nach bestem Wissen und Gewissen. Sorgfalt bei der Umsetzung ist dennoch geboten. Der Verlag und die Autoren übernehmen keinerlei Haftung für Personen-, Sach- oder Vermögensschäden, die aus der Anwendung der vorgestellten Methoden und Materialien entstehen können.

Bibliographische Information der Deutschen Bibliothek
Die Deutsche Bibliothek verzeichnet diese Publikation in der Deutschen Nationalbibliographie. Detaillierte bibliographische Daten sind im Internet über http://dnb.ddb.de abrufbar

ISBN 3-933825-14-8

Copyright © 2004 Traumzeit-Verlag David Lindner, Schönau.
Das Werk einschließlich aller seiner Teile ist urheberrechtlich geschützt. Jede Verwertung ist ohne Zustimmung des Verlages unzulässig. Das gilt insbesondere für Vervielfältigungen, Übersetzungen, Mikroverfilmungen und die Einspeicherung und Verarbeitung in elektronischen Systemen.

Layout: Ansgar-Manuel Stein, Hannover
Cover nach einem Entwurf von David Lindner
Korrektorat: Rena Umland

Eine Auswahl der Berufe, in denen Menschen arbeiteten, die mich für dieses Buch inspiriert haben:
Filmemacher Geiger Geomanten Gitarristen Gongmusiker Graphiker Großindustrielle Gymnasiallehrer Händler Hauptschullehrer Heilpraktiker Hochschullehrer Hochleistungssportler Holzbildhauer Installationskünstler Kampfsportler Instrumentenbauer Journalisten Kinder Kindergärtnerinnen Kirchenorganisten Klangschalentherapeuten Klarinettisten Köche Konzertveranstalter Kunststoffskulpteure Landart-Künstler Liebende Liedermacher Lyriker Maler der jungen Wilden Maler des Fotorealismus Maler des Surrealismus Maler von Blumenbildern Mönche Manager Marketing-Ausbilder Milliardäre Millionäre Moslems Mütter Penner Percussionisten Pantomimen Prozeßmanager Psychotherapeuten Pfarrer Puppenbauer Restaurantbesitzer Rockmusiker Sänger Sängerinnen Schamanen Schriftsteller Steuerberater Sozialarbeiter Steinbildhauer Studiochefs Studiotechniker Tänzer Unternehmensberater Väter Verlagsauslieferer Videokünstler Verleger u.a.m

Besuchen Sie uns im Internet: www.traumzeit-verlag.de

David Lindner

Von
Kunst
Leben

Das Geheimnis des Erfolgs

50 EURO

50 **EURO**

Marketing für kreative Freiberufler

Inhalt

Prolog: Wovon sonst?

Oft werde ich gefragt, ob ich von meiner Kunst leben kann.

Ich gehe manchmal morgens um sieben schlafen, weil ich die Nacht über wild tanzend Farben gleich eimerweise über riesige Leinwände malte. Zum Frühstück gefällt es mir dann, ein Buch zu lesen und dabei ein Glas Wein zu genießen.

Vielleicht arbeite ich morgen sechzig Stunden am Stück. Dabei kitzelt mich ein glückliches Gelächter im Bauch, denn ich arbeite *meine* Arbeit. Danach fahre ich eine Woche ans Meer. Nur um dazusitzen und hinauszuschauen.

Vielleicht lebe ich ein halbes Jahr von Reis und Nudeln, weil gerade kein Geld da ist. Das ist schön, denn manchmal verdiene ich unerwartet so viel, daß ich in Champagner baden könnte. Doch Champagner ist mir egal, ich kaufe Materialien für neue Arbeit. Weil Spaß und Arbeit für mich eins sind.

Ich erlaube mir den Luxus, traurig zu sein ob des Dunkels in der Welt. Und so beweine ich manch einen Frühlingsmorgen, weil nicht für alle Menschen die Blumen blühen. Doch schon am Mittag schaffe ich ein Licht, wie es noch nie zuvor erstrahlte. Und das Licht, es macht die Welt noch schöner, als sie eh schon ist.

Ich liebe das Leben, ich sauge sein Mark wie goldenes Elixier in mich auf. Ich weihe so jeden Augenblick der Unsterblichkeit meiner Sehnsucht.

Was andere über mich sagen ist egal. So lächerlich egal. Denn ich habe nur eine Pflicht: Zu sein, wer ich bin, und ich bin Künstler.
Ich bin niemandes Herr und keiner kann mir befehlen, was ich tun oder lassen soll. Ich entscheide jeden Augenblick neu, was ich gleich mache oder

was ich bleiben lasse. Denn mein Herz schlägt mutig und mein Banner heißt Freiheit.

Ich bin ein Kind des Lebens und Kreativität ist der Nektar meines Seins. Ich erschaffe meine Welt jeden Tag neu. *Jeden* Tag! Ich tanze und ich lache, ich kämpfe und ich weine. Ich lasse die Träume der Menschen Hoffnung schöpfen und das nenne ich Liebe. Denn aus Träumen werden Welten geboren.

Ob ich von Kunst leben kann?

Kann man von etwas anderem leben?!

Die Seele des Erfolgs

Jedes Buch hat eine Geschichte

Als ich 1999 die Idee zu dem Buch „Von Kunst leben" entwarf, da hatte ich keine blinde Ahnung von dem Martyrium, durch das ich wegen dieses Titels über fast fünf Jahre gehen sollte. Damals hatte ich mir überlegt, einfach ein kleines Sammelsurium an Tips und Tricks aufzulisten, das meinen Kollegen helfen sollte, ihre Kreativität besser zu vermarkten. Ich hatte als Künstler viele Erfahrungen gesammelt und wollte sie teilen. Vor allem, um meinen Kollegen viele der Fehler zu ersparen, die ich als Künstler gemacht habe und die mich reichlich Zeit und noch mehr Geld gekostet haben. Ich kenne viele begabte Menschen, die auf ihrem Weg scheiterten, weil sie nicht über das nötige Know-how verfügten.

Übermütig kündigte ich die Veröffentlichung des Titels für Mitte 2000 in der Gewißheit an, daß es mir leicht von der Hand gehen dürfte, einfach nur einen Haufen praktischer Informationen zusammenzutragen.

Doch es kam anders.

Zum einen begann ich, mich intensiv mit dem Thema Marketing in seiner ganzen Bandbreite auseinanderzusetzen. Ich las wohl an die hundert Bücher rund um das Thema, ich besuchte Seminare, lauschte Vorträgen. Hatte ich noch eben gedacht, mich ganz gut auszukennen, so erfuhr ich nun von tausend weiteren Wegen und Möglichkeiten der Vermarktung und des Marketings.

Völlig zeitgleich zu diesen inspirierenden Recherchen wuchs mein Erfolg als bildender Künstler, Musiker und Autor. Ich gründete einen Verlag und probierte all die neuen Marketingideen durch.

Durch die Expansion meiner Möglichkeiten lernte ich wunderbar viele Menschen aus den verschiedensten beruflichen Bereichen kennen. Viele, die entschieden erfolgreicher waren als ich und auch viele, die es nicht so richtig zu schaffen schienen oder ganz offen mit ihrer Kunst scheiterten. Ich beobachtete genau, wie sie lebten, arbeiteten und dachten, die Erfolgreichen und die Erfolglosen. Ich probierte, ahmte nach, suchte eigene Wege, scheiterte regelmäßig und feierte Erfolge.

Die ganze Zeit über suchte ich nach einem Weg, das Buch „Von Kunst leben" zu schreiben. Monatlich fragten Händler und Leser bei mir an, und immer vertröstete ich sie und mich mit der Hoffnung: „Das Buch wird in einem halben Jahr fertig sein."

Es wurden peinliche neun halbe Jahre. Peinlich war es mir, denn ich hatte nicht die geringste Ahnung, warum ich es schaffte, sieben Bücher zu schreiben, über ein Dutzend CDs zu produzieren, Konzerte und Ausstellungen zu geben, Seminare zu veranstalten und zwei Ausbildungen zu durchlaufen, nicht aber dieses doch eigentlich so einfache Buch zu schreiben.

Inzwischen tauchten immer mehr Kreativratgeber auf dem Buchmarkt auf. Unzufrieden schmökerte ich in den Büchern der Kollegen, hervorragend gemachte bis bedenklich schlechte rund um die Thematik „Wie geht denn das: von der eigenen Kreativität leben?" und grollte mir selbst, mehr, als es klug war. Denn tatsächlich war ich die ganze Zeit auf der Suche nach einer Antwort. Ich suchte die Antwort auf die Frage nach dem Geheimnis des Erfolges. Und diese Antwort fand ich in keinem der Bücher, die ich las. All die Bücher, viele von ihnen brilliant geschrieben, voller fraglos praktischer Tips (von denen ich ja reichlich ausprobierte), all diese Bücher erfaßten nicht das, was ich in der Welt des Handels und Wandels zunehmend klarer wahrnahm: Was nämlich den einen Menschen erfolgreich macht und den anderen nicht. Was die Ursachen des Erfolgs sind. Was sein Grundprinzip ist, wie er sich zusammensetzt, wie seine DNS ist und schließlich die Antwort auf die Frage: Was ist der geistige Quell des Erfolgs, der sich in der Welt manifestiert? Was ist die Seele des Erfolgs? Denn eines war mir schon eine Weile klar: Marketing alleine führt einen nicht zum letztendlichen, ganzheitlichen Erfolg.

Erfolg und Erfolg und Erfolg

Seit über fünfzehn Jahren macht es mir Freude, mit meinen Mitmenschen, Kollegen, Geschäftspartnern und Kunden schnell tief ins Gespräch zu kommen und über ihre Gefühle, Hoffnungen und Ängste und über ihren Lebensweg zu sprechen. Ich habe für dieses Buch so lange Jahre gebraucht, weil ich Klarheit erlangen wollte über den Erfolg. Ich konnte in all diesen Gesprächen, wie auch bei der Beobachtung der Reichen und Berühmten feststellen, daß es ganz offensichtlich verschiedene Formen des Erfolges gibt.

Wenn es in Marketingbüchern und Wirtschaftsbüchern um Erfolg geht, dann geht es meistens um das Erreichen eines gewissen Zieles. Von dem sprechen wir fast immer, wenn wir das Wort Erfolg in unserer Kultur verwenden. Ein Mensch hat ein Ziel ins Auge gefaßt, und wenn er dieses Ziel erreicht, dann nennen wir ihn erfolgreich. Das Ziel kann der Schulabschluß sein, die Aufnahme an einer Akademie, eine Ausbildung, ein Auftrag, eine Ausstellung, ein bestimmtes Jahreseinkommen, Popularität, eine Anstellung bei einer bestimmten Firma, oder oder oder.
Der Mensch in seiner Ganzheit ist selten Mittelpunkt des Prozesses. Wird er durch das Erreichen des Zieles glücklich? Ich meine langfristig glücklich. Ein zuvor gefaßtes Ziel zu erreichen gibt einen kurzen Kick des Glückes. Doch was ist danach? Was ist nach diesem kurzen Ziel-erreicht-Glück?
Ich komme auf diese Frage, weil mir unglaublich viele beruflich wirklich beeindruckend erfolgreiche Menschen begegnet sind, die nicht glücklich waren. Nicht wenige waren gar offen unglücklich. Sie hatten alles erreicht und waren dennoch nicht zufrieden, nicht glücklich. Ihr ganzer beruflicher Erfolg war nichts wert. Eine tolles Haus, mehrere tolle Autos, ein aufwendiger Lebenswandel mit gehörigem Luxus und teuren Bekanntschaften. Doch in ihrem Herzen war kein Erfolg.

Wieviel aber ist ein beruflicher Erfolg wert, der mich nicht gleichzeitig reich sein läßt in meinem Privatleben? Wieviel ist das Erreichen aller beruflichen Ziele wert, wenn ich ohne tieferen Sinn, ohne Glück, ohne Freude lebe?

Auf der anderen Seite habe ich glückliche Menschen kennengelernt. Und ihr Glück war nie zwingend mit beruflichem Erfolg verbunden. Es gab

Glückliche unter den Reichen und den weniger Begüterten. Unter den Berühmten und den nicht Bekannten.

Es gibt zwei Formen des Erfolges, oder doch nur eine?

Der quantitative Erfolg, der sich in Zahlen messen läßt: Wieviel verdient jemand, welchen sozialen Status hat er, welche Ziele erreicht er? Ihm gilt fast das ganze Augenmerk unserer gesellschaftlichen Wahrnehmung. Erziehung, Schule und Medien sehen und lehren Erfolg weitgehend im Erreichen von Zielen im Außen.

Der qualitative Erfolg kann zwar ebenfalls die genannten quantitativen Komponenten enthalten, jedoch sind diese immer den Qualitätsfragen untergeordnet. Die Qualität fragt stets, wie geht es mir persönlich im Leben? Bin ich zufrieden, bin ich glücklich? Mache ich meine Arbeit gerne? Empfinde ich Freude dabei? Hilft mir meine Arbeit, mich im Innen wie im Außen zu entwickeln?
Ist sie ein Quell meines Lebens?
Die Qualität des eigenen Daseins als Erfolgsziel ist, auch wenn sich hier in den letzten Jahren in der Literatur und freien Bildung einiges tut, eher ein Stiefkind unserer Kultur.

Doch was ist das für ein Erfolg, wenn der Mensch nicht zufrieden ist mit sich und seinem Leben, seiner Familie, mit dem Atem jedes Tages, der ihm in Gesundheit geschenkt wird? Wir haben womöglich nur dieses eine Leben. Und ins Grab steigen wir alle gleich, ob reich oder arm. Sterben ist für die Berühmten nicht einfacher als für die Unbekannten. Was aber, wenn ich reich und berühmt sterbe und doch keine Zeit hatte, das Leben zu genießen oder schlimmer noch, kein Mensch in Liebe an mich zurückdenkt?

Geld und Berühmtheit machen nicht glücklich

Sollte ich ein Buch schreiben, das Erfolg auf den Beruf reduziert? Kann ich das überhaupt noch: den beruflichen Erfolg, der den Erfolg im Leben nicht selten behindert, wenn nicht verhindert, Erfolg nennen?

Sollte ich ein Marketingbuch über die Techniken des Erfolgs schreiben, nicht über seine Seele? Nur weil es einfacher ist, Techniken zu beschreiben, als vom Atem der Sehnsucht zu singen, von der Hoffnung der Erfüllung? Nur um der Norm des Marktes zu gehorchen und ja keinen Leser zu verschrecken oder zu verärgern?

Du kennst die Antwort bereits.

Ich möchte dir einige Tore zeigen, die zum ganzheitlichen Erfolg führen. Es liegt in der Natur der Sache, daß ich diese Tore nur zeigen kann. Zu ihnen hinlaufen mußt du selbst. Aufstoßen mußt du die Tore selbst und hindurch-gehen und schauen, welches Tor deinen Weg zu wahrem Erfolg öffnet. Es gibt genug Bücher, die uns vorgaukeln, durch das Befolgen ihrer Leitsätze würde das Leben leichter, erfolgreicher oder glücklicher. Ich bin der Überzeugung, jeder Mensch muß sich seine eigenen individuellen Leitsätze zusammenstellen, sonst funktioniert es nicht.

Besteht wahrer Erfolg nicht darin, anzukommen im Menschsein? Sich zu erkennen und anzunehmen wie man ist, mit seinen Stärken und seinen Schwächen? Liebe geben zu können und fähig zu sein, Liebe zu empfangen? Wenn einem das gelingt, dann wird jeder Erfolg, sei er klein oder sei er epochal, so sein wie jeder atmende Tag. Dann wird der berufliche Erfolg nicht mehr für den eigenen Selbstwert benötigt. Dann ist er, was er ist. Niemand wirst größer sein oder liebenswerter durch den Erfolg.
Wenn du das Tor findest, dann bist du selbst der Erfolg. Nichts kann dir dann mehr geschehen. Dort sind das Licht und die Wärme. Der Hort der Erfüllung. Qualitativer Erfolg heißt heimkommen.

Es ist ein weiter Weg.
Doch es lohnt sich, ihn zu gehen.
Du wirst bereits erwartet.

Ich möchte dich mit diesem Werk inspirieren.

Es ist ein Lesebuch. Ein Mitdenk-, Nachfühl- und Widerspruchbuch.

Ich habe Dutzende von Übungen und Marketingplänen durchprobiert. Sie funktionieren oft in der Durchführung der Theorie, in der Planung. Sie lassen einen fröhlich jauchzen ob der neuen klugen Erkenntnisse, die man durch sie gewonnen hat. Und nach einigen Tagen, Wochen oder Monaten merkt man, daß sie einem eigentlich so gut wie nichts gebracht haben. Außer daß man weiß, daß der Weg, den sie gehen, für einen selbst richtig zu sein scheint. Diese Anleitungsbücher sind meiner Erfahrung nach in der Praxis fast nur für linkshirnaktive Menschen nützlich. Linkshirnaktive sind strukturierte, logisch-dominierte Menschen, die gut mit Ordnung, Vorschriften und Planungen zurechtkommen. Unter den freien Kreativen sind solche Menschen eher seltener anzutreffen.

Die Mehrzahl der Kreativen sind das Gegenteil von linksdominant: impulsiv, chaosfreundlich, nicht linear denkend und vorgehend, vernetzt, strukturschwach und eben: kreativ.

So ist auch dieses Buch vernetzt. Die einzelnen Stufen meines Erfolgsmodells spiegeln sich in allen Facetten des Buches. Alles ist mit allem verwoben. Ob du nun eine Visitenkarte entwirfst oder Pressearbeit betreibst, an deiner Corporate Identity feilst oder deine Zielgruppe zu definieren suchst - immer tust du es als ganzer Mensch, und so prägen deine Einstellungen und Wahrnehmungen stets dein Tun. Dein Tun und sein Erfolg wiederum sind lustvolle Möglichkeiten, dich in deiner Berufung und deinem Ausdruck zu erkennen. Ist es nicht herrlich, kreativ zu sein? Genieße es.

Dies ist ein Mehrfachlesebuch.

Es lohnt sich, einmal ganz durchzuschmökern und dann herauszufinden, welche Marketingwege für dich in Frage kommen, und sie auszuprobieren. Vor allem aber lohnt es sich, das Buch in ein oder zwei Jahren wieder zu lesen oder es von Zeit zu Zeit zur Hand zu nehmen und einzelne Sachen noch mal gezielt nachzulesen.

Schließlich findest du noch eine ganze Reihe guter Buchtips am Ende. Ein umfassendes Werk wie dieses kann dir nur ein solides Fundament verschaffen, auf dem du dann deinen individuellen Bedürfnissen entsprechend aufbauen kannst - Marketing ist ein unerschöpfliches Thema. Es gibt über fünftausend lieferbare Bücher zu diesem Stichwort!

Ich versuche dir hier das Herz des Marketings und meine Idee vom Geheimnis des Erfolgs (wenngleich durch Beobachtung vielfach bestätigt) anzubieten. Möge es dir eine Hilfe sein auf den wilden Wegen, die noch vor dir liegen.

Das Fünf-Stufen-Modell des qualitativen Erfolges

Ohne dich ist Marketing nichts wert

Aus meinen Erfahrungen und Beobachtungen heraus habe ich ein Modell abgeleitet, das dir eine Inspiration sein kann, den Weg zu gehen, die Tore zu finden und schließlich ... dein Tor zu öffnen.

Jedes Modell ist natürlich nur ein Abbild, ein Versuch, Wirklichkeit einzufangen. Ich versuche dem gerecht zu werden, indem ich innerhalb des Buches die Stufen nicht wirklich voneinander trenne. In allem, was du im Marketing tust, können oder sollten sogar alle Stufen enthalten sein.

Erste Stufe - Erkenne dich selbst und deine Berufung
Zweite Stufe - Bewege deine Sicht der Dinge
Dritte Stufe - Die vier Säulen
Vierte Stufe - Marketing im Detail
Fünfte Stufe - Evolution

Vieles von dem, was du in diesem Buch lesen wirst, stellt eine Art Tabubruch dar. Es wird ja immer noch so getan als ob persönliches Wachstum oder zum Beispiel ein gekonnter Umgang mit Finanzen Intimthemen wären. Familie, Schule, Uni-Mathematik lernt man, aber nicht wie man sein Konto im Lot behält. Physik lernen wir, aber daß die Gesetze von Ursache und Wirkung auch unsere Welterfahrung ausmachen, das wird meist verschwiegen. Kein Menschen will sich in ihre Kontoführung oder seine Sicht von Glück und Unglück hereinreden lassen, besonders Künstler nicht. Kein Mensch? Doch, viele erfolgreiche Menschen sind gerade eben deshalb erfolgreich, weil sie anderen zugehört haben. Weil sie Beratungen in Anspruch genommen haben. So sind die einzelnen Tips in diesem Buch auch nicht von mir erfunden, sie werden von Profis gelehrt und von zahllosen Menschen angewendet.

Erste Stufe - Erkenne dich selbst und deine Berufung

Es geht hier darum, herauszufinden, wer du eigentlich bist. Nimm ruhig einen Stift und Papier zur Hand und schreibe dir die Antworten auf.

Woher kommst du?

Das heißt, wer sind deine Eltern und deine Großeltern, wer sind andere wichtige Verwandte, die dich geprägt haben in deinem Leben? Wie haben sie gelebt?

Wie hat ihre Art zu denken und zu handeln Einfluß genommen auf deine Weltsicht? Es gilt hier ehrlich aufzuschreiben, von wem du etwas gelernt hat, wessen Talente und Eigenschaften du geerbt hast und natürlich, sei hier ehrlich mit dir, welche Lasten, welche Eigenschaften, die dich blockieren, sie dir mitgegeben haben.

Haben der Ort und das Land, in dem du aufgewachsen bist, dich geprägt? Was ist an dir typisch für Menschen in deiner Gegend, was typisch Deutsch oder Österreichisch oder Schweizerisch? Was stört dich daran und wo liegen die Stärken dieser Prägung?

Haben dich Lehrer in der Schule beeindruckt? Hattest du Dozenten oder Vorbilder in der Kultur oder der Geschichte, die du bewundert hast? Gab es Bücher, die dich nachhaltig beschäftigt haben und die Einfluß auf dein Dasein genommen haben?

Es ist ein großes Abenteuer, sich einmal eine oder ein paar Stunden hinzusetzen und bei einer schönen Tasse Tee oder Kaffee darüber zu sinnieren, woher deine Kraft und dein Potential, deine Schwächen und Ängste geschichtlich kommen. Wir lernen so etwas in der Schule nicht. Aber wenn wir unsere Geschichte kennen, wenn wir sie ehren und achten, dann kennen wir uns ein wenig besser und das hilft uns zu wachsen.

Nicht wenige Menschen erleiden durch ihre Familie böses Leid. Gerade leidvolle Erfahrungen aber prägen uns und führen zu den besonderen Eigenarten, die fast alle Menschen ein wenig an sich haben. Und ob wir es gut finden oder nicht, wir tragen das Blut unserer Ahnen in uns. Wenn dein Großvater ein Nazi war, dann trägst du an ihm. Wenn deine Mutter dich verprügelt hat, so ist es doch sie, deren Gene dich geformt haben. Und wenn die Vorfahren auch schlechte Menschen gewesen sein mögen, so trugen sie doch dazu bei, daß du heute hier sitzt oder liegst und dieses Buch liest. Daß du bist, wer du bist. Alles, was war, führte zu dem, was hier und jetzt ist.

Solange wir unsere Geschichte nicht kennen oder gar vor ihr fortlaufen, solange nehmen wir uns nicht in Gänze an. Es ist schwer, erfolgreich zu sein, wenn man sich nicht ganz annimmt. Wenn man nicht weiß, woher man kommt. Solange du keinen Frieden hast mit deiner Geschichte, kannst du keinen Frieden finden im Erfolg.

Es kann Jahre dauern, bis man wirklich weiß, wer man ist. Es hilft, sich immer mal wieder hinzusetzen und sich die oben genannten Fragen zu beantworten. Erfahrungsgemäß gibt eine Achtzehnjährige sich andere Antworten als eine Vierzigjährige.

Du kannst nun gemeinsam mit deiner Geschichte auf die Suche danach gehen, was du beruflich wirklich machen willst. Dieser Frage widmen wir uns an mehreren Stellen im Buch und wir beginnen hier: Was sagt dir dein Herz, was du leben willst?

Was ist deine Berufung?

Wenn du deine Berufung erkennst, sie akzeptierst und für dich annimmst, dann bist du nicht aufzuhalten, dann ist es -wenn du die übrigen Stufen nutzt - unmöglich, nicht erfolgreich zu sein.
Die eigene Berufung zu erkennen, ist eine hohe Kunst. Gerade weil uns unsere familiäre und kulturelle Geschichte so sehr prägt, sind unsere intims-ten Wünsche und Bedürfnisse oft unter einer schweren Betonmauer von aufgesetzten und anerzogenen Idealen und Wertvorstellungen geprägt. Die wenigsten von uns werden von der Familie oder der Schule darin gefördert, die eigene innere Stimme zu erkennen. Wir werden darauf gedrillt, etwas Ordentliches zu lernen und den Weg zu gehen, den alle gehen.

Kreative Visionen nimmt bei Kindern und Jugendlichen kaum ein Mensch ernst. Doch Berufung erdenkt man sich nicht. Berufung heißt, daß eine Stimme in dir ruft, die fühlst du im Bauch oder im Herzen oder im ganzen Körper. Diese Stimme drückt sich nie zuerst über Gedanken aus, ihre Natur ist das Gefühl. Berufung ist eines der mächtigsten Gefühle gleich nach dem Selbsterhaltungstrieb und der Liebe.

Ich kann immer wieder beobachten, wie Menschen, die zu ihrer Berufung gefunden haben (wobei egal ist, ob sie dabei zwanzig oder sechzig Jahre alt sind), innerhalb unglaublich kurzer Zeit zu beruflichem Erfolg gelangen.

Seine Berufung zu erkennen heißt, sich mit der großen Sehnsucht, sich mit der Aufgabe seiner Seele zu vereinigen. Erlangst du diese Einheit, bist du der Erfolg.

Es kann viele Jahre und viele Wege erfordern, die eigene Berufung zu entdecken. Oft meint man, nun ist es geschehen, ich habe herausgefunden, was mein Weg ist. Doch nach einigen Wochen, Monaten oder Jahren stellen sich Zweifel ein. Das ist ganz normal. Es gilt weiterzuforschen. Jeder Weg ist ein Lehrweg, Niederlagen existieren nicht, wenn du offen bleibst. Lerne deinen Gefühlen zu trauen und sie werden dich zu dir führen. Ob es nur Stunden oder Jahre dauert, wenn du lange genug lauschst, werden sie sich dir offenbaren. Vertraue darauf: Für jeden Menschen gibt es eine zentrale Aufgabe in dieser Welt.

Zweite Stufe - Bewege deine Sicht der Dinge
In der zweiten Stufe schulst du deine Wahrnehmung des Lebens. Sie betrifft den Umgang mit dir selbst und deiner Umwelt. Auch diese Stufe ist entscheidend für deinen Erfolg im Leben. Sie hat zudem den größtmöglichen Einfluß auf deine Fähigkeiten, deine Kreativität erfolgreich zu vermarkten. Sie verbindet den Erfolg des Lebens mit dem Erfolg im Beruf, Qualität mit Quantität.
Die zweite Stufe fordert dich immer wieder zu neuer Beweglichkeit heraus.

Stelle Fragen aus neuen Perspektiven. Nimm dich nicht zu ernst, das Beharren auf Standpunkten bringt einem nichts. Im asiatischen Denken sind Standpunkte und Überzeugungen immer nur temporär, keiner käme auf die Idee, eine Überzeugung länger zu verteidigen, als sie im Vorteile einbringt. Es ist ein Phänomen für sie, wie wir Westler auch noch an unserer Überzeugung festhalten, während wir untergehen. Deutschland hat gerade die größten Probleme seit dem Zweiten Weltkrieg vor sich, und im Augenblick hat es fast den Anschein, als wollten Politik, Gewerkschaften, Rechts- und Sozialsystem lieber untergehen, als sich zu erneuern. Wir sind kein Volk der Sieger mehr. Wir wollen an etwas festhalten, was überholt ist. Wir wollen unsere Sicht der Dinge nicht verändern.
Aber vielleicht ja doch noch. Es hat ja gerade erst begonnen.

Wir Kreativen dürfen uns ständig erneuern. Das gehört zum Beruf dazu. Dieses Buch ist durchzogen von Sichtweisen und Vernetzungen, die, obwohl hier und dort sicher gewagt und provozierend, so doch inspirieren dürfen. Arbeit bedeutet Freude. Von Kunst leben heißt von der Kunst zu leben. Marketing heißt dienen. Du bist deines eigenen Glückes Schmied. Das sind andere Sichtweisen als in den meisten Ratgebern, die oft nicht offen mit den Kreativen reden. Erfolg ist das Resultat deiner Handlungen in der Vergangenheit und beruht nicht etwa auf von oben herabrieselndem Glück oder Zufall. Glück und Zufall, da hätten ja Gott oder der Teufel die Hände im Spiel. Die beiden arbeiten aber ganz sicher nicht willkürlich, sonst würden sie wohl kaum ihre imposanten Namen tragen. Mathematisch gesehen ist Zufall ohnehin nicht existent.
Eine neue Sicht für Künstler kann heißen, Abschied zu nehmen von der Vorstellung, das eigene Scheitern sei die Folge des Undankes der Welt und der Ignoranz der Menschen.
Weder ist die Welt noch die Menschheit unfähig. Wenn ein Künstler es nicht schafft, ist er es, der das verursacht. Van Gogh hätte sehr wohl von seiner Kunst leben können, doch lies mal seine Briefe. Der Mann war ein fürchterlich komplizierter Charakter, er ist nicht mit sich selbst fertiggeworden. Dementsprechend miserabel war sein Marketing. Van Gogh wird so

gerne als der Prototyp des brotlosen Künstlers zitiert und ist doch nichts weiter als ein Genie seiner Kunst und ein Versager als sozialer Mensch.

Zur Stufe Zwei gehört, sich die Frage zu stellen, warum etwas nicht klappt mit der eigenen Karriere oder dem eigenen Lebensglück. Die Gründe für Erfolglosigkeit sind stets in den Handlungen und Gedanken verborgen, die hinter uns liegen. Unsere Vergangenheit prägt unsere Gegenwart.

Höchste künstlerische Begabung oder Genie sind keinesfalls die zwingenden Voraussetzungen für Erfolg. Sie können sogar eher hinderlich sein. Deine Sicht des Künstlers auf die Welt hat in unserer Gegenwart weit mehr Einfluß auf den Erfolg des Künstlers als seine Begabung. Es gibt einfach viel zu viele unbegabte Kreative, die es mit ihrer Einstellung bis in die Spit-zen-liga schaffen.

Dritte Stufe - Die vier Säulen

Nun kommt die dritte Stufe und das sind die vier Säulen. Diese Säulen tragen sowohl die Optionen, beruflichen Erfolg zu sichern, als auch sich in der Lebenskunst zu entwickeln. Setzt du diese Stufe mit ihren Säulen nicht um, hat das dagegen keinen negativen Einfluß auf deinen Lebenserfolg. Den Säulen habe ich ein eigenes Kapitel gewidmet.

Vierte Stufe - Marketing im Detail

Die vierte Stufe schließlich beschäftigt sich mit dem Marketing im Detail. Um diese Stufe kümmern sich die meisten Bücher zum Thema Marketing, und sie beinhalten meistens faktisch-praktische Informationen. Marketing ist in der Lage, dich beruflich erfolgreich zu machen. Doch gutes Marketing, und das kommunizieren immer mehr hervorragend gemachte Bücher zum Thema, gutes Marketing ist ganzheitlich und wird mit Herz und Hirn gelebt. Gutes Marketing versucht, sich um die Bedürfnisse der Menschen zu bemühen und das kann, wenn man es wahrhaft und ehrlich tut, erheblich zum eigenen Lebenserfolg beitragen.

Stufe Fünf - Evolution

Die fünfte Stufe schließlich regt dich dazu an, über dieses Buch und über die Grenzen deiner Erfahrung hinauszugehen. Es regt dich an, nach dem Erkennen deines Selbst, wie es in der ersten Stufe beschrieben ist, nicht aufzuhören, dich zu entwickeln. Bilde dich weiter und dein Lebensglück wird nicht nur fortbestehen, es wird wachsen.

Die eigene Berufung erkennen

Warum willst du Künstler werden?

Es gibt mehr Gründe, Künstler zu werden, als es Blätter an einem großen Baum gibt. Für die Arbeit mit diesem Buch und für die Optimierung deines zukünftigen Marketings ist es hilfreich, wenn du möglichst viel über dich lernst. Je genauer du dich und deine Motive kennst, desto effektiver kannst du sie nach außen vertreten. Je genauer kannst du dich bei der Findung deiner Ziele definieren und desto besser weißt du, wo deine Stärken und Schwächen liegen.

Hier nun eine einfache Übung, die viel Spaß macht. Du sollst den Film deines Lebens schreiben; deinen Traum von deiner Zukunft als Künstler.

Für diese Übung brauchst du vielleicht ein halbe Stunde oder eine Stunde Zeit, in der dich nichts und niemand stören sollte. Du benötigst einen Schreibstift und ein paar Blätter Papier. Dann lade noch deine Träume ein. Sie sind für diese Übung sehr wichtig.

Schreibe nun nieder, warum du Künstler werden willst. Finde mindestens zehn oder besser zwanzig Gründe oder noch mehr, warum du dir vorstellst, ein Leben als Künstler wäre für dich das Richtige.

Denke darüber nach, wie sich dein Leben als Künstler verändern wird. Wie du in Zukunft mit deiner Familie, deinen Nachbarn, deinem Bäcker umgehen möchtest. Wie und wo du leben willst. Was sich an dir verändern wird. Wie du ißt und schläfst und arbeitest und lebst und liebst. Was und wie du Geld verdienst. Jedes Detail ist wichtig!

Also auch so etwas wie: „Ich arbeite lieber nachts und stehe erst mittags auf."

Oder das innere Bild, wie du einen Plattenvertrag unterschreibst oder dir ein glücklicher Kunde Geld für ein gekauftes Bild in die Hand drückt.

Schreibe auf, wie sich das anfühlen soll.

Je detaillierter du dieser Übung nachgehst, desto leichter wird dir die Arbeit mit dem nächsten Kapital fallen. Je umfangreicher deine Träume und Visionen vom Leben als Künstler sind, desto deutlicher unterstützt dich dieses Wissen bei der „Arbeit" mit diesem Buch. Also mache diese Übung unbedingt. Sinnvollerweise, bevor du weiterliest.

Wünsche und Visionen verändern sich mit dem Lauf der Zeit und den Erfahrungen, die du machst. Deshalb ist es überaus wichtig, diese Übung in regelmäßigen Abständen zu wiederholen, so alle paar Monate oder einmal im Jahr. Je nachdem, wie bewegt dein Leben verläuft.

Wenn du diese Übung nach einigen Monaten oder einem Jahr wiederholst, schau dir vorher nicht das Ergebnis der letzten Visionssuche an, sondern schreibe erst deine aktuellen Träume und Visionen nieder.
Erst wenn das geschehen ist, kannst du die alten Aufzeichnungen zum Vergleich heranziehen. Du wirst dann unter Umständen feststellen, daß einige Träume verschwunden und neue aufgetaucht sind. Das ist ganz normal und sehr sinnvoll. Die Visionen passen sich mit zunehmender Erfahrung besser den Möglichkeiten der Realität an und mit einiger Übung und Umsicht treten immer mehr Visionen in dein Bewußtsein, die sich mit hoher Wahrscheinlichkeit auch wirklich realisieren lassen.

In Gesprächen mit Hunderten von Kreativen wie auch bei der Beobachtung zahlreicher weiterer Künstler haben sich einige wichtige Gründe herauskristallisiert, warum sie von ihrer Kreativität leben wollen:

1. Sie haben ein starkes Bedürfnis nach Kommunikation und besonders nach Kommunikation der eigenen inneren Bilder und Visionen.
2. Sie hegen den offenen oder unbewußten Wunsch nach Anerkennung und Lob für die eigenen, sehr persönlichen Leistungen (der Applaus (Ruhm) ist das Brot des Künstlers).
3. Sie zeigen eine verminderte Bereitschaft, sich (länger) in das „normale"

Arbeitsleben mit seinen Rhythmen, Hierarchien, dem Streß, Mobbing, Abhängigkeiten einzugliedern.

4. Sie streben den Beispielen erfolgreicher Künstler nach und wollen gutes Geld (auch Reichtum) für schöne Arbeit in freier Einteilung und Eigenverantwortung verdienen.

5. Sie sind getrieben von dem Wunsch, die eigenen kreativen Fähigkeiten dem Gemeinwesen nicht vorzuenthalten, sondern über ihre künstlerische Arbeit an gesellschaftlichen Wandlungsprozessen aktiv mitzuwirken.

6. Wer kann sich noch an den wunderbaren Film „Der Club der toten Dichter" erinnern? Dort raunte der unorthodoxe Lehrer Keating seinen jungen Schützlingen (sinngemäß) ins Ohr: „Warum wird Poesie geschrieben? Aus einem Grund: Um die Frauen zu betören!"
Das war natürlich nur ein starkes Bild Keatings an seine jungen Schüler. Doch ja, es geht darum, das Herz der Menschen zu berühren. Sie zu verführen. Sie zu betören. Ihnen von der Wildheit, der Weisheit, der Wut und der Liebe des Lebens Werke zu schaffen, auf daß sie mit uns feiern können die Wollust des Seins. Es geht nicht um Sex, das hat Keating nicht gemeint. Es geht um die Liebe. Es geht um Transzendenz. Es geht darum, daß Kunst uns davon erzählt, was im Leben möglich ist, außerhalb von Norm, Gleichmaß und täglichem Einerlei.

7. Doch die meisten Menschen kommen unbewußt zur Kunst. Sie wachsen einfach hinein. Sie werden von ihrer Begeisterung für ein Thema, eine Technik, einen Stil berufen im Sinne einer Berufung. Sie machen sich erstmal null Gedanken darüber, wie es wäre, als Künstler zu leben. Das Leben aber sorgt dafür, daß sie sich mehr und mehr zu ihrem kreativen „Hobby" hingezogen fühlen, und früher oder später nimmt das Hobby mehr Raum ein als das übrige Leben, oder das Hobby bringt mehr Verdienst ein als der Job, und dann wird die Kunst zum Leben.

8. Der Hauptgrund ist jedoch von tieferer Natur: Kreative sind auf der Suche in ihrer Kreativität. Sie suchen nach Sinn, nach Gott, nach Antworten auf die Mysterien des Seins. Vor allem aber suchen sie sich selbst zu erkennen und sich selbst zu leben. Längst nicht alle Künstler sind sich

dessen spontan bewußt. All die anderen Gründe sind richtig und wahr, doch sie sind nur einige unter vielen. Im Kern ist der Künstler der Prototyp des Menschen auf der Suche und in der Entfaltung seiner selbst. Der Mensch auf der Suche nach seiner Identität.

9. Künstler, die ihre Identität gefunden zu haben scheinen, tauchen tiefer ein in das Feld dieser Suche. Sie ergründen und erleben sich (und oft das göttliche Prinzip) in allen Facetten, Feinheiten und Strukturen. Sie sind die Quantenphysiker der Seelenerkennung geworden. Sie dringen tiefer und tiefer ein in das Thema ihrer Arbeit und damit in die Entfaltungen ihrer Seele. Fast all die großen Künstler hinterlassen bemerkenswerte Einsichten in das Wesen der Kunst und ihrer Verbindung zur Spiritualität.

Welche Beweggründe dich den Wunsch hegen lassen, von deiner Kreativität leben zu wollen, ist einzig deine Sache. Es ist aber hilfreich, wenn nicht gar Voraussetzung für einen erfolgreichen Weg, wenn du weißt, was deine innersten Motive sind. Es ja klar, daß dein Arbeiten anders aussehen dürfte, wenn du vorhast, der Welt Kultur zu schenken, als wenn du den legitimen Wunsch hegst, einen Haufen Geld zu verdienen. Wenn du Geld verdienen willst, dann wird es dir einfacher fallen, ein Marketing zu betreiben, daß sich komplett an den Bedürfnissen des Marktes ausrichtet. Wenn du die Welt verbessern möchtest, dann muß dein Marketing vielschichtiger und sensibler sein, um deinetwillen und weil es nicht immer einfach ist, Idealismus auch so zu vermarkten, daß er wahrhaftig ist und nicht missionarisch daherkommt.

Ergründe deine Motive. Laß dir dabei ruhig auch einige Wochen Zeit. Das Buch wird dir helfen. Ich schreibe über so viele Künstler und Möglichkeiten, irgendwo wirst du dich womöglich wiederentdecken.

Geht das: Von Kunst leben?

Ein andere Sicht von Kunst und Leben

In kaum einem Beruf gibt es so häufig die zweifelnde Frage: „Sie sind Künstler? Da kann man aber doch sicher nicht von leben?!"
Diese Aussage trägt neben dem Fragezeichen auch ein Ausrufezeichen. Es ist ein Statement, eine Glaubensaussage, Widerspruch nicht erwünscht. Dieser Glauben hat eine lange Geschichte.

Fast alle von uns haben in der Kindheit oder Jugend Sätze wie diesen von unseren Eltern, Großeltern oder anderen Erwachsenen gehört: „Von Kunst kann man nicht leben", „Der und der, das ist so ein brotloser Künstler", „Künstler brauchen Mäzene, sonst können sie nicht frei arbeiten."
Wehe, der pubertierende Sprößling kam auf die absurde Idee, Künstler werden zu wollen. Da bekam er aber ordentlich den Kopf gewaschen.
„Lern was Vernünftiges!"
„Tanzen kannst du am Wochenende!"
„Musik mach im Verein!"
„Bilder malen willst du? Mal erst mal ein schönes Portrait von Oma!"

Die Entstehung der Ansicht „Kunst ist brotlos" reicht in eine Zeit von vor dem Zweiten Weltkrieg zurück. Damals mag sie der Wahrheit nahegekommen sein. Heute stimmt sie nicht mehr.

Einen Müllmann fragt keiner: „Kann man denn davon leben? Mülltonnen leeren?" Diese Frage wäre auch eine Frechheit, eine Verletzung jeglicher Etikette.

Ich habe einmal einen Mann getroffen, der ist mit Knöpfen reich geworden. Ein anderer wurde Multimillionär mit Elektroschaltern.

Stell dir mal folgende Szene vor:

„Ich bitte Sie, Sie armer Mensch: Sie machen Knöpfe? Und Sie? Was… ? ….
Lichtschalter???? Da kann man sicher nicht von leben!!"

Wir leben im dritten Jahrtausend im Herzen Europas. Man kann hier von
allem leben. Und mit den unmöglichsten Dingen sogar vermögend werden:
Knöpfe. Steckdosen. Kunst.
Mach dir bewußt: Die Idee, Kunst sei brotlos, ist aus längst vergangenen
Zeiten. Sie wird in unserer Gegenwart durch Kulturpolitik und Lobbyisten
in der Bildung und dem öffentlichen Bewußtsein weiter lebendig gehalten,
doch das ist ein anderes Kapitel.

Deutschland hat zur Zeit mehr als vier Millionen Arbeitslose und viele
Millionen Sozialhilfeempfänger. Sehr viele von ihnen haben einen ordentli-
chen Beruf gelernt. Hätten wir keine sozialen Sicherungssysteme, wären sie
alle „brotlos". Vier Millionen brotlose Künstler haben wir nicht.

Ich will dir hier natürlich nichts vormachen: Das Leben vieler Kreativer ist
in materieller Hinsicht oft weit weniger komfortabel als in vielen anderen
Berufen, und das bei gleichem oder höherem Arbeitszeiteinsatz. Doch dieser vermeintliche Nachteil wird durch einen Vorteil so ungeheuren Ausmaßes ausgeglichen, daß er durchaus tolerabel ist, zumindest für den kreativen
Neueinsteiger. Doch hier muß ich schon wieder ein wenig weiter ausholen.

Was heißt das eigentlich wortwörtlich? „Von Kunst leben."
Fangen wir mit „leben" an.
Auf unseren Ausruf „Von etwas (Kunst, Knöpfe, Mülltonnen leeren) leben"
bezogen, heißt die Definition für überaus viele Menschen: Ich kann von
dem Lohn, den ich für meine Arbeit erhalte, meinen Lebensunterhalt
bestreiten. Miete, Auto, mein Essen, meine Kleidung, einen Fernseher, die
Krankenversicherung, ab und zu einen Kinobesuch und je nach Einkommen alle 2-36 Monate einen Urlaub bezahlen. Wenn ich viel verdiene,
kann alles teurer sein und ich leiste mir diverse edle Konsumartikel.
Leben = Miete, Auto, Essen, Kleidung, TV, Konsum usw.

In der Wahrnehmung vieler Menschen sind Arbeit und Geldverdienen so-wie Leben oft nicht unbedingt miteinander verwoben. Man arbeitet halt, weil man muß. Man muß arbeiten, weil man seinen Lebensunterhalt vom Lohn der Arbeit bestreiten muß. Arbeit und Freizeit sind zwei voneinander getrennt vorkommende Welten. Die eine ist anstrengend. Die andere macht zufrieden. Man braucht die erste, um die zweite finanzieren zu können.

Wir definieren Leben sehr häufig noch verblüffend nahe an einer Vorstel-lung von Leben, die eher etwas von „überleben" hat. Wir sind noch in der Steppe unterwegs, die Angst vor den Löwen ständig im Genick.
Das Fernsehen und der Urlaub sind nur Drogen. Das sind die Brocken, die wir müde durchkauen, damit wir nicht nach der Nahrung Glück in der Ar-beit suchen. Wir sollen schön weiter unserer Arbeit nachgehen und davon ausgehen, so sei es denn: das Leben. Arbeit macht keinen Spaß, doch sie muß sein. Der Kampf des Lebens eben. Ich kenne kaum einen Künstler, der in den Urlaub fährt und dort nicht irgend etwas Kreatives anstellt. Man könnte auch sagen: er arbeitet im Urlaub. Manche finden sogar mehr als eine Woche ohne ihre Kunst sehr anstrengend.

Viele Menschen überleben in ihren Jobs, mit ein bißchen oder ein bißchen viel Konsum und dem Fernsehen, dem hypothekenbelasteten Haus oder einem ganzen Häuserviertel, das sie kaufen. Viele denken: „So ist es, so war es immer schon, und so wird es auch immer bleiben. Basta!"

„So war es immer schon" existiert in der Welt der Wandlung nur im Prinzip der Wandlung selbst. Die Wandlung war immer schon. Stillstand unmög-lich.
Unsere wunderbare und kreative Republik ist schlappe 50 Jahre alt und steht in diesem Jahrzehnt vor einer epochalen Erneuerung seiner geistigen und sozialen Werte. Was war schon immer so? Deutschland war noch vor sechzig Jahren das gefährlichste Land der Welt und verfügt heute über eine im internationalen Vergleich hohe Bereitschaft, sich selbstkritisch zu be-trachten und der Politik nicht allzusehr zu vertrauen.

Was war da schon immer so?

Wir können heute mit Fug und Recht behaupten, Kunst ist ein Beruf mit guten Aussichten. Was war schon immer so?

Trainiere dir eventuelle alte Glaubenssätze ab. Sie stimmen nicht. Solange du nur einen Funken der Idee „Von Kunst kann man doch nicht leben" in dir hast, wird es dir auch nicht gelingen!

Wir sind frei, Leben neu zu definieren, wenn wir an uns glauben.

Erinnere dich an die erste Übung „Wie will ich als Künstler leben?" Sie hätte auch heißen können: „Was erwarte ich vom Leben?"

Kaum einer wird auf diese Übung folgende Sätze auf seine Zettel geschrieben haben: „Ich will mehr arbeiten, Miete zahlen, Fernsehen gucken und zwei Wochen Urlaub machen pro Jahr."

Du liest dieses Buch (auch) aus einem ganz bestimmten Grunde. Du spürst: Da muß mehr sein. Es gibt mehr Wege als die ausgetretenen Pfade, auf denen so viele lustlos durchs Leben trotten. Eine Frage, eine vage Hoffnung kriecht ihnen Nacht für Nacht auf das Bett: „War es das jetzt? War das das Leben? Arbeiten, Kinder bekommen, das Haus abzahlen, alle zehn Jahre ein neues Auto kaufen und jedes Jahr einmal in den Urlaub dürfen?

Mehr war da nicht? Das soll das Leben gewesen sein?"

Wenn du den Ruf der Kunst in dir spürst, dann willst du eines ganz bestimmt: Mehr als überleben. Du willst dich ausdrücken, willst kommunizieren, willst dich und die Welt entdecken und tiefer empfinden. Vielleicht willst du sogar zur Vielfalt beitragen, die Kultur mit entwickeln. Du willst schöne Dinge erschaffen oder auf die Notwendigkeit hinweisen, häßliche Dinge neu zu gestalten. Du willst Leid vermindern und Freude vermehren, wie auch immer dein Weg dahin ist. Tausend Dinge kannst du wollen, ihnen allen liegt jedoch nur eine Ursache zu Grunde: Du willst mehr als bisher deinen Träumen folgen, wohin auch immer sie dich weisen.

Kunst sucht nach Transzendenz.

Keiner braucht Kunst für das biologische Überleben. Kunst braucht man, um über den Rand des Schlachtfeldes Überlebenskampf hinauszublicken. Um festzustellen, daß Frieden, Glück, Entspannung und Liebe nicht nur Alternativen zu Kampf und Konkurrenz, sondern daß sie das Leben an sich sind. Kampf und Konkurrenz neigen dazu, Tod und Reduzierung hervorzubringen

Kunst ist Vielfalt ist Leben.

Leben heißt also, mehr als nur genug Geld zu verdienen. Wenn du von Kunst leben und dabei glücklich werden willst, ist das eine der wichtigsten Voraussetzungen: Leben heißt kreativ sein, nach Glück streben, den Augenblick atmen und Lust empfinden am Prozeß des Daseins.

Leben kann auch heißen, etwas zu erschaffen, was die Welt bereichert. Was sie schöner, abwechslungsreicher, vielfältiger und sinnlicher macht. Nicht irgendein Massenprodukt zu produzieren, sondern einen individuellen Ausdruck deines Denkens und Fühlens, ein einmaliges Werk.

„Von Kunst leben"

Wenn du von Kunst leben willst, ist es sinnvoll, eine Voraussetzung mitzubringen: Du mußt *für* die Kunst leben. Du mußt dich ihr hingeben, mußt sie abgöttisch lieben. Sie muß deine Lust, dein Wahn, deine Leidenschaft, dein Atmen, dein Traum, dein Ehrgeiz und deine Liebe sein. Dabei ist es völlig ohne Belang, was du tust. Wenn du mit diesen Voraussetzungen deiner Berufung folgst, wirst du jeden Beruf erwählen können und ihn erfüllen wie ein Künstler, anstatt ihn wie ein Soldat abzudienen.

Wenn du aber zu dieser Hingabe bereit bist, dann lebst du schon von der Kunst.

Nimm das wörtlich: Von Kunst leben.

Du lebst nicht von Geld.

Mit Geld bezahlst du die Notwendigkeiten des Überlebens. Wenn du in der

Tiefe deines Seins Kunst leben willst, dann tritt die Frage nach dem Geld in den Hintergrund. Zuerst kommt die Frage nach der Leidenschaft. Nach Deinem Werk. Nach dem Leben.

Von Geld kann man nicht leben. Es hilft einem einzig zu überleben. Der Arbeiter und der erfolgreiche Großunternehmer, sie überleben. Der eine etwas sparsamer, der andere im Luxus. Ob sie leben, entscheiden sie für sich jeden Tag neu und gänzlich unabhängig von ihrem Kontostand.

Geld nährt nicht die Seele.

Kunst zu machen, Kunst zu leben nährt die Seele, und wenn die Seele Nahrung bekommt, lebst du. Dann lebst du von der Kunst.

Ich kenne weit mehr in materieller Bescheidenheit lebende Künstler, die glücklich sind und deren Augen leuchten vor Leidenschaft, als ich vermögende Künstler kenne, die Glück und Lebenslust verströmen. Es gibt sie zwar, doch sind sie leider selten.

Wenn du Kunst nur machen willst, um Geld zu verdienen, dann wird dir dieses Buch womöglich auf den Nerv gehen. Es ist für Menschen geschrieben, die voller Leidenschaft von ihrer Kunst leben wollen. Überlies dann einfach all meine Moralgeschichtchen. Marketing kann man auch ganz passabel betreiben, ohne sich allzusehr emotional reinzuhängen. Vieles ist sogar einfacher, wenn die Motivation schlicht Geld ist. Aber besser wäre noch, du machst etwas anderes: Knöpfe verkaufen oder Aktien handeln und Dienstleistungen anbieten. Die Chance, hier zügig an Geld zu kommen, sind doch erheblich besser, als wenn du Kunst machst, außer du bist ein Genie, aber dann bist du auch besessen.

Ein Mensch kann in einer Sache nur wirklich gut werden, wenn er sie liebt. Jemand kann technisch perfekt werden mit Wille, Ehrgeiz oder dem Wunsch, viel zu verdienen. Mit Liebe zur Berufung aber wirst du weiter kommen. Egal ob du Kunst machst oder Knöpfe verkaufst.

Und das ist sehr hilfreich, um Erfolg zu haben: Du mußt dich hingeben. Ohne Hingabe, ohne Liebe zur Sache wird es viel schwerer bis unmöglich, erfolgreich zu sein.

Hingabe kann man nur bedingt lernen. Sie entsteht dort, wo man mit ganzem Herzen sein und tun möchte. Die Hingabe kommt ganz von alleine, wenn du nur erkennst, zu was du dich berufen fühlst. Das ist die eigentliche Aufgabe: Sich erkennen. Dann ist der Rest nur ein Spiel.

Es gibt Hinweise, die uns anzeigen, ob ein Mensch, ob wir unsere Berufung erkannt haben und ihr mit Hingabe folgen können: Der Berufene nimmt Entbehrungen in Kauf.

Wenn du nicht bereit bist, auf viele Annehmlichkeiten zu verzichten, dann verzichte lieber auf den Weg des Künstlers. Der Weg des Künstlers wird Zeiten des materiellen Mangels und der Entbehrung mit sich bringen. Ausnahmen gibt es, aber es bleiben Ausnahmen.

Was aber ist schon ein Mangel, wenn man voller Hingabe und Liebe ist?

Wenn ein dir geliebter Mensch schwer erkrankt, würdest du ihn fallenlassen? Ich denke, keiner von uns würde das. Liebe gilt in guten und in schlechten Zeiten.

Wenn du deine Kunst liebst, wirst du sie fallenlassen, wenn die schwierigen Zeiten an der Tür klopfen?

Als Künstler werden dir Krisen von erheblichem Ausmaß begegnen. Du wirst alles in Frage stellen, vielleicht sogar mehrmals. Du wirst zweifeln. An dir, an deiner Kunst, an deinem Mut. Keiner wird dir helfen können, niemand nimmt dir deine Entscheidungen ab. Wenn du Fehler machst, sind es deine Fehler, nicht die der Kollegen, des Chefs oder der Politik. Es braucht Kraft, diese Verantwortung zu übernehmen.

Doch wenn du hindurchgehst durch die Angst und die Zweifel, dann wird es dich weiterbringen. Du wirst lernen. Das ist das Leben. Wer die Angst nicht kennt, kann nicht wahrhaft mutig sein. Mut haben heißt, die Angst zu besiegen.

Wenn die Kunst dich berufen hat, wird keine Angst sie dir wirklich austreiben können. Sie wird Wandlungen und Anpassungen erfahren, aber sie wird eher mächtiger aus jeder Krise hervorgehen. So wie wir Menschen aus jeder Krise, die wir für uns nutzen, gestärkt hervorgehen können. Es liegt alleine an uns, wie wir die Dinge angehen.

Das war ganz schön starker Tobak, gleich zu Anfang eines Buches, von dem man eher schlaue Trickchen erwartet nach dem Motto, in welchen Schlitz werfe ich meine Idee, damit Erfolg auf mich herabregnet, oder?

Aber all die Trickchen, die da noch kommen, sind nur halbsoviel wert, ohne dein Bewußtsein, deine Liebe, deine Leidenschaft. Wenn du all diese Kräfte nicht in dir spürst, dann empfehle ich dir, eher einem „normalen" Beruf nachzugehen. Wenn du nicht brennst, wirst du andere nicht entfachen können.

Wenn du das Feuer in dir spürst, wirst du mich verstehen, wenn ich auf die Frage „Geht das: Von Kunst leben?" antworte: „Ich kann mir nicht vorstellen, daß man von etwas anderem leben kann."

Darum geht es in diesem Buch. Von Kunst leben. Leidenschaft, Liebe, Hingabe, Ausdauer und Mut sind die besten Marketinggrundlagen, die es gibt. Sie machen dein Marketing authentisch. Und die Menschen, die Menschen sehnen sich nach Wahrhaftigkeit.

Wie wird man Künstler?

Ich habe kaum einen Menschen kennengelernt, der irgendwann in seinem Leben nach einem Job suchte und in einem künstlerischen Beruf landete. So nach dem Motto: Nach der Schule fragte ich mich, was ich denn für einen Beruf lernen sollte und ich entschied mich für „Expressionistischer Maler". Oder: „Mein Vater empfahl mir, Ballettänzer zu werden, und das tat ich dann."

Wenn es Kinofilme über Künstler und ihr Leben gibt, so gleicht das Bekenntnis zur Kunst oft eher einer Geburt. Es ist schmerzhaft, ein altes Leben muß verlassen werden und man hat keine Ahnung, wo genau man da hineingeboren wird. Aber irgendwie besteht ein Zwang. Du mußt einfach da hinaus.

Künstler sein ist keine freie Entscheidung - Es ist ein „Müssen".

Natürlich gibt es die Menschen, die nach der Schule die Aufnahmeprüfung an einer Kunstakademie bestehen, Kunst studieren und schließlich den Beruf Künstler erwählen. Die akademisch gebildeten Künstler stellen jedoch nur einen verhältnismäßig kleinen Anteil der tatsächlich kreativ Schaffenden dar. An den Akademien für Kunst, Musik und Tanz bewerben sich Zigtausende junger Talente um einen der wenigen begehrten Studienplätze. Von den Unzähligen, die nicht angenommen werden, gehen die wenigsten den Weg des Künstlers. Von den anderen Unzähligen, die nicht angenommen werden, werden sehr viele überaus erfolgreiche Künstler.

Vielen akademisch ausgebildeten Künstlern gelingt es nach ihrer Ausbildung nicht, von ihrer Kreativität zu leben. Sie sind zwar in hohem Maße gegenüber freien Künstlern ohne staatliche Ausbildung privilegiert, jedoch ist eine Ausbildung eben nicht alles. Oder besser: Eine Ausbildung ist nur eine Ausbildung. Ob jemand wirklich zum Künstler berufen ist, entscheidet häufiger das Leben als ein Studium. Keine Akademie der Welt prüft, wieviel Herzblut du zu geben bereit bist, und so werden hier und dort wohl technisch brilliante und künstlerisch höchst begabte Menschen erzogen, doch die wollen gar nicht bluten für ihre Kunst. Die sind nicht bereit, Opfer zu bringen. Zu lieben und zu wüten. Das ist hier bitte nicht als Statement gegen eine Ausbildung zu verstehen, sondern als Mutmacher für jene, die keine „normale" Ausbildung erfahren haben.

In einem Fernsehinterview sagte einer der berühmtesten deutschen Künstler, ich weiß nicht mehr, ob es Baselitz oder Immendorf war (sinngemäß): „Kunst kommt nicht von können. Kunst kommt von müssen. Meine Tante, die kann viel besser malen und zeichnen als ich. Ich bewundere sie dafür. Aber sie hat nicht diesen Drang in sich, zu malen. Sie malt hier und dort ein Portrait oder eine schöne Blume und ist zufrieden. Ich dagegen muß malen. Wenn ich nicht malen kann, werde ich krank."

Der normale Werdegang eines Künstlers (egal, ob er die akademische Laufbahn einschlägt oder als sogenannter Autodidakt loslegt) sieht oft so aus: Durch die Irrungen und Wirrungen des Lebens, durch vermeintlichen Zufall, durch eine Tante oder die Schule, durch Wut oder Liebe findet man irgendwann im Leben zu einer künstlerischen Ausdrucksweise, die man für sich erprobt.
Man malt ein wenig. Man tanzt gerne voller Lust vor dem Spiegel in der Disco oder auf dem Tanzkurs. Du kochst fantastisch oder massierst deinen Mitmenschen jede Verspannung weg. Man macht das erst mal so. Aus dem Bauch heraus. Als Experiment. Um mal zu probieren. Vielleicht gar aus Langeweile. Oder aus Lebenslust.
Doch irgendwann wird aus dem Versuch ein Hobby. Man lernt dazu, verbessert sein Können. Manchmal hat man das Glück, Menschen kennenzulernen, die das gleiche können oder man hört zumindest von ihnen und erfährt so: Man kann auch von dieser Tätigkeit leben.
Schließlich wird das Hobby immer stärker in einem und das ganze Denken kreist immer mehr und immer intensiver um das Thema seiner Wahl. Bei vielen wird es zu einer Art Besessenheit oder Sucht: Sie wollen, sie können

nichts anderes mehr tun, als ihrer kreativen Lust folgen. Sie werden krank im Herzen und im Leben, wenn sie nicht tun können, was sich aus ihnen heraus entfalten will.

Dann kommt der Zeitpunkt, an dem möchte man viel mehr Zeit mit seinem Hobby verbringen als nur den Feierabend oder die Wochenenden. Man wägt ab, ob es möglich ist, den Job an den Nagel zu hängen und aus dem Hobby einen Beruf zu machen. Manchmal fängt man an, das Hobby als Nebenberuf auszuüben.

Schließlich wird das Hobby zum Mittelpunkt des Lebens.

Die klare Mehrheit aller Kreativen wächst in den Beruf hinein oder wird von einer inneren Stimme gerufen, sich dem Beruf hinzugeben. Oft ist eine Ausbildung sogar nur der krönende Abschluß für ihren Weg durch Wissen und Erfahrungen ihres Fachbereiches.

Doch natürlich geht es auch andersherum, denn wer weiß mit fünfzehn oder achtzehn Lebensjahren schon genau, was sein Herz unbedingt und gegen alle möglichen Bedenken und Widerstände des Kopfes möchte und wählt die Laufbahn eines Kreativen?

Ich möchte hier all jenen Mut zusprechen, die nicht das wunderbare Privileg genossen haben, eine „ordentliche" Ausbildung zu durchlaufen. Es gibt tausend andere Wege, von deiner Kreativität zu leben. Eine Ausbildung ist in vielen Fachbereichen nicht die Voraussetzung für eine erfolgreiche Karriere!

Den Lesern, die überlegen, ob sie den Weg der Kreativen einschlagen und Literaten, Maler oder Musiker werden wollen oder vielleicht doch lieber Arzt, Manager oder Lehrer, kann ich nur zurufen:

Wenn du die Wahl hast: Laß es mit der Kunst bleiben!

Wenn du es nicht bleiben lassen kannst, hast du auch keine Wahl! Du bist berufen. Ein Zeichen der Berufung ist es, daß man keine Wahl hat. Man muß es einfach tun, selbst wenn es einem widersinnig oder wenig ertragreich erscheint. Wenn das Herz für die Kunst schlägt, dann ist der Kopf nur der Betrachter des Szenarios. Er hat keine Chance, steuernd einzugreifen.

Es gibt leichtere Arten, Geld zu verdienen, als mit vielen kreativen Berufungen. Vielleicht magst du ja doch lieber nach Feierabend oder am Wochenende dein Hobby weiter pflegen. Künstler sein ist ein heftiges Abenteuer, nicht selten geht es einem dreckig dabei. Das ist eine handfeste Warnung. Vielen Künstlern geht es finanziell und ideell oft ganz schön mies. Das bringt der Beruf manchmal mit sich.

Du solltest lieber nicht Künstler werden, wenn du darauf baust, bald und mit wenig Arbeit reich und berühmt zu werden. Ohne Arbeit und Entbehrung klappt es bei den wenigsten!

Doch wenn du es nicht bleiben lassen willst, wenn du bereit bist, deinen gutbezahlten Job an den Nagel zu hängen, weil dich deine Kreativität ruft, dann hast du keine Wahl. Du wirst regelmäßig fast platzen vor Mut und Lebenslust. Du mußt dich nur ganz und gar hingeben. Der Kunst. Dem Leben. Ob es mit der Künstlerkarriere dann doch nicht klappt oder ob du ein Stern am Firmament der Künstler dieser Welt wirst: Es wird auf jeden Fall ein Abenteuer.

Vertraue darauf. Wenn du deine Berufung erkennst und ihr folgst, dann wird es wild!

Die Vor- und Nachteile von Studium, Ausbildung und Lehre

Die Vorteile einer geregelten Ausbildung im Bereich deiner kreativen Begabungen sind eindeutig. Nachteile sehe ich genaugenommen keine, nur Relativierungen.

Wenn du den Weg einer Ausbildung beschreitest, lernst du von Profis deines Faches. Das kann nur gut sein. In einer Ausbildung bekommst du den Raum, künstlerische Techniken zu erlernen, zu vertiefen und anzuwenden. Du kannst dich mit Gleichgesinnten austauschen und mit etwas Glück Praktikern bei der Arbeit zuschauen und von ihrer Erfahrung profitieren.

Der größte Vorteil einer Lehre oder einer Ausbildung an einer Universität ist jedoch die Tatsache, daß du mit einer abgeschlossenen Berufsausbildung eine bei weitem größere Chance hast, an Fördermitteln des Staates und vieler Institutionen teilzuhaben oder einen Job beim Staat oder einer seiner Institutionen zu bekommen. In Deutschland gilt auch leider noch: Wer ein Diplom, Magister oder sonstwas in der Hand hat, dem wird mehr zugetraut als Menschen ohne Abschluß, selbst wenn sie weit qualifizierter sind. Dieses Denken ist zwar veraltet und wird von innovativen Unternehmen und Menschen nicht mehr akzeptiert, doch bis die Generationen wechseln, wird diese Sichtweise der deutschen Wirtschaft wohl noch tüchtig schaden. In Amerika sind viel häufiger Leistungen gefragt und nicht Abschlüsse.

Viele Wettbewerbe, Projekte, Ausstellungen, Arbeitsplätze im staatlich subventionierten Bereich gehen nur an Menschen mit akademischer Ausbildung, unabhängig davon, ob nicht weit qualifiziertere Bewerber ohne staatliche Ausbildung sich bewerben. Das bleibt vorerst sicherlich auch so.

Der Abschluß auf einer Kunstakademie, an einer Hochschule für Tanz oder ein vollendetes Musikstudium ist eine Art goldene Visitenkarte des zukünftigen Künstlers. Sie machen dich nicht reich, berühmt oder glücklich. Aber sie stellen ohne Frage hervorragende Türöffner dar, wenn du sie zu nutzen weißt!

Das bekommen hauptsächlich jene Künstler zu spüren, die den akademischen Weg nicht einschlagen konnten oder wollten: Sehr viele Türen bleiben ihnen, ganz unabhängig von der Qualität ihres Werkes, verschlossen. Ich kenne Leute, die bekommen mit dem Doktor vor ihrem Namen für kreative Projekte wiederholt Arbeitsstipendien über Jahre. Wo ein freier Autor auf eigenes Risiko ein Projekt in einem Jahr realisieren muß, da können sie drei Jahre mit Festgehalt forschen, recherchieren und schreiben. Tolle Sache!

Ein weiterer großer Vorteil des Studiums liegt in der finanziellen Unterstützung. Der Staat übernimmt die Hauptkosten für deine Ausbildung. Nur für deinen Lebensunterhalt mußt du Geld verdienen. Das ist eine wunderbare Option, denn Bildung kostet viel Geld. Wenn du dich auf dem freien Markt weiterbildest, bezahlst du Wissen mit barer Münze. Ich finde allerdings auch, daß das Wissen auf dem freien Markt sehr viel konstruktiver, praktischer, einfach realitätsnäher gelehrt wird.

Es ergibt sich in Folge dieser und weiterer, nicht genannter Vorteile, daß die Ausbildungs- und Studienplätze in allen kreativen Bereichen wirklich *heiß* begehrt sind. An manch einer Akademie kommen auf 30-50 freie Studienplätze 300 bis 1000 Bewerber. Die Auswahlverfahren geraten hier und dort zu Bewerbungsmarathons und nur wenige Glückliche schaffen es. Doch es gibt Trost für jene, die sich bald an einer Akademie bewerben wollen als auch jene, die es mit ihrer Bewerbung nicht geschafft haben.

Zuerst jene, die sich bald bewerben wollen: Eine Bewerbung läßt sich trainieren. Es gibt Schulungen, Ausbildungen und Kurse für die Bewerbungen an den verschiedenen Akademien jeglicher inhaltlicher Ausrichtung. Diese trainieren dich mehr oder weniger optimal auf die Anforderungen einer Bewerbung und Prüfung. Du erhöhst deine Chancen ganz ungemein, wenn du diese Möglichkeiten nutzt. Oft stellen sich auch erfolgreiche Studenten deines Wunschfaches zur Verfügung und verraten in Kursen oder Einzelberatungen, wie deine Bewerbung aussehen sollte, um dich ins Auswahlverfahren zu bringen.
Daß dies möglich ist, weist darauf hin, daß ein Auswahlverfahren sich an gewissen Richtlinien orientiert. Noch entscheidender als die „Richtlinien", die ein Bewerber erfüllen sollte, sind jedoch oft die Geschmäcker der prüfenden Dozenten. Auch hier beraten die oben genannten Helfer - sie geben gerne Auskunft über die Anforderungen einzelner Akademien.

Es sollte jedem jungen Künstler klar sein, daß so ein Auswahlverfahren sich nur bedingt an künstlerischen Qualitäten orientieren kann und will. Ob in deinem Herzen der Wunsch nach der Kunst brennt wie ein Weltenfeuer oder du es mal eben probierst, weil ein Kunststudium dir hipp erscheint, kann und will ein Dozent nicht immer oder sogar selten überprüfen. So kommt es, daß du auf massenweise akademische Künstler triffst, oft perfekt im Handwerk, mit nicht der geringsten Spur von Feuer im Herzen, während mögliche Genies mit Power nicht die geringste Chance haben, einen Ausbildungsplatz zu bekommen. Das ist in fast allen Berufen so. Ob du das Zeug zu einem großen Heiler in dir trägst, ist erst einmal egal. Du mußt die Aufnahmeprüfung schaffen, um Medizin zu studieren! Ich wette, es gibt viele Automechaniker, die mehr Kombinationsgabe und Mitgefühl haben als manch ein Arzt, aber denen es einfach an Bildung oder Mut für die Prüfung fehlte und ich weiß, daß es viele (gute) Ärzte gibt, die lieber schreinern oder Konzerte geben würden, aber die von Elternhaus und der Umwelt in die akademische Laufbahn manipuliert wurden und sich nicht trauen, ihrer wahren Berufung zu folgen.

Vielleicht gibt es bessere Chancen für Anwärter auf Lehrstellen kreativer Berufe, einen Ausbildungsplatz zu bekommen. Zwar ist auch hier der Andrang groß und natürlich sieben die Firmen und Meister die Bewerbungen nach den Schulzeugnissen vor. Doch wenn du mit Begeisterung, Offenheit und einem gewissen Ehrgeiz auftrittst und vielleicht Arbeitsproben erster kreativer Experimente vorlegen kannst, wird ein Personalchef viel eher über deinen Bildungsweg hinwegsehen, kann er doch das Feuer in dir erkennen. Für einen Meister, der sehr intim mit dir zusammenarbeitet und für den du direkt Geld kostest, gibt es nämlich nicht nur abgehobene geistige Ideen, wie ein optimaler Schüler sein sollte. Sehr erdverbunden sucht ein Meister nach einer Hilfskraft, vielleicht einmal einem Mitarbeiter oder einem Nachfolger. Auf jeden Fall wird das Image eines Meisters auch durch die zukünftige Legende seiner Schüler mitgestaltet. Ein Professor an einer Akademie muß dich weder bezahlen noch fügt es ihm Schaden zu, wenn du es nicht schaffst. Wenn er keinen persönlichen Ehrgeiz hat, ist der Weg seiner Schüler nur bedingt von Belang für seine Lehre. Ich habe viele Leute getroffen, die mit ihrer Begeisterung und nicht mit ihrem Zeugnis einen Lehrplatz erobern konnten.

Kurz: Ein Studien- oder Lehrplatz ist nicht, ich betone, *nicht* von existentieller Voraussetzung für ein Leben als Künstler. Diese Vorstellung kannst du gelassen loslassen. Ein Studien- oder Lehrplatz ist sehr hilfreich und verschafft dir viele Vorteile, doch er ist nicht bindend. Es geht auch ohne.

Die meisten Künstler, die ich kennengelernt habe, haben ihre Profession nie „ordentlich" studiert. Sie haben sowohl im Selbststudium wie auch in Weiterbildungen auf dem freien Markt gelernt.

Es birgt sogar einige nicht zu unterschätzende Vorteile, nicht den akademischen Weg zu gehen. Ich konnte grundsätzlich beobachten, daß Akademiekünstler kaum erfolgreicher sind als freie Künstler. So zeigen sich viele Studienabgänger im nachhinein oft geschockt, wie wenig „Marktposition" ihnen das Studium verschafft. Auch arbeitet der von Professoren ausgebildete Künstler nicht selten spirituell abstrakter als viele freie Künstler: Ihr Werk erschließt sich oft nur Sammlern und Akademikern, Kunsthistorikern, ganz besonders intensiv Interessierten. Akademiker arbeiten seltener für „das Volk" als vielmehr für eine intellektuelle Elite. Ihre Kunst ist oft mehr für Museen und Wettbewerbe und weniger für Wohnzimmer und Arztpraxen. Sie ist häufiger Selbstzweck und Selbstdarstellung und bemüht sich seltener, um die Gunst eines „Normalo" von der Straße zu buhlen. Sie existiert häufiger in einem intellektuell fiktiven Raum, einer akademischen Matrix, als die Arbeit freier Künstler. Das ist meine Beobachtung und muß nicht stimmen.

Auffällig ist jedenfalls, daß sich von den zigtausenden junger Menschen, die in Deutschland ihr Studium abbrechen, sehr viele selbständig machen, und daß der Anteil der Erfolgreichen unter diesen wiederum ausgesprochen hoch ist! Keine Ahnung, warum Politik und Medien in Anbetracht dieser Tatsachen über die vielen Studienabbrecher jammern. Ich habe auch abgebrochen. Was für ein Jammer, es sind schon elf Bücher daraus geworden. Und ich bin keine Ausnahme. Wenn einem ein einmal eingeschlagener Weg nicht mehr richtig erscheint, dann hat es nichts mit Charakter oder Mut zu tun, die Zähne zusammenzubeißen und ihn weiterzugehen. Fühle dich frei, solange zu suchen, bist du dich gefunden hast.

Im zahlreichen Gesprächen mit promovierten Akademikern konnte ich erfahren, daß diese nach Abschluß ihres Studiums den Kontakt mit der Arbeitswelt als „Schock" wahrgenommen haben. Sie fühlten sich die ersten Jahre nach dem Studium schwer verunsichert, da sie nicht das Gefühl hatten, den Erfordernissen des Marktes gewachsen zu sein. Viele betonten, das wichtigere Wissen hätten sie im Beruf erlernt und nicht an der Uni. Das ist sicherlich auch ein ziemlich deutsches Phänomen. Wir erhoffen uns von einer Ausbildung an der Universität viel zuviel. Dann finden wir uns, kaum mit Titel und Ehren aus der Uni entlassen, im wahren Leben wieder. Und fühlen uns nicht annähernd geeignet, angemessen mit den Realitäten des Marktes fertig zu werden. Die enormen Defizite unserer Bildungswege werden hier augenscheinlich. Vor drei Jahren hätte ich diese Worte noch nicht schreiben dürfen, ohne als anmaßend oder neidisch zu gelten, doch nach PISA und der letzten OECD-Studie zu unserem Bildungssystem steht eines fest: Es muß sich was tun, Deutschland steht in Sachen Bildung ganz mies da.

Die wahre Lehre beginnt erst nach dem Studium (und sie sollte auch nie enden). Erfahrungen sammeln fast alle Menschen im Beruf und nicht im Studium. Die Art, wie wir Erfahrungen sammeln und wie wir sie auswerten, macht uns zu dem, was wir sind. In keinem Beruf der Welt ist ein guter Studienabschluß der finale Beweis für berufliche Kompetenz.

Ich bitte darum, das hier Geschriebene nicht falsch zu verstehen: Ich sehe keine Nachteile in beiden Wegen. Manch ein hoffnungsvolles Menschenwesen voller zarter und beseelter Kreativität kann durchaus an der Blödheit seiner Dozenten oder der Ausbildung zerbrechen. Auf der anderen Seite kann ein hochbegabter Mensch sein volles Potential vielleicht auch gerade durch ein Studium zur Entfaltung bringen. So ist meine Einschätzung klar: Wenn du die Option auf einen Ausbildungsplatz hast, dann nutze sie! Wenn du diese Option trotz engagierter Bemühungen nicht bekommst, dann sei ebenso froh. Das Leben hat etwas anderes mit dir vor.

Lernen geschieht durch Tun.
Qualifikation erreichst du durch Erfahrung.
Erfahrungen sammelst du durch Tun.

Wenn der Ausbildungs- und Lernweg auf dem freien Markt auch härter und teurer erscheinen mag, er ist fast immer viel praxisnäher.

Die vier Säulen

Im Zentrum des Hauses des Erfolges stehen vier Säulen, vier Prinzipien, die dir ungemein helfen können, dich beruflich zu etablieren und deinen Weg mit Erfolg zu gehen.

Viele Marketingautoren und Berater sind der Meinung, daß es ohne diese Prinzipien gar nicht richtig funktionieren kann, von seiner Kreativität zu leben.

Gutes Marketing unter Zuhilfenahme nur einer Säule reicht schon aus, um Erfolg zu haben. Jede Säule mit ihrem Prinzip birgt eine nicht unerhebliche Chance in sich, es mit ihrer Hilfe zu schaffen. Die Umsetzung der Säule muß nur konsequent mit den verschiedenen Techniken des Marketings publik gemacht werden.

Die vier hilfreichen Säulen auf dem Weg zum Erfolg:

1. Sei anders als andere.
2. Sei schneller als andere.
3. Sei wiedererkennbar.
4. Reduziere deine Arbeit auf das Wesentliche.

Grundsätzlich gelten diese Säulen für alle Berufe, für alle Gewerbe, für alle Produkte. Den Säulen ist es allerdings zu eigen, daß sie ohne die Tricks und Kniffe des Marketings nicht oder erst nach vielen Jahren bis Jahrzehnten wirken. Das heißt, du kannst all diese Säulen perfekt in deinem Leben, deiner Arbeit zum Ausdruck bringen und es läuft nicht - du kannst nicht von deiner Kreativität leben. Wenn du allerdings diese Säulen nutzt und sie dann mit gutem Marketing kombinierst, dann potenzierst du deine Chancen ganz enorm.

Doch zuerst: Warum diese Säulen?
Es gibt mehr als reichlich kreative Menschen in allen erdenklichen Berufs-

sparten. Enorm viele leisten künstlerisch mehr als gute Arbeit. Alle diese Menschen werben nun um den Kunden, der doch bitte seine Aufmerksamkeit und sein Geld möglichst dem jeweiligen Werber widmen möge. Leider kommen auf einen Kunden mehrere Werber.

Die Frage ist natürlich, wie kommst gerade du an diese Aufmerksamkeit? Einfach nur gut zu sein kann nicht reichen, denn einfach nur gut sind gleichzeitig tausend andere Kreative, die um diesen Kunden werben. Den Kunden gibt es aber nur einmal. Es reicht auch nicht, besser zu sein. Denn besser sind immer Dutzende und was gut, schlecht und am besten ist, entscheidet letztendlich der Geschmack!

Also solltest du dir etwas einfallen lassen, damit die Aufmerksamkeit dieses Kunden auf dich anstatt auf die tausend anderen fällt.

Dazu nutze die erste Säule:

1. Meine Arbeit ist anders als die Arbeit der Mitbewerber.

Geht der Kunde an tausend schönen Bildern vorbei und die sehen alle irgendwie gleich aus, dann wird ihm bald langweilig. Doch plötzlich taucht ein Bild auf, das ist ganz anders. Seine Aufmerksamkeit ist gefesselt. Er ist nun unser Kunde!

Wenn du auffallen willst, empfiehlt es sich, etwas zu tun, was noch keiner so wie du getan hat.

Vorletztes Jahr haben ein paar Künstler im Norden des Landes ein Brot gebacken, das wog rund 500 Kilogramm. Das haben sie dann mit einem Riesenkatapult durch die Gegend geworfen. Geld für diese Aktion bekamen die Künstler wohl von der Stadt. Darüber berichtet hat sogar der Spiegel Online.

Viele Menschen fragen sich natürlich, wie es sein kann, daß kein Geld für einen alleinerziehenden Elternteil mit drei Kindern da ist, während Künstler auf Kosten der Allgemeinheit Brot durch die Medienwelt werfen. Ich spare mir diese Fragen, das klingt nach Neid. Ich würde sagen: Die wollten ja nicht meinen Geschmack befriedigen, sondern auffallen. Und noch nie hat jemand 500 Kilo Brot durch die Gegend katapultiert.

Joseph Beuys hat vielleicht Fett an eine Wand geklebt. Er hat sich noch was dabei gedacht - heißt es. Die jungen Kunstfreaks im Norden gaben ganz offen zu, die Situation sei inhaltsleer, es ginge nur um die Medienwirkung. Irgendein Beamter hat eine Menge Geld für den Brotwurf freigesetzt.

„Hm?!" sage ich da, „Was für eine Schande, warum bin ich nicht auf so einen Blödsinn gekommen?"

Picasso ist berühmt und teuer geworden, weil er aufgefallen ist. Er hat nicht im stillen Kämmerlein gehockt, er hat Menschen in seinen Bann gezogen. Er hatte mindestens soviel Sexappeal wie er Genie hatte.

Er hat in Portraits Mund, beide Augen, Ohren und Nase auf einer Ansichtsebene gemalt. Das war anders. Seine Bilder waren anders. Sie waren anders als alles, was es bis dahin gab. Picasso konnte ganz prima zeichnen. Doch als er aufgehört hat, sich so eine Riesenmühe zu geben, ist er richtig berühmt geworden.

Mona Lisa war nicht besonders hübsch. Nein, das Bild von ihr war anders als alle Bilder von nicht ganz so hübschen und hübschen Menschen zuvor. Leonardo da Vinci hat die gute Mona lächelnd gemalt, mit einer persönlichen Aura, einer ganz individuellen Ausstrahlung. Das war noch nie geschehen. Zahllose Künstler seiner Zeit haben perfekte Portraits gemalt. Doch anders gemalt hat da Vinci, ihn kennt noch heute jedes Kind.

Keith Haring war weder besonders gut noch jemand besonders Besonderes. Er war anders. Alle haben „Crash Boom Bang"-Graffitis mit coolen Sprüchen, noch cooleren Typen und drallen Frauen an die Wände gesprayt. Haring sprayte simple kleine Männekes in einer „Malen nach Zahlen-Technik", technisch so einfach wie es nur eben geht. Häring wurde entdeckt, weil er anders war. Seine Männekes waren ganz anders.

Und Helge Schneider? Der Mann ist ein begabter Jazzmusiker. Doch es gibt Tausende hochbegabter Jazzer. Als Helge begann, auf eine Frage hin „Jooo, öööh, nööö, ööööh, ääh wie äh? tjaha, so war das!" zu antworten und er das Klo seiner Katze besang, wurde er ein Star. So was hatte noch keiner gemacht: Journalisten, den guten Geschmack und sich selbst so was von bloßzustellen, wie Helge es tat.

Sie alle haben die erste Säule des Erfolgs erkannt und konsequent genutzt: Sie waren anders! Sie haben einen Stil öffentlich begründet, den bisher noch kein anderer Künstler öffentlich begründete. Fliegendes Brot gibt es in jeder Bäckerei, Fett in der Ecke in manch einem Haus, Nasen quer im Gesicht haben schon die alten Griechen gemalt, grinsende Frauen gab es schon immer, Strichmännchen noch viel länger, Leute mit Artikulationsstörungen auch. Aber nie wurde es als Kunst öffentlich gemacht und stilisiert. Sie alle waren anders.

Viele Kunsttheoretiker sind der Meinung, die Wichtigkeit der Kunst wird auch dadurch begründet, daß ein Künstler einzigartig ist, daß er etwas tut, was noch keiner vor ihm getan hat. Ich denke, es ist eine alte Theorie, die erhalten wird, um dem Kunstgeschäft nicht seine Illusionen zu rauben. Immerhin ist es ein weltweiter Milliardenmarkt.

Es gibt Millionen Künstler auf der Welt. Eine Idee wird meiner Erfahrung nach immer gleichzeitig an mehreren Orten der Welt in mehreren Köpfen geboren. Aus der Wissenschaft ist es hinlänglich bekannt, daß enorm viele bahnbrechende Erfindungen parallel von zwei oder mehreren Forschern oder Forscherteams gemacht wurden. Synchronizität heißt das Fachwort: Zur gleichen Zeit geschehen an zwei oder mehreren Orten die gleichen Dinge, Ideen, Bewegungen, Impulse, Gefühle. Musiker erleben dies oft im Zusammenspiel mit anderen Musikern, in improvisierten Sessions, in denen urplötzlich alle Musiker eine nicht geplante Änderung im Konzept spielen.

Wissenschaftler veröffentlichen oft unter extremem Zeitdruck neue Erkenntnisse und Theorien in ihren Fachzirkeln, selbst wenn die Entdeckungen noch nicht wirklich ausgereift sind. Es gilt, den ständigen Wettlauf, der Erste zu sein, zu gewinnen.

Ich denke, die Idee, man müsse etwas Neues schaffen, ist fragwürdig. Kein noch so brillianter Geist wird in unserer übervölkerten Welt die Übersicht behalten, welche Idee es schon gab und welche scheinbar neu ist. Längst nicht alle Ideen werden in Katalogen rund um die Welt publiziert. Gehe ich in Borneos Urwald und schaue mir einen Malstil bei den dortigen Ureinwohnern ab, wer weiß schon davon? Erfolgreiche Designer tummeln sich gerne auf Veranstaltungen junger Künstler, um sich mit neuen Ideen zu versorgen. Picassos Portraits waren bei den Griechen und den Afrikanern abgeschaut. Hundertwasser hat gemalt wie Gaudi gebaut hat und Gaudi hat sich bei den alten Kulturen dieser Welt Inspiration geliehen.
A. R. Penck hat Strichmännchen gemalt, wie sie zuvor nur auf Höhlenwänden zu sehen waren, Jahrtausende alt. Jedes Kind kritzelt diese Männchen in seine Malbücher. Penck malte sie auf große Leinwände und wurde ein Star. Vor ihm ist noch keiner auf die ja eigentlich ziemlich freche Idee gekommen, Höhlen- und Kinderbuchmännchen für teure Kunst zu verkaufen. Tolle Sache von Penck.

Verzichte auf das Gespinst „NEU!" und „EINZIGARTIG!". Nichts ist neu auf dieser Welt. Jedesmal, wenn ein neuer James Bond-Film ins Kino kommt, versichert die Medienmaschine, es kämen ganz neue Effekte im Film vor. Was soll daran neu sein? Bondfilme variieren nur, sind jeweils anders. Bond war nur ein- oder zweimal neu und seitdem wird er nur variiert. Neu ist ein Fetisch. Das Wort „Neu" ist eine der großen Umsatzfaktoren. Wenn auf einer Verpackung „Neu" steht, dann interessieren sich mehr Menschen für ein Produkt - das wurde genau erforscht.
Alle Weisheiten wurden gesagt, alle Fragen tieferer Natur sind beantwortet. Faszinieren tut das Neue nur noch, wenn es anders ist oder wenn es etwas Althergebrachtes, wie dämliches Gestammel, von Leuten wie Helge stili-

siert wird. Oder wenn ein Zeichner-As wie Picasso plötzlich griechische Profile malt.

Ob es neu ist, ist völlig egal. Es muß anders sein als das, was bisher auf der Bühne der Beachtung stand. Und wenn du so etwas wie Strichmännchen oder fliegende Brote auf die Bühne hebst, dann …

2. Sei schneller als die anderen!

Du solltest versuchen, deine Andersartigkeit möglichst schnell bekanntzumachen. Denn es werden sehr bald andere kommen, die machen das gleiche wie du. Unter Umständen gibt es schon jetzt viele andere, die das gleiche wie du machen. Es ist ja meist nicht wirklich neu. Täglich denken überall auf der Welt Millionen Kreative darüber nach, wie sie irgendwas so verpacken können, daß es auf der Weltbühne des öffentlichen Interesses als andersartig wahrgenommen wird.

Wenn du eher bekannt wirst als die Kollegen mit der gleichen „anderen" Idee, wird es immer heißen: „Ach die, die anderen malen ja bei dir ab." Mögen die anderen auch zur gleichen Zeit auf die Idee gekommen sein, ohne deine Arbeit zu kennen, wenn du vor ihnen bekannt wirst, ist das egal. Du wirst bekannt - gutes Marketing vorausgesetzt.

Als ich mein erstes Erfolgsbuch schrieb, ein Buch über das australische Didgeridoo, da wußte ich, es arbeiten noch sechs oder sieben andere Künstler an so einem Werk. Also habe ich mir die beiden ersten Säulen zunutze gemacht: Ich war anders als die Kollegen (umfassender, ganzheitlicher, bildreicher, informativer, preisgünstiger) und ich war schneller.

Wolfgang Saus hat ein Lehrbuch über Obertonsingen in meinem Verlag veröffentlicht. Mit seiner Methode lernt man hervorragend Obertongesang. Es gibt viele Obertonlehrer und sie alle lehren mehr oder weniger erfolgreich Obertonsingen. Vielleicht gibt es sogar Menschen, die auf die gleiche Weise wie Wolfgang unterrichten. Doch nach der Veröffentlichung des Buches geht die Methodik in die Musikgeschichte als die „Drei-Stufen-Technik" von Wolfgang Saus ein. Er war anders. Er war schneller.

Mit dem vorliegenden Buch wiederum bin ich nicht sehr schnell gewesen. Aber es ist anders. Natürlich ist nichts wirklich neu von dem, was ich hier schreibe. Aber ich habe es gewagt, philosophisch-spirituelle Herangehensweisen in einen Sektor zu übertragen und auf eine Weise zu verknüpfen, wie es in dieser Form noch nicht geschehen ist. Das Buch hier ist anders. Es mögen weitere andere Bücher erscheinen, doch wer ein Fünf-Stufen-Modell des Erfolges vorstellt, muß sich den Vorwurf des Plagiats gefallen lassen und womöglich gar eine Klage wegen Urheberrechtsverletzung.

Wer Strichfiguren wie Penck und Männekes wie Haring malt, selbst wenn er keinen blassen Schimmer von der Existenz dieser Künstler hat, der wird als Plagiator bezeichnet.

Von zentraler Bedeutung für den langfristigen Erfolg im ganzheitlichen Sinne ist die Umsetzung der dritten Säule.

3. Du und dein Werk sollten wiedererkennbar sein

Ein Beispiel: Du hast Kunden durch deine Andersartigkeit auf dich aufmerksam gemacht. Doch es kommt noch nicht zu einer Kaufentscheidung. Der Kunde kann oder will kein Geld ausgeben.

Dieser Kunde kommt nun einen Monat später auf eine Party zu seinem Freund. Dort sieht er ein neues Bild an der Wand. Er erkennt sofort, daß es von dir ist, denn es trägt deine ganz charakteristische Handschrift. Das Bild ist dem ersten Werk, welches der Kunde von dir sah, sehr ähnlich. Schließlich macht dieser Mensch in einer großen Stadt einen Kurzurlaub. Er besucht eine Galerie und siehe da! - die Bilder, die er dort vorfindet, kennt er doch! Da hängen Werke von dir. Jetzt bist du ihm oder ihr ein Begriff. Jetzt schlägt er zu. Ein Bild wird gekauft.

Wenn dieser Kunde bei jedem Kontakt mit einem Werk von dir fragen muß: „Von wem ist denn das Bild?"
…

„Ach, von dem und dem?! Den Künstler kenne ich, der hat ja viele Stile drauf!" dann ist das eher ungünstig.

Bilder von Hundertwasser erkennt jeder Kunstfreund. Figuren von Janosch jedes kleine und große Kind. Die Musik von Dieter Bohlen klingt auf geradezu unheimliche Weise immer gleich und dennoch ist jeder Song anders! Christo erkennt man wieder. Wer packt schon Häuser und Landschaften ein? Baselitz malt auf dem Kopf.
Inzwischen mögen viele auf dem Kopf malen. Aber ob sie je ein Bild von Baselitz gesehen haben oder nicht, sie gelten als Nachahmer, als Plagiatoren. Man sieht ihre Bilder und sagt: „Das (oder die Idee) ist von Baselitz!"
Michael Jackson quiekt orgiastisch beim Singen, Mark Knopfler nuschelt, Herbert Grönemeyer klingt konsequent so, als könnte er nicht wirklich singen, Xavier Naidoo singt, als hätte er ständig Seelenschmerzen. Ich habe keine CD von Naidoo, aber ich erkenne ihn, wenn er nur drei Zeilen singt. Günter Grass schreibt keine Actionromane, Michael Crichton schon. Schwarzenegger hat keine Liebesfilme gedreht, wer will ihn auch als Liebhaber sehen. Wenn ich einen Hitchcock schaue, dann will ich mich gruseln. Sein Stil ist wiedererkennbar.
Bist du Spitzenkoch? Dann wirst du wohl kaum plötzlich Würstchen und Pommes im Restaurant anbieten, nachdem du zehn Jahre lang feinste Küche hattest. Man kann dich an deiner Arbeit wiedererkennen.

Viele berühmte Künstler versuchen sich nach einer Weile des Erfolges in einem neuen Stil, einem weiteren künstlerischen Bereich. Nur sehr wenige schaffen es mit dem neuen Stil, der neuen Arbeit, erfolgreich zu bleiben. Vor zwanzig Jahren galt es noch als fast nicht machbar, erfolgreich den Stil zu wechseln, heute ändert sich da einiges. Doch für einen Einsteiger ist es weit einfacher, am Markt Fuß zu fassen, wenn er in seiner Arbeit wiedererkennbar ist.

Kennst du die kleinen bunten Tierchen von Otmar Alt? Supersimpel, superverständlich, lebhaft, lustig. Es gibt wahrscheinlich Abertausende von seinen Bildern. Der Mann hat Erfolg. Man sieht ein lustiges buntes Tierchen und weiß: Das ist von Otmar Alt. Man erkennt ihn wieder.

Warum ist dieser Wiedererkennungseffekt so wichtig?
Es gibt drei Hauptgründe:

a)   Der Mensch ist ein Gewohnheitstier.
b)   Der Mensch ist ein Prestigetier.
c)   Der Mensch ist ein Sammlertier.

Um zu einer optimalen Publikumsresonanz auf deine Arbeit zu kommen, mußt du, wie schon weiter vorne im Buch beschrieben, eine Weile am Ball bleiben. Du mußt deine Profession über einen längeren bis langen Zeitraum ausüben, deine Produkte und Dienstleistungen konsequent und geduldig anbieten.

a) Die Menschen müssen sich an dich gewöhnen

Es gibt Statistiken darüber, wie sich Menschen gegenüber neuen Dingen verhalten, insbesondere auch gegenüber neuen Produkten und Dienstleistungen. Nur ein sehr geringer Anteil der Gesamtbevölkerung ist bereit, völlig neue Produkte und Ideen zu nutzen und zu benutzen, weit unter fünf Prozent. Dann gibt es eine größere Gruppe, die muß mit Neuerungen schon mehrfach Kontakt gehabt haben, dann springt ihr Interesse und eventuell ihre Konsumlust an. Schließlich kommt die breite Masse. Diese kauft erst, wenn ein Produkt omnipräsent wird, es überall zu haben ist, alle es kaufen. Sie reagieren auf Trends, auf Strömungen und haben eine hohe Toleranzschwelle, bis sie auf Neuheiten reagieren.
Schließlich bleibt eine kleine Gruppe von Menschen, die kaufen nie etwas oder erst dann, wenn es schon lange kein Trend mehr ist, sondern ein Bestandteil unserer Kultur.

Wenn man von seiner Kreativität leben möchte, dann braucht man fast immer mindestens die zweite Gruppe, die Menschen, die ein wenig Berührungszeit mit dem Andersartigen, dem Neuen und Unbekannten benötigen.

Bist du Heilpraktiker und stellst dich auf einer Gesundheitsmesse vor, dann sehen die Menschen, daß du mit Akupunktur arbeitest. Die meisten werden nicht sofort zu dir kommen, sie „kennen" dich ja kaum.

Im kommenden Jahr bist du wieder auf der Messe. Die Menschen können sich kaum an dich erinnern, doch wenn sie deinen Stand auf der Messe sehen, dann kommt der Effekt: Ah! Da ist ja der sympathische Mensch mit der Akupunktur. Doch was passiert, wenn du auf der zweiten Messe einzig Homöopathie anbietest? Unterbewußt werden die Menschen der zweiten Gruppe eher verwirrt sein. Sie erkennen dich nicht richtig wieder.

Im dritten Jahr schließlich tauchst du als Fußreflexzonenpraktiker auf. Es fällt den Menschen immer schwerer, zu bestimmen, was sie eigentlich von dir halten sollen.

Wenn du drei Jahre hintereinander als Akupunkteur auftauchst, so werden dich die Menschen wiedererkennen. Sie haben sich an dich gewöhnt. Die Schwelle sinkt. Das nächste Mal werden sie mit ihrem Leiden zu dir kommen.

Wenn sie heute ein Bild von dir sehen, dich als Musiker erleben und nächstes Jahr erkennen sie dich an deinem Bild, an deinem charakteristischen Gitarrenriff wieder, dann hast du eine weit höhere Chance, sie für dich zu gewinnen.

Mehr Informationen zu dieser Säule findest du im Kapitel „Corporate Identity".

b) Viele Menschen legt Wert auf die Meinung anderer Menschen

Glaubst du, Porsche würde seine Autos so gut verkaufen, wenn jedes Modell völlig und total anders aussähe? Leistung und Qualität wären identisch, doch die Karosserie eines Modells würde wie ein Mercedes aussehen, das nächste wie ein VW Golf und schließlich eines wie ein Volvo.
Die Firma wäre wahrscheinlich zügig pleite.

Ein Porschefahrer kauft auch und besonders einen Porsche, weil der drei Wiedererkennungsmerkmale hat: Er ist schnell, er ist teuer und er sieht aus wie ein Porsche. Jeder Mensch erkennt einen Porsche sofort und denkt „Oh, ein schnelles, teures Auto - ein Porsche!"

Wenn einer ein Bild von Markus Lüppertz kauft, dann tut er es unter anderem deshalb, damit all die wohlhabenden Menschen seines Sozialfeldes sofort erkennen: „Wow, du hast einen echten Lüppertz".

Sehr vielen Menschen in unserem Kulturkreis ist es völlig egal, ob sie Mercedes, BMW oder Porsche fahren. Ihnen ist wichtig, daß ihr Auto als teurer zu erkennen ist als der Wagen des Nachbarn oder der Untergebenen in der Firma. Jedem, dem Autos etwas bedeuten, fällt auf, ob der Mercedes vor der Tür nun 50.000 oder 150.000 Euro gekostet hat.

Wenn du ein stadtbekannter Künstler bist und deine Skulpturen kosten, sagen wir im Schnitt 3.000 Euro das Stück, dann wird das den Kunstinteressierten bei euch in der Gegend dank deines Marketings bekannt sein. Kommt der eine Kunstfreund den anderen, der eine Skulptur bei dir gekauft hat, nun besuchen, so wünscht sich der Käufer ein „Wie schön, du hast eine Skulptur von dem Künstler soundso gekauft."
Nicht gut finden die Menschen eine Reaktion wie: „Von wem ist denn die Skulptur?"

Ich erlebe das regelmäßig als Feng Shui-Berater. Ich komme zu Menschen ins Haus und dort finde ich Kunst vor. Ich frage: Von wem sind die Arbeiten? Nicht selten sind die Menschen dann ganz beleidigt, wenn ich weder den Künstler noch seine Arbeiten erkenne.
Für diesen für die Menschen unangenehmen Augenblick habe ich mir eine ganze Riege an Künstlernamen parat gelegt, die ihre Werke erfolgreich im 5.000 bis 30.000 Euro-Bereich verkaufen. Die Leute kennen deren Namen nie und sind dann ganz beruhigt, daß man ja nicht alle guten Künstler und seien sie noch so bekannt, kennen kann.

c) Der Mensch ist ein Sammler

Menschen sammeln gerne. Fast alle Menschen sammeln irgendwas. Es liegt in der Natur des Sammelns, daß die gesammelten Gegenstände oder Erfahrungen inhaltlich miteinander zu tun haben müssen.

Ein Spielzeugwagen, eine Malerei, ein Auto und ein Buch stellen keine Sammlung da. Zehn Überraschungsei-Gimmicks sehr wohl. Oder aber das Spielzeug, das Bild, Auto und Buch haben alle mit einer Sportwagenmarke zu tun, dann ist es auch eine Sammlung.

Wenn ein Mensch etwas bei dir kauft, dann tut er es nicht selten auch ein zweites Mal. Dabei ist es ihm oft wichtig, daß beide Käufe deine Handschrift tragen, daß man erkennen kann: Ja, das ist ein anderes Werk von diesem Künstler, aber es ist von diesem Künstler.

Menschen sammeln auch Erlebnisse. Wenn ich zu einem Pink Floyd-Konzert gehe, dann gehe ich wahrscheinlich in zehn Jahren wieder zu einem, denn die Jungs machen tolle Shows. Wenn aber Pink Floyd plötzlich ohne jeden Lichteffekt und mit nur mittelmäßiger Soundanlage touren würde, dann kämen sehr viele Menschen nicht. Sie wollen etwas wiedererleben, was ihnen gefallen hat. Der Wiedererkennungseffekt.

Das waren natürlich nur drei Beispiele. Man kann tiefer in die Psychologie des Menschen eintauchen, aber das ist ein anderes Buch. Wiedererkennbarkeit erhöht deine Chance beträchtlich. Egal, was du machst!

Doch nun zur vierten Säule:

4. Beschränke deine Arbeit auf das Wesentliche

Wenn du willst, daß die Menschen dich an deinem Werk erkennen, solltest du nicht mit fünf oder auch nur zwei Stilrichtungen kreativen Schaffens öffentlich werden. Ein Spitzenkoch bietet keine Pommes mit Currywurst neben seinen Nouvelle Cuisine-Schöpfungen an.

Ein Stil, eine Technik, eine Ausdrucksweise, eine Art aufzutreten ist genug. Diese Reduzierung bringt zwei Vorteile mit sich:

Du wirst wiedererkennbar.

Du kannst deine Kraft, dein Lernen und Schaffen auf einen Schwerpunkt konzentrieren. Dadurch wird deine Arbeit effektiver und du kannst mehr in die Tiefe gehen.

Deine Arbeit spiegelt schon bald diese Tiefe.

Eine Farbberaterin, bei der ich lernte, erzählte mir, wie sie in ihrer Jugend überlegte. „Es gibt so viele schöne Dinge, doch wenn ich wirklich gut sein möchte, muß ich mich auf ein Thema konzentrieren."

Nun beschäftigt sie sich seit 20 Jahren und länger nahezu ausschließlich mit Farben. Das hat dazu geführt, daß sie Dinge über Farben und ihre Wirkungen weiß, die einem den Atem rauben. Sie ist eine vielgefragte Expertin, eine Hohepriesterin der Farben geworden. Sie vermag es mittels Farbgestaltung Restaurants zu füllen, die gestern noch von der Pleite bedroht waren. Mit neuen Farben hilft sie, Häuser zu verkaufen und wenn du ihre vier Farbkarten legst, kann sie dir Einblicke in deine Seele zu geben, von denen du noch nicht einmal geträumt hast. Heute gibt es im deutschsprachigen Raum wohl kaum mehr als eine Handvoll Menschen, die ihr in Sachen Farbe noch etwas vormachen können.

Sie hat sicher auf vieles verzichtet, um sich diese Qualifikation zu erarbeiten, aber nun kennt sie ihren Wert und der ist mit Geld nicht aufzuwiegen.

Es hat nur Vorteile, wenn du dich in deiner Arbeit, deinem Werk, deinen Methoden auf das Wesentliche reduzierst: Du wirst einfacher wiedererkennbar. Wie sollen die Menschen dich erkennen, wenn du alles oder vieles bist? Wenn du Maler, Musiker, Autor, Graphiker, Lehrer, Berater und Verleger und Vertriebsleiter in einem bist (so wie ich) dann führt das auf Dauer zum Chaos, außer du bist ein absolutes Genie oder du verfügst über reichlich Geld. Beides hat kaum jemand (ich auf keinen Fall). Die Chance, so wirklich berühmt zu werden, ist gleich null! Besser du beschränkst dich bewußt auf einen Bereich.

Also bringst du es in keinem der fünf oder drei Bereiche deiner Tätigkeit oder deiner gewählten Stile zu finalem Ruhm. Du kannst alles gut, aber nichts sehr gut. In dem Moment, wo du dein Leben einem Hauptthema widmest, wird dich das Leben mit Wissen, Möglichkeiten und Tiefen geradezu überschütten. Der Erfolg durch Reduzierung basiert auf dem Naturgesetz der Resonanz, auf das ich später noch genauer eingehe: Öffnest du dich der Reduzierung auf das Wesentliche, dann bietet dir dieser Bereich schon bald mehr, als du je zu träumen wagtest.

Ein guter Heiler hat ein, zwei Methoden. Seine Spezialisierung macht ihn für die Menschen wiedererkennbar.
Ein guter Koch gibt jedem Gericht mit wenigen Gewürzen das gewisse Etwas anstatt möglichst viele Gewürze zu verwenden.
Ein neuen Song von Dieter Bohlen erkennst du sofort wieder und kannst ihn klar von einem neuen Rolling Stones-Song unterscheiden.
Ich kenne viele Künstler nicht namentlich, aber ihr Werk erkenne ich sofort. Das ist die Technik, mit der du zu Bekanntheit kommen kannst: Einen Song von Udo Lindenberg erkenne ich im Radio. Doch erkenne ich ein Bild von ihm in einer Ausstellung? Nein, denn das Wesentliche, für das Lindenberg steht, ist seine Musik.

Wenn du Heilpraktiker bist, dann wirst du vielleicht über fünf oder zehn Jahre mit Akupunkturbehandlungen bekannt. Erst nach diesem Zeitraum ist es ratsam, eine neue Heilmethode einzuführen. Du kannst auch mit zwei oder vier Methoden starten, bei Heilpraktikern ist das kein Problem. Wenn du allerdings mit zehn Heilmethoden startest, wird es die Wahrnehmung der Öffentlichkeit verwirren.
Wenn du als Bildhauer, Maler, Videokünstler und Autor startest, wird es schwieriger für dein Publikum, zu erkennen, was du bist, was du kannst.

Die Umsetzung der dritten und vierten Säule setzt eines unbedingt voraus: Daß du ein Mensch bist, der weiß, was er will. Dein Ziel ist klar und du bist dir über deine Potentiale, dein Können oder das, was du in der Zukunft unbedingt können möchtest, voll bewußt.

Diese Attribute treffen auf die wenigsten jungen Künstler zu, die ich kennengelernt habe. Auch viele erfolgreiche Künstler haben diese Attribute nicht. Sie kristallisieren sich erst im Lauf ihrer Karriere heraus.

Die Beachtung der vier Säulen oder nur von einer, zweien oder drei der Säulen verschafft dir kurz- bis langfristig die Grundlagen, auf der Marketing bestens fruchten kann.

Dennoch, ich möchte in diesem Buch realistisch bleiben: Es gelingt längst nicht allen kreativen Menschen, auch nur eine der Säulen zu nutzen. Sind sie deswegen weniger kreativ? Sollte ihnen verwehrt sein, von der Kunst zu leben? Können sie es sich sparen, das Buch hier zu lesen?

Nein, natürlich nicht. Es ist nur mehr Aufwand, ohne Beachtung der Säulen von seiner Kreativität zu leben, mehr energetischer Aufwand. Doch Kreativität will von den meisten Menschen auch und insbesondere gelebt werden, weil sie sich selbst besser kennenlernen wollen, weil sie auf der Suche sind. Wenn ich aber auf der Suche bin und ich lasse mich von einem Galeristen unter Vertrag nehmen und der Vertrag verlangt von mir, daß ich meinen Stil nicht verändern darf, was bleibt dann von der Suche?

Wenn einer wie Stephen King als Horrorautor berühmt ist, soll er auf ewig Horror schreiben, nur damit er erfolgreich bleibt? King hat unter Pseudonym beeindruckende Bücher geschrieben, ganz abseits des Horrors. Er hat es sich nicht nehmen lassen, sich weiterzuentwickeln. Doch seinen berühmten Namen hat er erstmal geschützt, indem er seine literarischen Passionen unter anderem Namen auslebte.

Du als Einsteiger mußt das nicht. Du kannst dich einfach austoben. Wichtiger als das Streben nach Erfolg ist die Selbsterfahrung. Finde erst heraus, wer du wirklich bist, und dann wird sich die vierte Säule von ganz alleine herauskristallisieren.

Die „New Networker"

Es gibt reichlich kreative Menschen, die machen was sie wollen, mal so, mal so, mal das, mal das. Sie sind keinesfalls wiedererkennbar. Sie haben keinen einzelnen Schwerpunkt, sondern machen, was ihnen gerade in den Sinn kommt. Außerdem legen sie keinen Wert darauf, alles mit Geschwindigkeit zu machen. Sie tun es in genau dem Tempo, das ihnen Spaß macht. Sie pfeifen darauf, der Erste zu sein.

Meiner Beobachtung nach ist das mindestens die Hälfte der Kreativen. Ich selbst habe sieben bis acht Jahre so gelebt und gearbeitet.

Jeder kreative Job, der diesen „Säulenlosen" begegnet, wird angenommen und ausprobiert. Der Grund für eine so „entspannte" Lebenshaltung ist meistens einfach: Die Kreativen dieser Art sind entweder noch auf der Suche nach ihrem kreativen Hauptthema oder überhaupt nach ihrem Lebenssinn. Viele dieser Art sind schlicht Lebenskünstler, die keine Lust haben, sich festzulegen. Oder aber sie sind einfach nicht willens, sich zu sehr anzustrengen. Gemacht wird, was kommt und Spaß macht oder Geld bringt. Erfahrungen bringt es so oder so. Zur Not gehen sie auch Wände streichen, Holz hacken oder putzen. Zwischendurch erschaffen sie kreative Werke von berauschender Kraft und Schönheit. Alles bringt ein bißchen Geld und am Schluß kann man davon leben, mal besser, mal schlechter. Ob sie berühmt werden, ist ihnen schnurzpiepegal. Sie wollen einfach nur leben und erleben. Sie pfeifen auf übermorgen, heute lacht die Sonne. Vielleicht werden sie mal Börsenspekulant oder Waldarbeiter. Kreativität ist nur eine schöne Möglichkeit, das Leben zu leben und zu schauen, wohin es sie treibt.

Menschen, die mehrere Tätigkeitsbereiche haben, diese miteinander verflechten und verzahnen, lernen natürlich auch viele Menschen aus vielen Bereichen des Lebens und Arbeitens kennen. So bilden sich oft Netzwerke von Menschen, die sich gegenseitig weiterempfehlen, Aufträge weitervermitteln oder gar Leistungen und Produkte untereinander tauschen. Hochwahrscheinlich ist diese Art des Arbeitens und Lebens eine der zukünftigen Lebensstile. Trendforscher sagen das schon eine ganze Weile voraus. Denn immer weniger Menschen wollen sich von Firmen, Arbeitsamt, Bildung und Politik bestimmen lassen, was sie als Beruf erlernen sollen, um dann als Arbeitslose oder Arbeitsesel zu enden. Viele wollen machen, wonach ihnen ist, den Job oft wechseln und/oder etwas Eigenes auf die Beine stellen. New Networking eben, Arbeit als Erfahrungsfaktor auf der Suche nach mir selbst und meiner Berufung.

Du kannst jedes Bild anders malen als das vorige. Du kannst heute ein Buch schreiben und morgen Möbel entwerfen. Du kannst heute kochen und morgen Yoga lehren. Du bist nicht mal an deiner Frisur wiederzuerkennen, denn die trägst du alle halbe Jahr anders. Schnell bist du nur beim Rechnungen schreiben oder wenn es nicht zu sehr anstrengt. Reduzieren kannst du nicht, denn alles kann dir Geld bringen, überall kann sich der künstlerische Durchbruch einstellen.

Deine Chance auf Ruhm verringert sich dadurch drastisch. Geld kannst du dennoch verdienen, wenngleich es komplizierter sein kann, als wenn du eine klare Linie findest.

Es gibt immer Alternativen. Und manch einer hat es auch so geschafft, reich und berühmt zu werden. Die Chancen für den großen Erfolg sind jedoch mit der „kann-kommen-was-will" - Technik erheblich geringer.

Spezialisierung auf das Wesentliche ist auch energetisch wirksamer als das Rühren in vielen Töpfen, das Tanzen auf allen Hochzeiten. Je mehr du dich auf ein Lebensthema einläßt, desto besser trittst du in Resonanz und alle, die sich für dein Angebot interessieren, können es auch bewußt wahrnehmen: Da ist einer, der versteht, was er macht.

Die Chance, sich als Networker zu verzetteln oder in Streß zu geraten oder das Ziel (zum Beispiel ein wildes und freies Leben zu führen) aus den Augen zu verlieren, ist groß! Kein klar definiertes berufliches Ziel zu haben und keine Beständigkeit, keinen Wiedererkennungswert im künstlerischen

Ausdruck zu haben, ist eine Art von Poker. Ein Tanz auf Messers Schneide. Und es ist schlicht geil, weil es voller Leben ist. Wer einmal wenigstens ein paar Jahre diesen Weg gegangen ist, wird diese Erfahrungen nicht missen wollen. Jeder Augenblick füllt einen mit Erfahrungen und Lust, wenn man ihn nur läßt.

Für professionelle Vermarkter, für die Medien und viele Konsumenten bis du als Künstler der vielfachen Improvisation nicht besonders reizvoll und das ist auch verständlich. Vermarktung erfordert ein Image für den Künstler, ein Bild für das Fernsehen, einen Sound für den Funk, einen Schreibstil für die Leser.
John Grishams nächstes Buch wird ein Bestseller nur durch die Menschen, die schon ein oder mehrere Bücher begeistert von ihm gelesen haben. Sie wären auf das übelste enttäuscht, wenn sein nächster Roman wie ein Günter Grass-Werk daher käme, selbst wenn es ganz wunderbar wäre. Sie wollen Grisham, nicht Grass.

Für welchen Weg du dich entscheidest, hängt von deiner Persönlichkeit und deiner Selbsteinschätzung ab. Wenn du der Meinung bist, ein Gitarrengenie zu sein, dann gib all deine Kraft in die Gitarristenkarriere und dusle nicht mit Bildmalerei herum. Wenn du allerdings sowohl sehr gut Gitarre spielst als auch tolle Bilder malst, kannst du dich mit beiden Bereichen treiben lassen. Oft klärt dann die Nachfrage, wohin es geht: Wirst du mehr Bilder verkaufen oder mehr Konzerte geben? Machen dir Ausstellungen oder Performances mehr Freude? Oder bleibst du dabei und machst eben beides oder noch mehr?

Die meisten Künstler starten als Chaoten und kommen irgendwann zu mehr Klarheit in der Aussage ihres Werkes und in ihren Zielen. Manch einer aber scheitert auch, weil er sich nie voll zu seiner wirklichen Profession bekennen konnte, weil er seine Berufung nicht findet.

Oft kann hier ein wohlgesonnener Mensch hier weiterhelfen. Eine kritische

Freundin oder ein professioneller Helfer, die die richtigen Fragen stellen, können da oft wunderbare Prozesse einleiten, die zu mehr Klarheit führen. Manchmal reicht schon ein Wochenendseminar zur Visionssuche, um weiterzukommen. Manchmal reichen schon wenige Stunden Beratung oder ein intensives Gespräch mit einem erfahrenen Kollegen und vor dir tun sich neue Welten auf.

Das Leben, das Leben jedoch interessiert sich nicht für Marketing. Ob du diesen oder jenen Weg wählst, jeder birgt Abenteuer, Gewinne und Verluste. Wichtig ist, daß du die Vor- und Nachteile beider Wege kennst und sie so bewußt wie möglich wahrnimmst. Dafür schreibe ich hier ein Inspirationsbuch, das dir von den verschiedenen Wegen des Künstlerlebens erzählt. Ich will dir nicht vorheucheln, es sei so einfach, nur die passende Methode müsse her.

Klarheit kannst du gewinnen durch Tun.
Klarheit kannst du gewinnen, indem du vieles sein läßt und dich darauf konzentrierst, was du wirklich willst.

Die Gefahr der Säulen

Wenn man Erfolg qualitativ sieht, dann gibt es Wirkungen bei der Umsetzung der Säulen, die nicht unbedingt guten Einfluß auf unsere innere Entwicklung haben müssen. Die ersten beiden Säulen tragen sogar eher ein gegenteiliges Potential in sich, denn strebt man ihnen nach, ist es recht leicht, den Weg der Integrität aus den Augen zu verlieren.

Anders zu sein als andere ist wirkungsvoll. Es zieht Aufmerksamkeit auf dich. Doch wenn du ständig nach Andersartigkeit trachtest, dynamisch danach suchst, gerätst du schnell aus dem inneren Gleichgewicht.
Entweder du bist anders, weil es deiner Natur entspricht oder du hast eine Idee, die neu und anders ist, oder eben nicht. Ich habe nicht wenige Menschen erlebt, für die war die Andersartigkeit zu einem Hype geworden, der sie von ihrer inneren Einfachheit ablenken sollte. Das heißt, sie haben stän-

dig versucht, zwanghaft anders zu sein, um bloß nicht festzustellen, wie unglaublich normal sie tatsächlich sind.

Die Art, wie wir fühlen und denken, wird nun mal massiv von unserer Kultur, unserer Familie und unseren genetischen Veranlagungen geprägt. Jeder von uns ist in zahlreichen Belangen des Lebens normal und nicht andersartig. Es ist überflüssig, gegen diese Strukturen der Normalität anzukämpfen und so zu tun, als wäre man irgendwie anders, wenn man es nicht tatsächlich auch ist. Im Gegenteil: Verleugnest du, daß du im Inneren ein stinklangweiliger Spießer bist, dann wird das auf Dauer deinem Beruf schaden. Besser ist es, Spießer zu sein in 99% dessen, was man tut und das gewissenhaft zu vermarkten. Das letzte Prozent sind wir dann alle irgendwie oder irgendwo anders.

Genies sind anders und Genie zu sein ist ein Fluch. Die deutsche Gesellschaft oder die meisten modernen Gesellschaften der Welt werden mit echter Andersartigkeit nicht fertig. Menschen, die wirklich mehr als 1% anders sind, sind ihrer Zeit voraus und werden in der Regel auch in unserer freien Gesellschaft geschnitten, gemieden oder offen bekämpft. Das eine Prozent reicht aus, um Michael Jackson oder Joanne Rowling zu werden, wenn das Marketing stimmt.

Ich kann es nicht oft genug wiederholen: Es ist weit wichtiger, authentisch zu sein, als anders zu sein. Die Suche nach Andersartigkeit führt dich in einem endlosen Kreis um das, was du wirklich bist.

Die zweite Säule, die auf Schnelligkeit und/oder Raffinesse zielt, trägt ebenfalls ein Potential in sich, das krank machen kann, wenn man ihm zu intensiv hinterherhechelt. Natürlich ist es günstig, mit einem neuen Produkt, einem neuen Buchthema (Säule Eins) als erster am Markt zu sein. Das erhöht die eigenen Chancen ungemein.

Doch wenn du in den Säulen Drei und Vier fit bist, dann schaffst du es auch und zwar mit viel weniger Druck und Verstellung. Säule Drei und Vier fordern deine innere Entwicklung. Sie fordern die Auseinandersetzung mit deinen Vorstellungen von dir und der Welt. Es sind fast immer qualitative Prozesse, die zu diesen Säulen führen und die von ihnen ausgehen. Säule

Eins und Zwei haben nur sehr bedingt mit Qualität zu tun.

Ich hoffe, du kannst mir folgen: Wenn du aus dir heraus eine neue, andersartige Idee hast, wenn du sie schnell und raffiniert im Markt einführst, dann ist das natürlich etwas Befriedigendes und du wirst einigen Erfolg damit haben. Doch den meisten Lesern dieses Buches wird das nicht gelingen. Keiner von ihnen muß deshalb verzweifelt sein. Es geht auch ohne die zwei Säulen, wenn die anderen Säulen stimmen. Es geht sogar ganz ohne die Säulen, denn sie sind ja nur Hilfsmittel.

Kreativität dient der Selbstfindung

Für den Einsteiger ist es oft schwierig, die dritte Säule umzusetzen. Er will in und mit und durch das kreative Arbeiten zu sich selbst finden. Doch finden hat mit suchen zu tun. Wenn ich mich als junger Kreativer festlege, damit ich wiedererkennbar bin, dann liege ich fest. Festliegen erschwert das Suchen ungemein.

Die meisten jungen Künstler fühlen nicht den starken Ruf einer Stimme in ihrer Brust, die da sagt: Werde Maler - der und der Stil. Werde Fotograf - bitte nur Aktfotos. Werde Restaurator - besser nur Skulpturen. Die meisten haben einfach ein unbestimmtes Drängen in sich, das nach Ausdruck verlangt. Ich kenne zahllose Menschen, denen geht es so. Sie können auch von der Kreativität leben. Sie müssen halt nur Kompromisse eingehen und öfters mal Jobs machen, die vielleicht nicht so pralle sind, ganz im Sinne des New Networking. Aber das muß der wiedererkennbare Künstler, der sich auf das Wesentliche beschränkt, oft auch.

Ich habe eine ganze Menge Künstler getroffen, die waren auf einen Stil festgelegt. Das hat ihnen Erfolg gebracht, doch der Erfolg kam zu früh. Nun fühlten sie sich an Geld und Ruhm gebunden, trauten sich nicht, in neue Richtungen zu suchen oder gar auszubrechen aus ihrem Wiedererkennungsgefängnis.

Verstehst du, was ich meine? Gönne dir, zu machen und zu denken, was du willst und dennoch als Kreativer zu leben. Wenn du dann irgendwann einmal die Stimme in dir klar vernimmst, die dir eine Richtung weist, dann wird sich der Wiedererkennungseffekt in deiner Arbeit von selbst einstellen. Und dann wird es dir auch einfach sein, dich auf das Wesentliche zu beschränken. Es ist nicht gesund, die Säulen zu erzwingen. Sie müssen aus deinem Herzen erwachsen.

Wer hat Angst vor Marketing?

An den Akademien und Hochschulen für Kreativität wird so gut wie nichts zum Thema Marketing gelehrt. Das ist schon putzig, oder?! Da werden über einige Jahre hinweg Künstler ausgebildet und keiner erzählt ihnen, wie das eigentlich geht: von Kunst zu leben.

Ja, es scheint vielmehr so, als wäre es regelrecht verpönt, sich dem Thema Vermarktung zu widmen. So, als wäre Vermarktung der böse und dunkle Gegenpol zum lichten und wahrhaftig guten Schöpfergeist. Doch die Gründe, warum jungen Kreativen nicht auch das Handwerkszeug zum Überleben in die Hand gegeben wird, sind politischer Natur. Inzwischen darf man offen aussprechen, daß die Unkündbarkeit von Beamten, die leistungsunabhängige Bezahlung von Dozenten und die Verflechtungen der Interessenverbände diverser Berufsstände mit der Politik und vielen meinungsbildenden Medien entscheidend dazu beitragen, daß Deutschland auf dem besten Wege ist, seinen Status als große Kultur- und Wirtschaftsnation einzubüßen. Die Probleme sind hausgemacht.

Es gibt mehr Menschen, die direkt oder indirekt gut von der Vermarktung und Betreuung von Kreativen leben, als es Kreative gibt. Oder: Es wird weit mehr Geld mit Künstlern verdient, als die Künstler selbst verdienen.

Wenn Künstler sich nun flächendeckend selbst vermarkten, dann werden viele Jobs in Kunst, Kultur, Vermarktung, Subvention und Kreativförderung überflüssig. Unselbständige (also abhängige) Künstler sorgen für viele Menschen, die mit den Leistungen dieser Künstler ihr tägliches Brot verdienen.

Natürlich ist es auch ein wenig unlogisch, von Einrichtungen Bildung über Marketing zu erwarten, die von Beamten geführt werden. Beamte sind unkündbar. Ihre Besoldung steht in keinem Zusammenhang mit ihrem Erfolg. Sie bekommen ihr Gehalt, ob sie gut sind oder nicht.

Beim Marketing bekommt nur der Geld, der gut ist. Wie soll ein Beamtenprofessor da seriös beraten? Statt dessen wird gerne die Mär vom Künstler aufrechterhalten, der sich nicht um monetäre Dinge und erst recht nicht um die Vermarktung kümmern sollte, damit ja sein kreativer Fluß nicht gestört wird, und nicht wenige Kreative fördern diese bequeme Einstellung.

Auch könnte es die Bildungselite und ihre Verwaltungsbeamten verwirren, wenn der Erfolg eines Kreativen nicht zwingend mit einer wie auch immer gearteten genialen Begabung gekoppelt sein muß. Vielmehr macht Marketing es möglich, daß ein motivierter und zielstrebiger Mensch von seiner Kreativität leben kann - ohne ein künstlerisches Genie zu sein. Der Erfolg eines Künstlers ist somit nicht länger von hoher Begabung oder von einer staatlichen Ausbildung abhängig, nicht von der Vergabe fetter Subventionen und nicht von der Hilfe der Kulturmanager- und Pädagogen. Damit sind auch einige von deren Jobs fraglich.
Selbstmanagement von Kreativen bedroht einen Teil des Kulturestablishments. Ich betone: „einen Teil". Natürlich gibt es in all diesen Berufen gute und bemühte Menschen, die sich sinnvoll und wirksam für Kreative engagieren und die ihr Geld wert sind. Doch es ist kein Tabu mehr, auszusprechen, daß viele Sessel in der Republik von Nieten besetzt sind.

Ein Insider an einer deutschen Kunstakademie sagte mir mal: „Junge Künstler, die sich bei uns um einen Studienplatz bewerben, sollten nicht schon Erfolge im Markt vorweisen können. Das paßt nicht in das Weltbild unserer Akademie, daß ein Künstler ohne Studium erfolgreich sein kann. Das wird hier nicht akzeptiert."

Na schön. Machen wir es uns und unseren Kunden selbst! Marketing macht mehr Spaß, als viele denken, und hat unter Umständen mehr Einfluß auf die Qualität von kreativen Leistungen als manch eine staatliche Ausbildung. Und das Schönste: Du kannst Marketing auch anwenden, wenn du eine offizielle Ausbildung durchlaufen hast.

Was ist Marketing?

Viele Menschen meinen, Marketing diene dazu, eine Ware zu verkaufen, die ohne Marketing keiner kaufen würde. Das ist falsch.

Marketing ist ein Lehrer. Marketing bedeutet, ein Angebot so auszurichten, daß es den Bedürfnissen des Marktes entgegenkommt.

So ist es zum Beispiel gutes Marketing, die Bedienungsanleitung für ein Handy so zu formulieren, daß der Benutzer des Handys die Anleitung leicht verstehen und damit die Bedienung des Handys leicht erlernen kann.

Es ist gutes Marketing, auf einen Prospekt, der dein Atelier bewirbt, auch eine Anfahrtsbeschreibung und die Öffnungszeiten zu schreiben.

Es ist gutes Marketing, den Menschen, die gerne zu einer Lesung aus deinem neuen Buch kommen würden, die Information zu geben, wann und wo diese Lesung ist.

Es ist gutes Marketing, den Menschen, die wissen wollen, was du mit einer Skulptur ausdrücken willst, dieses Wissen auch zu vermitteln. Und zwar so, daß sie es verstehen, ohne gleich drei Wochen Studien über dich zu betreiben.

Es ist gutes Marketing, durstigen Menschen, die einen Bericht über dich in ihrer Zeitung schreiben wollen und dich deshalb besuchen, einen Tee anzubieten.

Es ist gutes Marketing, freundlich zu den Menschen zu sein.

Wenn du als Kreativer leben willst, dann ist einfach alles, was du tust, gutes oder schlechtes Marketing. Denn deine Leistungen werden immer auch mit deiner Person in Verbindung gebracht. Also ist alles, was du lebst, Marketing. Denn Marketing kommt vom Markt. Der Markt ist der Ort, wo Waren oder Dienstleistungen feilgeboten werden. Marketing ist die Wissenschaft vom den Beziehungen zwischen Anbieter und Käufer. Du bist der Anbieter, und als Künstler bist du oftmals sogar die Ware. Als Künstler ist dein Name, wenn du gutes Marketing betreibst, so etwas wie eine Marke.

Marketing für Kreative bedeutet, sich darüber Gedanken zu machen, wie man sein Werk, seine Leistung so präsentieren und eventuell anlegen kann, daß sie vom Markt optimal angenommen werden.

Wenn diese Definition eindimensional sehen will, dann heißt Marketing: Du schreibst ein Buch so, daß es den Menschen gefällt und nicht so, wie es dir gefällt. Du malst ein Bild nach den Erfordernissen des Marktes. Das heißt, du malst es so, wie es deinem Publikum gefällt und nicht so, wie es dein Herz befiehlt.

Das kann Marketing tatsächlich bedeuten. Das Produkt Kunst oder Literatur oder Musik so herzustellen und zu verkaufen, daß es optimal vom Markt aufgenommen - konsumiert - wird.

Ich finde nichts Verwerfliches daran. Was ist dagegen einzuwenden, an die Menschen zu denken, für die ich Musik machen will und die Musik dann so zu spielen, daß es den Menschen gefällt? Wer meint, der künstlerische Anspruch gehe hier verloren, dem hilft eine Erweiterung der Definition:

Marketing bedeutet auch, sich darüber klarzuwerden, was das Besondere an der eigenen kreativen Leistung ist. Sobald ich diese Besonderheit genau kenne, hilft mir das Marketing herauszufinden, welche Menschen zu meinem Angebot passen. Schließlich bemühe ich mich zu verstehen, wie diese Menschen denken, fühlen und handeln. Dann kann ich mein Angebot so vermarkten, daß diese Menschen in der Lage sind, es zu verstehen und in den Genuß seiner Wirkung zu gelangen.

Meine zweidimensionale Sicht des Marketing geht also davon aus, daß du deine Kunst machst, wie es dir gefällt, ganz ohne an den Markt zu denken. Schließlich wirst du dir darüber im klaren, für wen deine Kunst interessant sein könnte. Du bemühst dich, diesen Personenkreis von dir zu begeistern, auf daß sie deine Kunst kaufen. Die Freiheit deiner Kunst bleibt voll gewahrt.

Doch das reicht mir nicht, das macht mir immer noch nicht genug Spaß. Kunst und Handel und Marketing sind lebendige Phänomene und machen viel Spaß. Lebendigkeit aber setzt Multidimensionalität voraus. Marketing kann auch multidimensional sein.

Marketing sorgt dafür, daß ich darüber nachdenke und -fühle, was ich da als Kreativer überhaupt mache. Was meine Position in dieser Welt ist. Wie ich in das soziale Gefüge der Welt mit meiner Kunst eingebunden bin. Was ich mit meiner Kunst bewirken möchte.

Als Künstler habe ich in meiner Kunst eine Absicht. Sagen wir mal, ich möchte die Welt verändern. Nicht wenige junge Künstler wollen das. Also lege ich los und schaffe meine Kunst. Die Welt aber verändert sich nicht. Nun setzt ganzheitliches Marketing ein. Ich überlege mir nicht etwa, warum die dumme Welt mich nicht versteht und sich nicht ändern läßt. Ich biege meine Kunst nicht einfach um, damit die Welt sich doch wenigstens noch ein ganz bißchen verändern läßt.

Nein, ich versuche vielmehr herauszufinden, wie sich mein Wunsch, die Welt zu verändern, so kommunizieren läßt, das die Welt fähig ist, zu erkennen und sich verändert.

Marketing heißt nichts anderes, als daß ich russisch lernen muß, will ich als Deutscher meine Kunst in Rußland verkaufen. Während ich Russisch lerne, erfahre ich etwas über die Seele der Russen, über ihre Lebensart. Das wiederum kann Einfluß haben auf meine Kunst. Diesen Einfluß kann man mit qualitativem Wachstum gleichsetzen.

Marketing führt zur Evolution. Wenn ich meine Berufung im Auge behalte, dann führt Marketing keinesfalls dazu, daß ich mein Fähnchen in den Wind hänge. Vielmehr führt es dazu, daß ich meine Fahne so webe, daß sie kraftvoll und bunt im Wind wehen kann und weithin zu sehen ist. Nutze ich kein Marketing, webe ich womöglich eine Fahne, die beim ersten Windstoß zerrreißt oder die viel zu schwer ist und nicht im Wind flattern kann. Wie schade.

Marketing am praktischen Beispiel
Eindimensional
Ich möchte ein Buch „Von Kunst leben" schreiben. Ich schaue mir den Markt der freien Kreativen an, um herauszufinden, was sie in einem Buch zu diesem Thema am liebsten vorfinden würden: Praktische Tips zum Thema Marketing. Den Bedürfnissen entsprechend schreibe ich ein Buch mit praktischen Marketingtips.

Zweidimensionales Marketing
Ich schreibe einfach mein Buch „Von Kunst leben", wie es mir gefällt. Anschließend schaue ich, wer als Käufer für dieses Buch in Frage kommt, und ich stimme mein Marketing so auf diese potentiellen Käufer ab, daß diese in der Lage sind, mein Buch wahrzunehmen und zu erwerben. Die Kunst bleibt, wie ich sie will. Der passende Markt für sie wird gesucht und gezielt beworben.
Es gibt für jede Kunst einen Markt! Die Frage ist nur, wie groß der Markt ist. Wenn du einfach kreierst, was dir paßt, dann kann dabei etwas herauskommen, für das es nur einen sehr kleinen Markt gibt, der zudem sehr schwer zu finden und zu bewerben ist.

Multidimensionales Marketing
Ich habe die Idee zu einem Buch „Von Kunst leben". Wie im eindimensionalen Marketing schaue ich, was die Bedürfnisse des Marktes sind, bevor ich das Buch schreibe. Ich möchte meine Ideale und Ideen, meine Kunst, jedoch auf jeden Fall im Buch umsetzen. Also versuche ich herauszufinden, wie die Bedürfnisse des Marktes genutzt werden können, um sowohl die Bedürfnisse des Marktes als auch meine künstlerischen oder visionären Bedürfnisse zu befriedigen. Aus dieser Interaktion heraus schaffe ich ein Buch, in dem sich neben den „handfesten" Marketingtips auch Inspirationen befinden, die eigene Sicht auf das Thema „Von Kunst leben"

zu verändern. Du möchtest von deiner Kunst leben und ich denke du wirst hier einige gute Tips finden, die dir weiterhelfen. Ich möchte, daß du glücklich bist bei dem, was du tust, denn dein Glück ist mein Glück und die Welt kann wahrlich mehr Menschen gebrauchen, die ihre Arbeit glücklich macht. Multidimensionales Marketing schafft uns also beiden Vorteile. Und wenn es gut geht, der Menschheit auch. Ein Sandkorn in der Düne nur, doch das ist schon was!

Das perfekte Marketing?!

Ein fettes Buch voller Tips, wie soll man das denn alles umsetzen? Und das Buch ist erst der Anfang. Es gibt über einige Tausend lieferbare Titel zum Stichwort „Marketing".

Es geht gar nicht darum, alles sofort umzusetzen, was das Marketing anzubieten hat. Es geht darum, sich einen eigenen Weg des Marketings zu erarbeiten. Wenn du von deiner Kreativität leben willst, wirst du dir mit den Jahren einen persönlichen Marketingmix zusammenstellen. Mit Methoden und Techniken, die zu dir und deinem Beruf passen.

Ich habe alles, was ich hier im Buch empfehle, auch ausprobiert und für hilfreich befunden. Doch ich war bisher nicht annähernd in der Lage, all die Dinge, von denen ich weiß, daß sie funktionieren, auch ständig umzusetzen. Gutes Marketing braucht enorm viel Zeit.

Es ist hilfreich, wenn du dich nach einer Weile des Probierens auf die Marketingmethoden beschränkst, die dir am erfolgversprechendsten erscheinen. Es gibt kein perfektes Marketing. Doch es lohnt sich, es anzustreben.

AIDA

Die ultimative Oper vom Marketing

Natürlich hat die Oper „Aida" von Giuseppe Verdi genausowenig mit Marketing zu tun (na ja, Verdi hat sich schon perfekt vermarktet) wie der Komponist Verdi mit der Gewerkschaft *Ver.di*. AIDA ist ein Kürzel, es steht für die englischen Worte Attention, Interest, Desire und Action. Zu Deutsch: Aufmerksamkeit, Interesse, Verlangen und Handlung. In diesen vier Begriffen ist die Grundidee, die in allem Marketing mitschwebt, verborgen. AIDA ist die Grundlage jedes erfolgreichen Marketings, es schwebt in jeder Seite dieses Buches als Idee mit.

Marketing ist nur eine Theorie - AIDA ist die Wirklichkeit

Marketing wird bestimmt von theoretischen Modellen, die versuchen, hochkomplexe Abläufe zu erfassen, damit wir sie gezielt für uns nutzen können. Bis zu einem gewissen Maße funktionieren diese Modelle auch hervorragend. Sie funktionieren jedoch nicht immer. Denn sie funktionieren in Abhängigkeit von der Zeit, gesellschaftlichen Entwicklungen und den individuellen Situationen jedes Verkaufsereignisses.

Jedes Jahr tauchen neue Marketingmodelle auf und sie alle sind auf ihre Weise wirksam, während ältere Modelle scheinbar ihre Wirksamkeit verlieren.

Marketing ist also nicht allgemeingültig. Es ist in weiten Teilen nicht zeitlos. Es funktioniert nicht überall gleich gut und manchmal funktioniert ein und dasselbe Marketing bei einem Kreativen gut, bei dem anderen schlecht.

AIDA jedoch ist über alle Zeitströmungen erhaben. Worum genau geht es in den Begriffen Attention, Interest, Desire und Action?

Attention heißt, die Aufmerksamkeit der Menschen gewinnen

Bevor irgend jemand irgend etwas konsumiert, muß er oder sie es erstmal überhaupt wahrnehmen. Wenn ich dieses Buch schreibe und es dann auf meinen Rechner abspeichere oder mir ein Exemplar ausdrucke, dann würde niemand je davon erfahren. Ich kann es auch hunderttausend Mal drucken lassen und eine Halle mieten, in der ich es staple. Da bekommt keiner was mit.

Ich muß Aufmerksamkeit erregen. Die Menschen müssen die Chance bekommen, überhaupt erst zu bemerken, daß es dieses Buch gibt. Diese Aufmerksamkeit versuche ich zu bekommen durch allerlei mögliche Marketingmaßnahmen, wie sie in diesem Buch beschrieben sind. Das Buch könnte auch den Untertitel tragen: „Methoden, um auf sich aufmerksam zu machen." Aufmerksamkeit verschaffe ich mir, indem die Menschen hinschauen oder hinhören. Eine Anzeige, ein Rundfunkinterview, ein Direktmailing wären Mittel, um Aufmerksamkeit anzuziehen.

Aufmerksamkeit in Interesse wandeln

Die Aufmerksamkeit der Menschen zu erlangen, ist nicht wirklich schwer. Ich kann mich in die Fußgängerzone stellen und willkürlich Passanten mit dem Buch beschmeißen. Ich würde auf diesem Wege aber nur wenig Interesse bei den Passanten erzeugen. Interesse bekäme nur die Polizei an mir, die würde mich nämlich verhaften.

Ich möchte mein Buch verkaufen und nicht verhaftet werden.

Um aus Aufmerksamkeit Interesse für mein Buch zu machen, muß ich meine A-Marketingmaßnahmen so gestalten, daß sie auch als I-Marketingmaßnahmen taugen. Das heißt dazu, der inzwischen aufmerksame Kunde beschäftigt sich nun näher mit meinem Angebot.

Wenn ich beispielsweise ein Plakat auf einer Plakatwand anbringe, auf dem noch zwanzig weitere Plakate anderer Bücher kleben, dann kann ich es durch sehr auffälliges Design oder durch die Nutzung von Schlüsselwörtern schaffen, daß der potentielle Kunde mein Plakat wahrnimmt, während die anderen Plakate nicht wahrgenommen werden.

Jetzt muß auf dem Plakat etwas kommuniziert werden, was den potentiellen Kunden eine Ebene tiefer anspricht. Es muß Interesse bei ihm wecken.

Wenn auf dem Plakat „Von Kunst leben" steht, dann habe ich womöglich die Aufmerksamkeit all jener Menschen, die das gerne können möchten: Von ihrer Kunst leben. Der potentielle Kunde schaut sich das Plakat genauer an.

Um sein Interesse zu wecken, werde ich nun einige wenige Sätze oder Stichworte auf das Plakat schreiben, die den Inhalt des Buches genauer erläutern. Selbstvermarktung, Pressearbeit, Mailings, die Grundlagen des Erfolgs. So in diese Richtung. Ich will die grundsätzliche Aufmerksamkeit der Menschen nutzen, um ihr Interesse zu wecken.

Das Interesse fragt stets: Ist das Angebot hier in der Lage, mir einen Vorteil zu verschaffen? Kommt das vorliegende Angebot in Frage, mein Leben auf irgendeine Weise zu bereichern? Diesen Fragen möchte ich mit meinem „I-Marketing" entgegenkommen: Ich versuche, den aufmerksamen Menschen über die Inhalte und die Möglichkeiten des Buches zu informieren.

Informieren kann ich zum einen recht sachlich, zum anderen kann ich es auf emotionalem Wege probieren. Sachlich wäre vielleicht: „Dieses Buch hilft kreativen Freiberuflern dabei, die Methoden des Marketings zu nutzen, um sich selbst zu vermarkten."
Emotional wäre: „Erfahre das Geheimnis, wie du schnell reich und berühmt wirst."
Ein Gruselroman wird mit weniger sachlichen Informationen beschrieben, ein Sachbuch mit mehr. Wie du das Interesse der Menschen weckst, hängt davon ab, was du überhaupt anbietest und was deine Zielgruppe ist. Natürlich wird ein Plakat, das für Kunstmarketing wirbt, sich anders um das Interesse der Kunden bemühen als ein Plakat, das einen Hollywood-Actionfilm bewirbt.

Tatsächlich existieren sachliche Informationen im Marketing nicht. Wenn ich ein Auto verkaufen will und die Werbung verspricht „Damit fahren Sie schneller als alle anderen", ist das dann weniger sachlich als die Angabe einer PS- und Hubraumzahl? Die dominante Struktur unseres Menschseins ist die Emotion. PS und Hubraumzahl werden von jedem an Autos interessierten Menschen in Emotion umgerechnet und er weiß „Mit der Motoreistung werde ich schneller sein als alle anderen."

Eine Bedienungsanleitung ist sollte sachlich sein, doch Marketing nutzt das gezielt Sachliche, um Emotion zu erzeugen. Immer. Denn ich will ja aus dem Interesse, dem I, ein D, ein Verlangen erzeugen.

Fast am Ziel: Das Interesse wandelt sich in Verlangen

Der Punkt, an dem sich Interesse in Verlangen wandelt, ist schwerlich festzumachen. Verlangen bedeutet, das Interesse des Kunden schlägt in die Entscheidung um, ein Angebot, hier mein Buch, haben zu wollen (oder zum Beispiel eine Ausstellung besuchen zu wollen).

Verlangen wird dort erzeugt, wo das Interesse so viele positive Signale liefert, daß der Kunde entscheidet: „Ja, das Angebot scheint mir so interessant, daß ich es gerne erwerben würde." Oder, um es auf eine kurze und profane Formel zu bringen, der Mensch verspürt den Impuls „Will haben!"

An dieser Stelle setzen die Hebel für zahllose Marketingtricks ein. So kann man zum Beispiel ein starkes Interesse unter Druck setzen, um Verlangen zu erzeugen. Wenn auf dem Plakat stehen würde: „Limitierte Auflage", dann würde das Interesse, noch während es überlegt, von der Sorge, nicht schnell genug zu überlegen, überholt. „Womöglich ist das Buch ja ausverkauft, bevor ich eine Entscheidung gefällt habe, ob ich es kaufen will oder nicht?!"

Sonderangebote sind ebenfalls so ein Trick. Bei Büchern geht das schlecht, da es bei uns eine Preisbindung gibt. Doch wenn auf dem Plakat stehen würde: „Statt 18,00 Euro hier nur 9,90 Euro", dann verkauft sich das Buch sehr viel besser und schneller. Da es sich um ein und dasselbe Buch handelt, ist das schon beeindruckend.

Prestige, Schutz der Familie, sexuelle Befriedigung, die Möglichkeit, Bedrohungen verschiedener Art von mir abzuwenden oder einen ganz besonderen Vorteil zu erhaschen (Sparen Sie! Sonderangebot! Nur solange Vorrat reicht!) sind solche Tricks, die an unsere Triebwelt appellieren. Sie setzen den letzten Rest logischen Denkens unter Druck. „Hm, wenn ich mit meiner Kunst reich und sexy werde?" - Ja dann, dann kauft der Kunde, als würde sein Hirn irgendwo zwischen Nabel und Oberschenkel liegen. Das betrifft im übrigen Männlein und Weiblein gleichermaßen, für Frauen muß man nur etwas subtilere Lenden-Zielmethoden einsetzen als für Männer. Manipulierbar sind wir alle.

Das „D" ist der Grund, warum es nicht so günstig ist, hungrig zum Lebensmitteleinkauf zu gehen. Mein grundsätzliches Interesse, eine Tafel Schokolade zu essen, wird nämlich im Supermarkt enorm durch meine Hungergefühle unter Druck gesetzt: Es entsteht Verlangen. Und schwupp: Habe ich mir eine Tafel Schokolade in den Korb geworfen, obwohl ich doch eigentlich nur Obst und Gemüse kaufen wollte.

Doch zurück zu meinem Buch. Das Plakat war effektiv genug, das Verlangen des Betrachters zu wecken. Er möchte das Buch haben. Er will handeln - er will kaufen!

Wer dem Kunden jetzt entgegenkommt, hat gewonnen

Der Kunde hat nun Handlungsbedarf. Er möchte das Angebot nutzen, er will mein Buch kaufen. Dafür steht das Action-A.

Nur muß der Kunde jetzt auch handeln können. Er muß das Angebot so leicht wie möglich auffinden können. Bei Büchern ist das recht einfach, denn wir haben in Deutschland ein flächendeckendes System, über das man fast alle lieferbaren Titel bei einem guten Buchhändler oder im Internet bekommt.

Was aber, wenn du für eine Lesung wirbst, jedoch die Adresse oder den Termin vergißt, an dem die Lesung stattfinden soll? Was, wenn das Buch nur in ausgesuchten Buchhandlungen zu haben ist, von denen es nur alle hundert Kilometer eine gibt? Was, wenn der Kunde wohl ein Bild kaufen möchte, er aber nicht weiß, wie er es zu sich nach Hause transportieren kann? Was, wenn jemand abends in deinen Laden kommen möchte, du aber die Öffnungszeiten einhältst?

Dann kann es geschehen, daß der Kunde sein Verlangen nicht stillen kann und auf ein alternatives Angebot ausweicht, noch mal genauer überlegt oder, falls er vor deinem Laden steht, frustriert ist, weil er nicht reinkommt.

Es besteht jederzeit die Möglichkeit, das Bedürfnis des Kunden nach Handlung abzuwürgen. Deshalb sind „Kundenpflege" und „Zielgruppendefinition", über die ich im Buch ebenfalls berichte, wichtige Marketingwerkzeuge.

Du mußt in Erfahrung bringen, wie die Menschen, die dein Angebot mögen, es gerne wahrnehmen und konsumieren. Kaufen sie gerne im Atelier oder lieber in der Galerie? Wollen sie in einen Buchladen gehen oder Online bestellen? Werden sie gerne mit einem Glas Wein verwöhnt und wollen sie sich unterhalten oder nehmen sie die Ware mit und verschwinden schnell? Wollen sie bar bezahlen oder mit Scheck oder Kreditkarte?

Je mehr du die Bedürfnisse deiner Kunden kennst, desto besser kannst du ihrem Handlungsbedarf entgegenkommen. Ich als Feng Shui-Berater drehe zum Beispiel schon auf der Türschwelle vieler Warenhäuser wieder um. Und das, obwohl ich dort eigentlich etwas kaufen wollte. Ich möchte jedoch als Mensch wahrgenommen werden und nicht als Geldbörse. Wenn ich in ein Kaufhaus komme und das Gefühl habe, ein Warenlager zu betreten, dann weiß ich als Feng Shui-Berater, daß sich in diesem Haus keiner um mein Wohlbefinden bemüht hat. Die wollen nur mein Geld, beim Einkaufen wohlfühlen muß ich mich nicht. Da es viele Warenhäuser gibt, bringe ich mein Geld lieber in jene, in denen ich mich wohlfühle.

So denken immer mehr Menschen. Geld ausgeben muß Spaß machen. Ich will als Mensch gepflegt und nicht als Geldablieferer abgefertigt werden. Der Bereich „Action" wird in Zukunft immer sensibler. Die Menschen überlegen sich zunehmend genauer, wie, bei wem und unter welchen Begleitumständen sie ihr Geld ausgeben. Wir Kreativen werden den Giganten da immer überlegen sein, wenn wir wollen. Denn wir arbeiten nicht für die Masse, sondern für einen kleinen Personenkreis, den wir gut kennen.

Der Kunde sollte dein König sein. Überlege, wie du ihm in seinem Verlangen, zu handeln, entgegenkommen kannst und die Oper des Umsatzes wird für dich erfolgreich erklingen.

AIDA ist also das Zentrum jeder Marketingaktion. In jedem dieser Buchstaben steckt jedoch im Grunde immer nur eine Aufgabe: Verstehe deine Kunden. Verstehe, wie sie wahrnehmen. Verstehe, wofür sie sich interessieren. Verstehe, was sie verlangen und was ihr Verlangen anregt. Verstehe, wie sie ihr Verlangen gerne stillen.

Dann hilf ihnen dabei, diese Bedürfnisse zu befriedigen.

Zieldefinition

Die hohe Kunst, zu wissen, was man will

Stell dir vor, du bist ein großer Ozeandampfer.

Dein Kapitän, sozusagen das Gehirn des Dampfers, ist ein sympathischer Mensch, keine Frage. Du liegst in Hamburg im Hafen und legst ab. Dein Ziel: Die Neue Welt. Amerika.

Wunderbar.

Der Kapitän weiß ja im Kopf, wo das liegt: Über den großen Teich in den Westen. Damit sollte also alles gutgehen.

Das Schiff wird wohl kaum schaffen, den Hafen zu verlassen. Ein paar gerammte Kaimauern später wechselt der Kapitän frustriert den Job und erzählt allen: So eine Fahrt nach Amerika, das schaffen nur die wenigsten. Das hat viel mit Glück zu tun, wer das schafft, der Weg ist voller Mauern. Ich habe es probiert, ich wollte nach Amerika fahren, aber da waren hohe, undurchdringliche Mauern im Weg, keine Chance. Wahrscheinlich muß man ein Geheimnis kennen, um da rüberzukommen.

Dir ist natürlich klar, wie ein Kapitän sein Schiff nach Amerika bekommt. Er gibt Signale. Er gibt Ziele und Kurse vor. Er sagt, wie schnell das Schiff fahren soll, welche Klippen es umfahren muß und wie es reagieren soll, wenn ein übler Sturm losbricht.

Das ist bei allen erfolgreichen Menschen so, auch bei erfolgreichen Künstlern: Sie können genau sagen, wohin sie wollen und wie sie den Weg zu beschreiten gedenken.

Wenn du erfolgreich sein möchtest, mußt du so klar es nur eben geht definieren, wie genau dein Erfolg aussehen soll, wo genau du ankommen möchtest. Einfach nur „Ich will als Künstler leben" als Ziel wird dir ein enorm spannendes Leben bescheren, aber Erfolg muß nicht unbedingt dazugehören.

Sehr viele erfolgreiche Menschen sind außerordentlich zielbewußt. Ob sie es absichtlich sind oder ob es ihrer Natur entspricht und sie intuitiv klare Ziele fassen, ist zweitrangig. Wichtig ist: Sie haben klar definierte Ziele. Sie wissen ganz genau, was sie wollen, wann sie es wollen und wie sie es wollen.

Erlange Klarheit über deine Ziele

Genau wie bei unserem Kapitän genügt es nicht, sich einfach nur ein diffuses Ziel auszudenken. Es sind Details notwendig. Und da liegt häufig das Problem: Die wenigsten Menschen wissen genau, was sie wollen. Das ist mit Sicherheit einer der Gründe, warum viele so vor sich hin leben und überleben, während andere erfolgreich sind.

Nehmen wir mal ein einfaches Ziel: „Ich möchte reich werden!"
Schön! Wollen wir das nicht alle? Aber was ist eigentlich reich? Ist Dieter Bohlen reich? Oder eher Michael Jackson? Oder eher Microsoft-Chef Bill Gates? Ist ein Mensch mit einem Haus, auf dem keine Schuld lastet, reich? Für den durchschnittlichen Afrikaner ist wahrscheinlich ein Mensch, der in Frieden lebt und genug zu essen hat, ein reicher Mensch. Für andere ist jemand, der fünfzig Mietshäuser sein eigen nennt, reich, und für Bill Gates sind fünfzig Mietshäuser ganz sicher nur die Portokasse.

Ein zielbewußter Mensch sagt nicht: Ich will viel Geld verdienen. Er macht sich vielmehr eine klare Vorstellung davon, wieviel Geld er genau verdienen möchte. Für den einen sind 100.000 Euro viel Geld, für den anderen sind 100.000 Euro im Monat immer noch zu wenig.

Du willst berühmt werden? Super! Doch was ist denn berühmt? Wenn du fünf Didgeridoospieler fragst, ist es wahrscheinlich, daß einer meinen Namen kennt und ein zweiter ein Buch von mir gelesen hat. Unter Didgeridoospielern bin ich also bekannt.
Aber wie viele Didgeridoospieler gibt es in Deutschland? Wenige tausend! Also bin ich wirklich kein bekannter Mensch.
Ist Dieter Bohlen berühmt? In Deutschland sicherlich, aber wer kennt ihn in

Amerika? Die Stones kennen alle. Überall.

Reicht es dir, so berühmt zu werden wie ich, wie Dieter Bohlen oder lieber wie die Stones?

Du kannst berühmt werden in deinem Ortsteil, deiner Stadt, deinem Kreis. Ist das schon „berühmt sein"? Oder bist du in deiner Region bekannt? Bekannt sein ist eine Sache, aber berühmt steht für Anerkennung und oft auch Umsatz. Ist Reinhard Mey berühmt? In Deutschland und bei Freunden der Liedermachermusik ganz gewiß. Aber ist er berühmt? Was ist Herbert Grönemeyer dann? Und wer kennt Grönemeyer in Australien? Elvis Presley kennt man auch in Australien! Ist Grönemeyer deshalb nicht berühmt?

Wünschen ist nicht zielen

Wenn du dir nur wünschst, berühmt zu werden, dann weiß dein innerster Motor, dein Gehirn nicht genau, wie berühmt du werden willst. Dein Wunsch, berühmt zu werden, hört sich für das Gehirn dann eher wie eine Hoffnung an und nicht wie ein Ziel. Aus Hoffnungen läßt dein innerer Motor nicht unbedingt Handlungen erwachsen. Eine Hoffnung ist ein Wunsch. Einen Wunsch zu äußern reicht nicht. Erfolgreiche Menschen wünschen sich nichts, sie haben Ziele. Es ist ein sehr populärer Irrtum, daß man sich nur genug wünschen muß, daß etwas geschieht und dann geschieht es auch. Dann müßten ja alle Menschen erfolgreich sein, die sich nur genug wünschen. Doch die Seele des Wunsches ist der Mangel. Wenn ich mir etwas wünsche, dann fehlt mir was. Wenn ich das Gehirn mit der Information „mir fehlt was" speise, dann wird das zu meiner Wirklichkeit. Zielbewußtheit hat nichts mit Wünschen zu tun, sondern mit Realisieren!

Das sind kleine feine Unterschiede, die aber ganz enorm funktionieren. Höre auf, dir etwas zu wünschen. Fasse Ziele. Verfolge sie. Erreiche sie.

Forschungen zeigten, daß unsere Gehirne in gewissen Bereichen unseres Lebens, unserer Wahrnehmung auf ganz simple Weise funktionieren, ähnlich wie ein Computer. Der Computer kennt nur Einsen und Nullen. Seine

Logik ist im Grunde sehr einfach. Die unseres Gehirns ist es bisweilen auf recht erstaunliche Weise ebenso. Gewisse Wahrnehmungsstrukturen in uns sind tatsächlich so simpel, daß wir sie von selbst nicht nutzen würden. Vordergründig scheint es uns fast absurd, wegen solcher „Kleinigkeiten" das Hirn auszutricksen. In unserer Gesamtheit als Mensch sind wir eben ganz enorm komplex, das erschwert uns vieles.

Wenn du ein Ziel definierst, dann legst du in einem Bereich deines Unterbewußten eine Art Pinbord an. Auf diesem Pinbord notierst du dein Ziel. Jedesmal, wenn du an diesem Pinbord vorbeikommst, siehst du dieses Ziel dort aufgeschrieben. Du siehst es dort so oft, daß es anfängt, sich in die innersten Strukturen deiner Wahrnehmung und deines Lebens einzugraben. *Schließlich wirst du zu diesem Wunsch, diesem Ziel.* Es ist nicht mehr eine Vorstellung von außen, sondern ein Teil deines Wesens. Das Ziel verselbständigt sich, aus einem abstrakten Etwas wird ein Lebensmotiv.
Erfolgreiche Menschen beschäftigen sich ständig und immer wieder mit ihrem Ziel. Manche denken kaum an etwas anderes. Erfolglose Menschen neigen dazu, sich treiben zu lassen und kein echtes Ziel zu haben. Oder sich eben zu wünschen, ein Ziel zu erreichen. Ein Ziel, von dem sie keine genaue Vorstellung haben.

Das „Problem" ist unsere Sprache und seine Authentizität. Sie liefert einen exakten Abdruck von Raum, Zeit, Gefühl und Gedanke. Wenn wir unpräzise sprechen, zielt unser Gehirn genauso unpräzise. Ein Beispiel:
Du setzt dir ein Ziel. Meinetwegen: In fünf Jahren werde ich soweit sein und jedes Jahr 50.000 Euro mit meiner Kreativität verdienen.
Da läßt du ein Schlupfloch für dein Einsen- und Nullenhirn. Heute ist 2004. In fünf Jahren ist 2009. In drei Jahren ist in fünf Jahren aber 2012.
Dein Unterbewußtes will extrem klar informiert werden. In drei Jahren ist morgen einen Tag später als heute. Die Rechenmaschine Hirn schiebt das „in fünf Jahren" jeden Tag vor sich her und die fünf Jahre bleiben auf ewig fünf Jahre entfernt und damit auch dein Verdienstziel. Richtiger wäre es zu formulieren: 2009 verdiene ich 50.000 Euro im Jahr.

Positive Programmierung läuft in Gegenwartsformulierungen

Wir programmieren über Sprache unser Gehirn. Unser Gehirn wird aber in weiten Teilen von Gefühlen beherrscht. Gefühle sind immer in der Gegenwart, sie kennen die wahre Natur des Lebens. Vergangenheit und Zukunft existieren nicht wirklich, sind nur Reflexionen unseres Geistes. Das Gehirn arbeitet und verarbeitet Gegenwart. Auch Zukunft und Vergangenheit wird immer in der Gegenwart bearbeitet.

Dein Ziel heißt: Ich verdiene 50.000 Euro im Jahr. Nimm das als Übung: Sage dir diesen Satz jetzt ein paar Mal laut vor dich hin ...
Wie fühlt sich das an? Klingt sehr ungewohnt, oder? (Außer natürlich, du verdienst schon 50.000 Euro im Jahr - aber warum liest du dann dieses Buch? Du bist fit genug.)

Was sich da so eigenartig anfühlt, ist die Arbeit, die dein Hirn leistet. Ihm kommt die Vorstellung, soviel Geld zu verdienen, eigenartig vor! Probiere jetzt mal was anderes. Sage vor dich hin: „In fünf Jahren verdiene ich 50.000 Euro im Jahr."

Das fühlt sich ganz in Ordnung, wenn nicht schön an, oder?

Das liegt daran, daß dein Gehirn nichts wirklich Neues verarbeiten muß. In fünf Jahren, so weiß es, fließt viel Wasser den Bach runter. Mal schauen, was

In fünf Jahren hat unser Emotionshirn gar keine Einteilung, das

nichts, wofür ich mich

nft liefert etwas Unbe-

...

hrung: Zu Beginn seiner

ünscht: „Ich mache im

nderbar. Hat prima ge-

Von den 100.000 Euro Umsatz blieben ihm keine 5.000 Euro. Er hat einfach alles wieder für seine Kunst, Materialien, Honorare, Marketing, Werbung, Mieten und so weiter ausgegeben. Er hatte kaum Geld zum Leben. Erkennst du seinen „Fehler"? Er hatte einfach nur eine Zahl genommen, ohne die Umstände zu beachten, die diese Zahl umgeben.

Der Künstler hat auf mein Anraten hin sein Ziel geändert. Er programmierte sich fortan so: „Ich mache im Jahr 100.000 Euro Umsatz und 20% Gewinn".
20.000, das war sein Ziel. Soviel brauchte er, um den Lebensstandard zu erreichen, den er sich wünschte. Es hat gleich im ersten Jahr geklappt.

Nach zwei Jahren kam der Künstler wieder zu mir in die Beratung: Einfach 20.000 Euro Gewinn als Ziel war zwar nett, aber dem Künstler blieb nach diesen Jahren das Leben auf der Strecke. Er machte zwar die überaus beachtliche Summe von durchschnittlichen 100.000 Euro Umsatz und bezahlte inzwischen von seinen rund 20% Gewinn ein eigenes Häuschen ab, doch seit fast zehn Jahren pflegte der Mann einen Vierzehn-Stunden-Tag. Er hatte Streß, nahm deutlich an Körper zu, hatte Rückenprobleme und kein Glück in der Liebe.
Wir haben sein Ziel erneut überarbeitet: Es ist nun: „Ich mache 20.000 Euro Gewinn im Jahr und bin entspannt, habe Lust und Freude an meiner Arbeit und tue täglich etwas für meine körperliche und geistige Gesundheit. Ich lebe mit einer wundervollen Frau zusammen."

Ich kann dir sagen, es hat eine Weile gedauert, aber es beginnt zu funktionieren. Der Gute hat bereits abgenommen und eine wirklich nette Frau kennengelernt. Das Beispiel ist typisch. Ich habe ständig Kunden, die verdienen Geld wie Heu, schuften aber tagein tagaus. Urlaub? Was ist das? Wochenende? Wie schreibt man das?

Hier berührt die Frage der Zieldefinition die schon weiter vorne im Buch gestellte Frage nach der Qualität des Erfolges. Die Mehrheit der Menschen in unserem fleißigen Land setzt sich Geld- und Erfolgsziele, ohne an die Lebenskunst zu denken.

Ich empfehle dir: Baue in all deine Ziele den Faktor Entspannung und Gesundheit mit ein. Bau mit ein, was du für diesen Faktor investierst (Sport, Entspannung, Familie, Freunde): Ich gehe jeden Tag eine halbe Stunde spazieren. Ich trainiere dreimal die Woche im Fitneß-Center oder so ähnlich.

Wie genau willst du leben und arbeiten?

Zu einer Zieldefinition sollte gehören, daß du dir genau ausmalst, wie du leben wirst, wie du deine Tage gestaltest, mit wem du dich umgibst und mit wem lieber nicht.

Stell dir das Gefühl vor, einen Kontoauszug zu bekommen und - hach!- da sind schon wieder ein paar tausend Euro mehr drauf. Eine Zeitung aufzuschlagen und - na so was!- da steht schon wieder was Nettes über dein Werk geschrieben.

Ganz wichtig für jegliche Zieldefinition ist die Schriftform. Schreibe stets deine Ziele nieder. Durch das Aufschreiben werden sie zu einem Stück Wirklichkeit, einem Merkzettel, den du immer mal wieder zur Hand nehmen kannst. Es läßt sich überarbeiten, erneuern und erweitern. Doch er ist da. Er ist wie eine Art persönlicher Businessplan.

Ideenliste für Zieldefinitionen

Was ist mein Ziel ? (Formuliere es in der Gegenwart, formuliere es positiv, formuliere kurze, aussagekräftige Sätze.)

Auf welchem Wege möchte ich dieses Ziel erreichen?

Wann möchte ich dieses Ziel erreichen?

Was wird sich in meinem Leben durch das Anstreben dieses Zieles verändern?

Was muß ich sein lassen, um dieses Ziel zu erreichen?

Was muß ich Neues tun, um dieses Ziel zu erreichen?

Was muß ich investieren, um dieses Ziel zu erreichen?

Wer kann mir helfen, um dieses Ziel zu erreichen?

Wer wird auf mich verzichten müssen, wenn ich das Ziel erreichen will (z.B. weniger Zeit für die Familie)?

Was wird sich in meinem Leben durch das Erreichen des Zieles verändern?

Wie wird mein Leben aussehen, wenn ich mehr Geld, mehr Ansehen erreiche?

Übung

Nimm dir einen ganzen Tag Zeit, um über deine Lebens- und Berufsziele nachzudenken. Gönne dir einen Raum der Stille, in dem du die Geschichte deiner Zukunft detailgenau aufschreibst. Schreibe dein Leben nieder, wie es laufen soll. Danach kannst du deine Ziele aus diesem Lebenslauf in spe ableiten und klar definieren.

Schreibe deine Ziele unbedingt auf. Bewahre die Niederschrift gut auf, sie wird dir eine Kontrolle sein in sechs Monaten oder zwei Jahren.

Selbsteinschätzung und Zieldefinition

Ein weiteres Problemchen auf dem Weg, das perfekte Ziel anzuvisieren, ist die Selbstwahrnehmung von uns modernen Menschen: Wir neigen ganz stark dazu, uns entweder zu überschätzen oder uns zu unterschätzen. Latenter Größenwahn und mangelhaftes Selbstbewußtsein sind durchaus typische Verhaltensweisen, die ganz besonders bei Kreativen aller Couleur auftreten - am liebsten in Kombination. Wer sich hier frei von diesen Makeln wähnt, der werfe das erste Buch...

Beim Definieren von Zielen hören sich übertriebene Bescheidenheit und Selbstüberschätzung dann zum Beispiel so an:
„Ich verdiene 5.000 Euro im Jahr mit meiner Kunst.“
Oder:
„Ich werde bei der nächsten Stones-Tour Keith Richards ersetzen.“

Das Ziel sollte in einem realistischen Verhältnis zur Wirklichkeit stehen. Es gibt Management-Berater der Topgarde, die peitschen ihren Schülern ein, sich nicht zu blockieren, indem sie sich zu geringe Verdienstmöglichkeiten als Ziel ausdenken. Da spricht dann der Berater zum Manager mit 200.000 Euro Jahreseinkommen: „Wenn Sie sich fünf Millionen Jahreseinkommen nicht als realistisches Ziel vorstellen können, wie soll es dann klappen? Wie wollen Sie fünf Millionen im Jahr verdienen, wenn Sie es sich gar nicht vorstellen können, daß soviel bezahlt wird? Was Ihre Phantasie nicht schafft, kann im Leben doch gar nicht klappen!“

Man kann täglich in der Zeitung lesen, daß diese Methode bei Managern funktioniert. Ihre Gehälter wachsen exorbitant, die Jungs verdienen mit jedem Jahr mehr, während der Rest der Republik die Gürtel enger schnalllen muß.

Wie aber bekomme ich als Einsteiger eine realistische Einschätzung, welche Ziele passen, welche sind überzogen?
Einmal, indem du deine Arbeit selbstkritisch mit dem Angebot auf dem Markt vergleichst: Wie sehen die Bilder ähnlicher Künstler aus, wie lange stellen die aus, wie viele bekommen sie für ihre Bilder? Wie schreibt John Grisham, wie Günter Grass, wie Elfriede Jelinek? Und wie schreibe ich? Wie klingt Marius Müller-Westernhagens Musik und wie meine? Wie lange hat er gebraucht und wie hat er es überhaupt geschafft, dahin zu kommen, wo er jetzt steht?

Unterschätze nie die Mühe und die Arbeit und die Zeit, die es bedarf, um ein Ziel zu erreichen. Sei vorsichtig mit allzu eiligen Zielen, schone dich jedoch nicht mit zu kleinen Schritten, dann fehlt deinem Gehirn die Herausforderung.

Setze dir Ziele für Dinge, die du erreichen willst in
- einem Monat
- einem halben Jahr
- zwei Jahren
- zehn Jahren
- an deinem Lebensende.

Schreibe diese Ziele detailliert nieder.

Neben dem genauen Beobachten von Vorbildern helfen die eigenen Erfahrungen von Versuch und Erfolg, Versuch und Scheitern, um sich und seine Fähigkeiten besser einordnen zu können.

Es gibt immer wieder Menschen, die so außergewöhnlich zielstrebig sind, daß sie fast unglaubliche Dinge in ihrem Leben erreichen. Was du kannst, was du wert bist, mußt du selbst herausbekommen. Für die meisten von uns wäre das Ziel „Ich verdiene im Jahr eine Million mit meiner Kreativität" wohl völlig abgehoben. Aber, und das ist ja das Schöne in den kreativen Branchen, es gibt Leute, die rücken in wenigen Jahren in solche Umsatzklassen vor. Nicht viele, aber es gibt sie.

Ziele ändern sich

Es gibt Meister, die behaupten, man muß es tun oder nicht tun. Der Zweifel, ein Ziel nicht zu erreichen, birgt das Scheitern in sich. So lassen einige Bücher, die es zum Thema Zieldefinition gibt, eine wichtige Frage ganz aus: „Was passiert, wenn ich ein einmal gefaßtes Ziel nicht erreiche?"
Die meisten Menschen scheitern regelmäßig an ihren gefaßten Zielen und sind dennoch alles andere als Verlierer. Im Gegenteil konnte ich die Erfah-

rung machen, daß das Scheitern für viele den Anlaß bietet, neue oder präzisere Definitionen für Ziele zu finden, die sie dann schließlich auch erreichten.

Berufsziele sind Lebensziele, da sind wir im Bereich der Zukunftsarbeit. Die Zukunft ist ständig in Bewegung. Nicht das Ziel wird verfehlt, sondern das Ziel, der Zielende und die Wegstrecke zwischen beiden verändern sich. Versagen als Option verschwindet so. Es bleiben Möglichkeiten, sich selbst zu erleben, wie man lebt und arbeitet und sich entwickelt. Siehe auch das Kapitel: „Scheitern unmöglich - wie scheinbare Niederlagen zu Siegen werden."

Ein Ziel zu verfehlen ist so schwerlich möglich. Vielmehr bemerke ich, daß ich in der Zielwahl fehlging. Das heißt, ich habe mein Bewußtsein auf ein Ziel gerichtet, daß nun nichts mehr für mich taugt.
Tausende von Kreativen werden ständig abgelehnt und dennoch oder gerade deshalb berühmt. Sie nutzen Ablehnung als Chance, sich zu engagieren. Wenn man beim Boxen eins auf die Nase bekommt, dann macht einen das so richtig schön wütend und man legt erstmal so richtig los oder man überlegt sich, ob man in diesem Boxkampf überhaupt etwas zu suchen hat. Wenn ich als Einsteiger der Meinung bin, schon in zwei Jahren im Centre Pompidou in Paris ausgestellt zu werden, dann verfehle ich dieses Ziel nicht, sondern stelle fest, daß ich auf etwas gezielt habe, was meinem Vermögen nicht entspricht. Also suche ich mir ein realistischeres Ziel aus: Den Centre Pompidou in zehn Jahren oder eine Ausstellung in weniger heiligen Hallen in zwei Jahren.

Ein Ziel nicht zu erreichen, heißt nicht, es zu verfehlen. Es heißt lernen.
Es heißt: Nächstes Mal ziele ich besser.
Oder: Ich passe meine Ziele meinen Fähigkeiten an.
Oder: Ich passe meine Fähigkeiten dem Ziel an.
Und schließlich: Das damals gefaßte Ziel paßt gar nicht mehr zu mir. Ich suche mir ein neues Ziel.

Verstehst du? Aus ganzheitlicher Sicht halte ich Scheitern für unmöglich. Einen Weg zu gehen und zu erkennen, daß es nicht der passende Weg war, ist nicht möglich. Denn die Tatsache, daß ich erkenne, daß der Weg nicht mehr meinen Zielen entspricht, das ist ein Lern- und Erkenntnisprozeß, den ich ohne das Gehen dieses Weges nie hätte machen können.

Es mag aussehen, als würde man in die Irre laufen, vielleicht zurückzukehren und einen neuen Weg auszutesten. Doch es gibt keine Irrläufe. Wir werden zu dem was wir sind, durch alle Wege, die wir gehen und besonders auch durch jene, die wir selbst nicht richtig verstehen.

Zielen ist gut. Es hilft hervorragend dabei, weiterzukommen.
Solange dein Geist offen bleibt und du im Hier und Jetzt lebst, ist es unmöglich, danebenzuzielen.

Wenn du zehn Jahre lang versuchst, als Arzt zu leben und dann Künstler wirst, dann waren die zehn Jahre kein Irrlauf, sondern die Voraussetzung dafür, daß du nun Künstler geworden bist. Umgekehrt kann auch der Künstler Arzt werden, natürlich.

Unsere Lebenswege sind einmalige Ereignisse von hoher Logik und extremer Komplexität. Was zu was führt und warum, das erfahren wir oft erst Jahre später, manche nie.

Wenn du mit diesem Bewußtsein Zielplanung betreibst, dann wirst du immer ins Schwarze treffen.

Das Gesetz der Resonanz

Du bekommst, was du sendest

Zu den Wirkmechanismen unseres Gehirns kommt ein Wirkmechanismus in der physikalischen Welt, der unser Leben tiefer durchdringt, als viele Menschen ahnen. Das uns bekannte Universum scheint ein allgemeingültiges Prinzip zu beherrschen und das ist das Prinzip der Resonanz. Das heißt, was immer du bist, was immer du in die Welt hinaussendest, wird die Welt dir auch zurückgeben. Es ist das Ursache und Wirkungs-Prinzip mit dem Gesetz der Resonanz.

Es ist schwierig, dieses Gesetz zu leben. Wenn uns nämlich Leid, Mißgunst oder Erfolglosigkeit im Leben widerfahren, dann ist das nach dem Gesetz der Resonanz ein Resultat unseres Denkens und unserer Taten. Wir leben in einer Kultur, in der wir negative Ereignisse gerne mit unserer Erziehung, den Lehrern, dem Arbeitsmarkt, der miesen Politik, dem Wetter oder dem bösen oder lieben Gott verbinden. Deshalb mußten wir auch das „Glück" und das „Pech" erfinden.

Das Resonanzgesetz ist fest in Physik, Psychologie und Erfolgstraining verankert: Ich kann nicht weiter kommen, als ich wahrnehmen kann.

Wir könnten da sicherlich trefflich drüber streiten, und ob das Resonanzprinzip jeglichem philosophischen Diskurs standhält, mag dahingestellt sein. Doch eines ist - Diskussion hin oder her - absolut sicher: Erfolgreiche Menschen schmieden ihr Schicksal. Sie haben kein Glück. Sie haben Erfolg. Erfolg ist stets ein Resultat von richtigen Bemühungen. Niemand hat Erfolg, weil er nichts tut oder gar das Falsche tut.

Die Weisheit unserer Altvorderen schuf Sätze wie „Jeder ist seines eigenen Glückes Schmied" und „Jeder bekommt, was er verdient". Das sind keine dummen Sprüche, sondern Lebensweisheiten.

Zurück zum Prinzip der Resonanz. Teste es doch einfach aus:

1. Was passiert, wenn ich freundlich bin?
2. Was passiert, wenn ich großzügig bin?
3. Was passiert, wenn ich mich bemühe, ehrlich zu sein?
4. Was passiert, wenn ich offen bin für Anregungen, wenn ich Dinge ausprobiere, die ich eigentlich nicht verstehe oder nicht mag?

1. Wenn du freundlich bist, werden dir weniger unfreundliche Menschen begegnen oder ihre anfängliche Unfreundlichkeit wandelt sich schnell in Freundlichkeit.
2. Wenn du großzügig bist, wird dir Großzügigkeit widerfahren. Mit hoher Sicherheit wird dir gegeben, wenn du gibst. Großzügige Menschen wissen auch die kleinen Geschenke des Lebens weit mehr zu schätzen als geizige Menschen.
3. Wenn du ehrlich bist, werden dir viel weniger Halunken begegnen oder sie werden dir zwar begegnen, sie betrügen dich aber nicht.
4. Wenn du weltoffen bist, wirst du Erfahrungen machen, die dich ungemein bereichern und vorwärtsbringen. Dein Blick auf die Welt wird sich wandeln, gerade da, wo du zu verstehen versuchst, was dir nicht gefällt.

Das Resonanzprinzip funktioniert oft *in*direkt

Gerade im Geschäftsleben läßt sich das häufig beobachten: Du investiert in ein Projekt oder du machst Werbung in einem bestimmten Stadtteil oder du bist sehr freundlich zu einem Veranstalter, obwohl er sich blöd benimmt. Die Resonanz aber kann so aussehen: Das Projekt schlägt finanziell fehl, doch eine andere Möglichkeit bietet sich dir an. Aus dem umworbenen Stadtteil kommt keine Nachfrage, dafür aus einer anderen Ecke der Stadt. Der Veranstalter hat nie wieder mit dir zu tun, aber ein anderer Veranstalter bucht dich gleich mehrmals.

Ich habe noch nie Kraft, Zeit und Geld investiert, ohne daß es nicht auf irgendeinem Weg zurückkam. So habe ich sehr häufig ohne den Gedanken an Resonanz an Wohltätigkeitsaktionen teilgenommen. Immer geschah etwas infolge meiner Spende- und Verschenklaune. Meistens direkt auf der

Veranstaltung, manchmal nach Tagen, manchmal erst nach Jahren. Aber es geschah immer etwas.

Du kannst das Prinzip mit Visitenkarten testen. Wenn du viele Visitenkarten unter die Menschen bringst, dann kommt die Resonanz oft nicht von denen, die eine Karte direkt von dir bekommen haben. Es kann sein, daß ein Jahr später die Resonanz von jemandem kommt, der einen Tip von jemandem bekam, der die Karte von dem bekam, dem du sie einst gegeben hast.

Wenn also im Universum das Prinzip Resonanz gilt: Dann kann das Leben als solches einem Menschen, der fest von seinem Erfolg überzeugt ist, durch Krisen und Rückschläge hindurch am Ende nur eines geben: Den Erfolg. Denn ein Mensch, der fest von seinem Erfolg überzeugt ist, handelt und denkt auch nach dieser Überzeugung. Er sendet ständig das Signal aus: Der Erfolg ist mein. Ich werde mein(e) Ziel(e) erreichen.

Lies über die Erfolgreichen dieser Welt. Sie haben alle an sich geglaubt.

Positiv denken funktioniert. Manchmal dauert es. Doch Gutes führt zu Gutem. Am Ende immer! Wenn dir nichts Gutes begegnen will, dann prüfe dich, ob du wirklich so nett und positiv bist, wie du meinst. Fast alle Menschen halten sich für nett! Aber mal ehrlich: sind alle nett? Es ist unmöglich, Gutes zu senden und nur Mieses zurückzubekommen.
Das Resonanz-Prinzip wird besonders heftig von jenen Menschen abgelehnt, die im Leben unzufrieden, erfolglos oder unglücklich sind. Ein typisches Merkmal dieser Menschen ist ihre Ansicht, ihre Situation habe mit ihrer sozialen oder ethnischen Herkunft, mit der Politik, der Familie, dem Lebenspartner zu tun. Ich habe nicht einen erfolgreichen Menschen getroffen, der andere dafür verantwortlich gemacht hat, daß er oder sie erfolgreich ist. Erfolgreiche Menschen nutzen Niederlagen deshalb auch stets zu ihrem Vorteil und verwandeln sie so in eine andere Art Sieg. Doch davon später.
Solange du glaubst, andere oder ein „System" behinderten deinen Erfolg,

bleib bei deiner Religion. Verschenke dieses Buch weiter, es lohnt nicht, daß du es liest. Wenn du nicht erfolgreich sein wirst, machst du nur mich und dieses Buch mitverantwortlich für deinen Mißerfolg. Besser, du sparst uns die Zeit. Wenn du bereit bist, die Verantwortung für dein Leben zu übernehmen, ist es nicht möglich fehlzugehen.

Es bleibt das Problem, daß wir uns oft als freundlich, umgänglich, offen und ehrlich einschätzen, es aber gar nicht sind. Es ist ein Zeichen der Zeit, daß alle Welt über die Verrohung der Sitten, den Verfall der Moral, die zunehmende Entfremdung der Menschen, die Geldgier der anderen und was noch immer lamentiert. Da fast alle lamentieren, kann da was nicht stimmen. Ich habe jedenfalls in meinen zwölf Jahren als kreativer Selbständiger nicht mal ein halbes Dutzend geschäftlicher und zwischenmenschlicher Pleiten erlebt und ich bin kein Glückspilz. Die meisten dieser Pleiten habe ich selbst verschuldet durch miserables Marketing. Zwar begegnen mir regelmäßig freche oder schwierige Menschen, doch wenn man nett zu denen ist, dann öffnen sie ihre überflüssigen Mauern des Selbstschutzes und sind nicht weniger nett, als ich es bin.

Noch ein kluger Satz aus dem Erfahrungsschatz unserer Altvorderen: „Wie man in den Wald hineinruft, so schallt es einem zurück."

Ehrlichkeit, Offenheit, Ausdauer, Mitgefühl, Geduld helfen auf Dauer ein gutes Echo aus dem Wald zu bekommen. Selbstkritik ist für erfolgreiche Künstler sehr wichtig. Du erkennst gute Selbstkritik daran, daß sie unangenehm ist und dich herausfordert. Wenn es weh tut im Herzen oder im Bauch, dann bist du dabei, effektiv Selbstkritik zu üben.

Ach, und zum Schluß noch eines: Nimm die Welt mit Humor wahr. Das hilft ungemein. Wenn du manchmal schlampig bist, dann gib es zu. Du baust ja keine Atomkraftwerke, hm?! Ich habe schon manch einen erbosten Anrufer, der sich über einen von mir verursachten Fehler ärgerte, mit dem Satz zum Schmunzeln gebracht: „Es tut mir leid, ich bin eine waschechte

Schlampe. Ich bemühe mich, es besser zu machen. Was kann ich tun, damit Sie mich wieder mögen?"

Zielgruppen

Eine Zielgruppe nennst du den Personenkreis, für den deine Arbeit von Interesse ist. Menschen, für die das Angebot, das du als Kreativer bereitstellst, zum Kauf und zur Nutzung in Frage kommt.

Das ist einfach, wirst du vielleicht denken: Ich bin Künstler, also ist meine Zielgruppe der Personenkreis, der sich für Kunst interessiert. Das stimmt jedoch nur so ungefähr.

Natürlich ist der Personenkreis, der sich für Kunst interessiert, ganz klar eher deine Zielgruppe, als zum Beispiel der Personenkreis, der sich für Essen aus der arabischen Küche interessiert. Du wirst also eher in Richtung Kunstfreunde werben als in Richtung Gourmets des Exotischen.

Doch eine Zielgruppendefinition sollte so genau wie möglich ins Detail gehen. Je präziser du deine Zielgruppe definieren kannst, desto genauer kannst du um sie werben. Je genauer deine Werbung zu den Menschen paßt, auf die sie trifft, desto größer ist deine Chance, diese Menschen für dich und dein Werk zu interessieren.

Gutes Marketing, so heißt es in sehr vielen Fachbüchern, ist ohne Zielgruppendefinition gar nicht möglich.

Daher hängt die präzise Definition deiner Zielgruppe ganz entscheidend davon ab, wie genau du dir über deine Arbeit, ihre inhaltliche wie informelle Aussage im klaren bist. Je genauer du weißt, wer du bist und was genau du den Menschen anbieten möchtest oder kannst, desto klarer kannst du die Menschen beschreiben, die sich für deine Arbeit interessieren könnten.

Deklinieren wir das einmal durch.

Du bist Künstler.
Zielgruppe = Alle irgendwie an Kunst interessierten Menschen.

Du bist Maler.
Zielgruppe = Alle irgendwie an Malerei interessierten Menschen der Zielgruppe Kunstinteressenten (die ja auch Skulptur oder Installation oder Performance und andere umfaßt).

Du malst moderne Bilder von Pferden und Reitszenen.
Ah! Jetzt können wir deine Zielgruppe schon erheblich einengen. Es sind Kunstliebhaber, die gegenständliche und modern gestaltete Malerei mit Natur und Tiermotiven mögen. Vielleicht sogar: Die Pferdemotive mögen. Außerdem kommen grundsätzlich alle Pferdefreunde mit vagem Kunstinteresse in Frage.

Jetzt müssen wir mehr über dich und deine Pferdebilder erfahren: Interessant wäre deine Vita und die Preisklasse, in der du verkaufst. Außerdem, wie die Motive aussehen.
Wenn du schon recht bekannt bist und Bilder in der Preisklasse von meinetwegen 3.000-10.000 Euro verkaufst, dann können wir deine Zielgruppe weiter einengen: Es müssen Menschen mit gutem Einkommen bzw. einem gewissen Vermögen sein. Pferdenarren mit Kunstinteresse wird es sicher viele Zehntausend geben. Pferdenarren mit Kunstgeschmack und dem nötigen Kleingeld eher weniger.

Nehmen wir jetzt einmal an, du malst in deinem Stil edelste Trabrennpferde. Dann können wir deine mögliche Kundschaft auf einige wenige tausend Interessenten eingrenzen: Alle gut situierten Freunde des Trabrennens mit Kunstinteresse.

Was bringt dir die genaue Definition deiner Zielgruppe?
Anstatt blind Streuwerbung zu verteilen, das ist Werbung, die du einfach an alle Leute verteilst, die zum Beispiel bei dir in der Stadt wohnen, kannst du gezielt Werbung an deine Zielgruppe versenden.
Oder du versuchst, einen Artikel über dich in einer Fachzeitung, die sich mit Trabrennen beschäftigt, zu initiieren. Oder du versuchst, gezielt dort

auszustellen, wo Freunde von Trabrennpferden sich häufiger aufhalten.

Definiere die Zielgruppe so genau wie möglich. Was bringt es dir als Auto-restaurateur eine Wurfsendung an alle Haushalte in deiner Stadt zu vertei-len? Besser, du organisierst dir Adressen von Autoliebhabern und Samm-lern. Anstatt mit einem billigen Flyer für zehn Cent in 100.000 Haushalten zu werben, machst du einen richtig hochwertigen Prospekt für fünf Euro pro Adresse. Das kommt besser bei den richtigen Menschen an und kostet dich unter Umständen sogar weniger als die Massenwurfsendung.

Faktoren, die beim Definieren deiner Zielgruppe wichtig sein könnten. Frage dich:
- welche Interessengebiet(e),
- welches Alter, Geschlecht, Bildungsniveau,
- welchen sozialen Status, Wohnort, Einkommen, Konsumverhalten,
- welches Sozialverhalten, Einstellungen, Wünsche, Ängste

deine Zielgruppe haben könnte. Wenn du das alles weißt, dann kannst du deine Marketingmaßnahmen sehr präzise ausrichten und verlierst wenig Geld und Zeit in Werbeprojekten, die zwar toll aussehen, aber bei völlig fal-schen Adressaten landen.

Zielgruppen sind unberechenbar

Die Werbeindustrie beklagt sich schon seit einigen Jahren, daß es immer schwieriger wird, den Konsumenten und sein Verhalten klar zu erfassen bzw. zu bestimmen. Millionäre gehen im Aldi einkaufen, während Studen-ten im Feinkostgeschäft shoppen. Jene, die heute noch jeden Pfennig in Reisen investieren, sparen morgen um sich ein Haus zu kaufen. Kids, die eben noch auf trendy teure Sportschuhe standen, formieren sich einen Au-genblick später und protestieren gegen die beispiellos menschenverachten-de Produktionspolitik der Markenhersteller in den Schwellenländern, in-dem sie *No Logo*-Produkte kaufen. Gestern war das Singleleben die Erfül-lung und morgen ziehen von Urenkel bis Oma alle in eine Kommune.

Für kleine Kreative kann diese Entwicklung nur gut sein. Der Markt wandelt sich. Der Konsument als große anonyme Masse existiert nur noch im Billigmarkt. Immer mehr Menschen definieren sich selbst durch ein sehr eigenwilliges und sprunghaftes Konsumverhalten. Konsum wird zu einem Lifestyle: Immer mehr Menschen folgen nicht der Werbung und kaufen „ihre" Markenprodukte, sondern stellen sich ihr ureigenes Konsumprofil zusammen. Der Markt zersplittert mehr und mehr in abertausende winziger Märkte. Nicht umsonst haben die großen Konzerne keine Antworten und sind ständig von Pleiten bedroht. **Das ist unsere Chance!** Die kleinen winzigen Märkte und Nischen können die Kulturkonzerne und Medien gar nicht richtig in ihre auf Profitabilität ausgerichtete Zielgruppenschemen einordnen. Kleine Unternehmen kommen mit kleinen Märkten aus, kennen die Bedürfnisse der Kunden besser und können schnell und flexibel auf Veränderungen reagieren.

Wie schwer es ist, Kunden nach ihrem äußerlichen Auftritt zu definieren, erfahre ich immer wieder: Bei mir haben schon arme Studenten, Arbeitslose und bekennende Proleten Kunst gekauft. Es kommt auch vor, daß der Chef einer Bank im Urlaub Shorts und zu enge T-Shirts über seinem mächtigen Bauch gut findet. So erkennt ihn kein Mensch als Kunstkäufer.

Haben Fahrer teurer Autos Geld für Kunst? Viele können ja kaum die Rate für den Wagen abzahlen. Manch ein Bild habe ich in ein rostiges altes Auto verstaut, das Menschen gehörte, die zum Beispiel lieber nur alle zwei Jahre in den Urlaub fahren und sich dafür alle zwei Jahre ein Original kaufen. Wer mein Auto sieht, der wird kaum vermuten, daß ich die aufwendigsten Bücher einiger Genres verlege, die es auf dem Buchmarkt gibt.

Es gibt Menschen, die wohnen in billigen Wohnungen, leisten es sich aber, nur im Bioladen einkaufen zu gehen.

Es läßt sich nicht generell sagen, wie ein Kunde exakt aussehen sollte, wen genau du umwerben solltest. Es kommt immer darauf an, ob es in deinem kreativen Angebot eine Kernaussage gibt, die sich mit einem Zielpublikum verbinden läßt. Wenn du Romane über Golfspieler schreibst, werden Golfspieler unter Umständen zu deiner Kernzielgruppe gehören.

Je abwechslungsreicher und vielfältiger dein Werk ist, desto schwieriger kann die Einordnung zu einem Genre oder einem Stil und damit zu einer Zielgruppe werden.
Doch wenn du eine Zielgruppe definieren kannst und sei es nur annähernd, so hilft es dir enorm weiter, ganz egal in welchem kreativen Beruf du unterwegs bist.

Warum solltest du zum Beispiel eine Werbung für meditative Musik in der Tageszeitung teuer inserieren? Deine Zielgruppe ist nicht der Normalbürger. Der an seiner Entwicklung und seiner Wahrnehmung interessierte Mensch ist hier das Ziel. Es gibt fast überall regionale Veranstaltungsmagazine. Diese werden von esoterisch Interessierten gelesen. Plakate für Meditationskonzerte im Bierzelt bringen dir wenig, nahe an einem Laden mit orientalischer Kleidung schon eher.

Aber Achtung: Manch ein Harley Davidson-Fahrer mag seinen Weg in ein Meditationskonzert finden, denn er ist Spitzenmanager und sucht nach Ausgleich. Es gibt Leute, die lesen das Männermagazin „Playboy" und gleich danach das Frauenmagazin „Emma".

Lehren wir die Konzerne das Fürchten!
Verhalten wir uns nicht so, wie es erwartet wird. Und werben wir um alle Menschen, die offen sind für Schönheit und Kreativität. Geh an den Puls deiner potentiellen Kundschaft. Erspüre, was sie suchen.

Für gezielte und wirksame Werbung, für die Definition deiner Arbeit und deiner selbst in der Öffentlichkeit ist es gut und hilfreich, eine Zielgruppe so genau wie möglich benennen zu können. Um ihre Bedürfnisse und Vorlieben zu wissen ist mehr wert als jedes andere Marketingwissen!

Wie wohnen sie, wie fahren sie, wie reden sie, wie sehen sie die Welt, wie zahlen sie, wie verkaufen sie, worüber lachen sie, warum suchen sie? Ganz wichtig ist dann die Frage: „Was kannst du deiner Zielgruppe für einen Vorteil verschaffen, was kannst du ihr geben?"

Gutes Marketing fragt stets: „Wie kann ich mit meiner Arbeit den Menschen, für die meine Arbeit gedacht ist, ein Bedürfnis befriedigen? Wie kann ich kommunizieren, damit sie auf meine Arbeit aufmerksam werden?"

Je genauer du die Antworten kennst, desto effektiver kannst du Marketing betreiben.

Wie bekommst du heraus, wer deine Zielgruppe ist und wie sie denkt?
Erstmal und vor allem, indem du dein kreatives Angebot so genau wie möglich beschreibst. Wenn es eben geht, in nicht mehr als zwei bis zehn Sätzen. Probiere das mal aus! Jetzt und hier. Den meisten Kreativen fällt es sehr schwer, in wenigen Worten zu sagen, was die zentrale Aussage ihrer Arbeit ist.

Wenn du die zentrale Aussage deiner Arbeit gefunden hast (was bei dem einen oder anderen Jahre dauern kann), dann überlege dir mal genau, welchen Nutzen dein Werk warum für wen haben könnte.

Das ist eine Übung! Nicht einfach weiterlesen! Frage dich, warum sollte jemand deine Arbeit nutzen? Wenn du das „Warum?" gefunden hast, dann ist der Sprung zum „Wer?" in der Regel sehr nahe.

Vielleicht stehst du jetzt ein wenig auf verlorenem Posten. Du machst halt einfach so deine Kunst. Der eine oder andere wird sich brüskiert sagen: „Das macht doch die Kunst zur Kunst, daß sie nicht nach dem *Warum* fragt, sondern durch sich lebt. Daß sie nicht nach dem *Für Wen* fragt, sondern einfach nur geschaffen werden will."

Das ist auch in Ordnung so. Doch du liest dieses Buch, weil du verkaufen willst. Also geht es dir nicht nur darum, Kunst zu schaffen. Das kannst du schon. Du kannst sie doch einfach verschenken. Das willst du nicht? Dann geht es dir nicht nur um die Kunst. Sei so ehrlich mit dir selbst. Wenn du verkaufen willst, dann geht es dir nicht nur um die Kunst, es geht darum, von ihr zu existieren.

Wenn du existieren willst, dann gehe auf die Suche nach dem „Warum?" und dem „Für Wen?".

Finde deine Zielgruppe

Wenn du keine Idee hast, wer deine Zielgruppe sein könnte, dann mußt du mit deinem Angebot hinausgehen in die Welt, um dich und deine Arbeit bei möglichst vielen verschiedenen Anlässen zu präsentieren.

Sei bei jedem Kontakt zu Menschen sehr aufmerksam, wer auf dein Angebot reagiert. Mache dir ruhig Notizen zu den Begegnungen, die du hast, zu den Kommentaren, die du hörst. So kannst du mit der Zeit erkennen, was die Menschen an deiner Arbeit schätzen und vor allen Dingen: Wer an deiner Arbeit Interesse zeigt. Das ist ein Weg, zu erkennen, wer deine Zielgruppe sein könnte.

Ein anderer Weg ist es, selbst als Zuschauer durch die Welt zu wandeln und Orte oder Events aufzusuchen, die ähnliches bieten, wie du anbieten möchtest.

Vergleiche deine Arbeit mit den Angeboten auf dem Markt. Schau dir genau an, wer diese Angebote nachfragt, wen sie interessieren, wo sie wie, wann und unter welchen Begleitumständen angeboten und verkauft werden.

Eine weitere Option besteht darin, Fachzeitschriften (und Bücher) zu lesen, die sich ähnlichen oder gleichen Themen widmen wie deine Arbeit. Hier lernst du sehr viel über mögliche Zielgruppen, denn Magazine und besonders Fachmagazine werden meist sehr zielgruppenorientiert konzipiert.

Auf genau diesen Ebenen deiner Forschungen erlernst du dann auch, wie deine Zielgruppe die Welt wahrnimmt.

Mach es wie die Großen

Du kennst ganz sicher die Fragebögen, die allenthalben in Zeitschriften kleben und Leserbefragungen ausführen. Auf diese Weise erfahren die Redaktionen, wie ihre Zielgruppe sich zusammensetzt und wie sie denkt. Parteien, Konzerne, Verbände und Medienanstalten lassen ständig Verbraucherbefragungen durchführen, um herauszufinden, wie die Menschen denken, was sie wollen und letztendlich, wie man ihnen etwas verkaufen kann. Befrage bei jeder Gelegenheit Menschen unaufdringlich zu deiner Arbeit. Fordere sie auf, sich auch kritisch zu äußern. Nimm ihre Eindrücke gelassen an, nicht alles muß stimmen. Doch in jedem Wort liegt auch ein Quentchen Wahrheit.

Du kannst ebenfalls kleine Fragebögen verteilen, auslegen, verschicken, auf denen du um ein Feedback zu deiner Arbeit bittest. Am besten funktioniert dieses System, wenn du den Menschen, die dir mit ihrer Beteiligung helfen, ein kleines Geschenk anbietest und unter allen Einsendern eine kleine Verlosung ausrufst. Mach es eben genau wie die Großen, nur kleiner, charmanter, kreativer …

Die Marketing-Grundausstattung

Ohne Computer geht es nicht

Den meisten unter meinen Lesern wird dieses Kapitel völlig überflüssig vorkommen, denn sie benutzen schon einen Computer.

Doch es gibt gerade unter den Kreativen noch recht häufig Computerlose. Viele Kreative haben eine regelrechte Abneigung gegen PCs. Diese Angst muß man heute nicht mehr haben. Für die Standardanwendungen sind Computer inzwischen nahezu perfekt eingerichtet. Man kauft einen, macht in an und nach ein paar Minuten bis Stunden kann man losprobieren.

Ein Computer spart einem beim Marketing jedes Jahr Wochen an Arbeitszeit. Und er kann einem helfen Geld zu sparen. Viele Marketingmaßnahmen sind ohne Computer gar nicht möglich.

Was man unter anderem mit einem Computer machen kann

Schreiben: Pressearbeit, PR, Direktmailing, Plakate entwerfen, Korrespondenz, Werbung, Rechnungen: Das alles geht mit dem Computer einfacher, weil du die meisten Sachen nur einmal schreiben mußt, sie abspeichern kannst und dann bei Bedarf per Klick in Sekundenschnelle wieder parat hast. Das spart Unmengen Zeit.

Adreßverwaltung: Die Adreßverwaltung gehört zum A und O der Freischaffenden. Mit einem PC gibst du jede Adresse nur einmal ein. Du sparst wahre Unmengen an Zeit. Mehr dazu im Kapitel „Adreßmanagement". Ein Adreßmanagement mit Computer spart dir Zeit oder: bares Geld.

Archivieren: Du kannst all deine Briefe, deine Adressen, Bilder, Fotos, ganze Buchmanuskripte und vieles mehr auf deinem Rechner wie in einem virtuellen Regal lagern und auf Wunsch auf schnellstem Wege wieder auffinden und wiederverwenden.

Internet: Ohne Computer kommst du nicht ins Internet. Das Internet hilft dir, an nahezu jede beliebige Information zu kommen, billig Informationen (Daten, Bilder) in Echtzeit mit anderen auszutauschen, zu recherchieren, wo es was gibt, wie du wann dein Angebot als Künstler vermarkten willst. Du findest Kontakt zu Gleichgesinnten. Mit einer passenden Software kannst du eine eigene Webseite herstellen und diese ins Internet bringen, eine sehr kostengünstige Form, dich möglichen Kunden vorzustellen und dich erreichbar zu machen. Auf diesem Wege kannst du mit dem Internet und ein wenig Übung nahezu perfektes Marketing anbieten.

Im Internet kannst du Preisvergleiche für Dinge anstellen, die du zu kaufen planst. Ich spare jedes Jahr ein- bis zweitausend Euro, weil ich per Internet günstige Anbieter herausfinde, die mein gewünschtes Produkt billiger anbieten.
www.preistrend.de
www.evendi.de
www.guenstiger.de
www.preissuchmaschine.de

Oder unter www.ebay.de den gewünschten Artikel eingeben und dann „Nur Sofort-Kaufen" anklicken. Hier findest du meistens seriöse Händler, die jedes beliebige Produkt zu einem Superpreis verkaufen.

Programme: Mit einem Graphikprogramm und einem Scanner kannst du bald lernen, eigene Einladungen zu entwerfen, dein CD-Cover selber layouten oder gar ein ganzes Buch druckfertig machen. Du kannst Bilder deiner Kunst archivieren und für die verschiedensten Zwecke aufbereiten. Speisekarten können hier genauso hergestellt werden wie Infomaterial über die Staudenpflege.

Es gibt Softwareprogramme, um die Steuererklärung zu erledigen und Software fürs Zeitmanagement. Es gibt Software für die Adreßverwaltung, um Rechnungen zu erstellen und zu verwalten, um Banner zu drucken, um Tausende von Fotos zu archivieren.

Der neueste Standard taugt nur für Spielfreaks

Empfehlung: Grundsätzlich ist es sehr günstig, wenn ein guter Freund, der in Computerdingen fit ist, dich beim Kauf deines ersten PCs berät.

Wenn du dir einen Computer zulegen willst, bedenke: Die aktuellste und schnellste Version ist bei der Mehrzahl aller Büro-PC-Nutzer völlig überproportioniert. Für die normalen Verwaltungstätigkeiten sowie den Einsatz im Internet mußt du dir keinen Computer kaufen, der gerade das absolute Leistungsmaximum hergibt. Das wäre ungefähr so, wie sich einen Ferrari zu kaufen, um einen Anhänger mit Baumaterialien durch die Gegend zu ziehen.

Ein brandneuer Computer kostet mit Bildschirm und Drucker/Scanner-Kombination schnell zweitausend Euro und mehr. Den brauchst du nicht. Im Computerbereich verfallen die Preise dramatisch. Ein Rechner, der heute zweitausend Euro kostet, ist in einem Jahr für tausend Euro oder weniger zu haben. Nur ein Vergleich: Ein aktueller schneller Rechner läuft mit einer Taktung (das hat mit der Rechengeschwindigkeit zu tun) von 3200 GHz oder mehr und kostet vielleicht 1.500 Euro. Der Rechner, auf dem ich hier arbeite und mit dem ich Bücher produziere, hat nur 1333 GHz, und das reicht allemal. So ein Gerät gibt es kaum noch im Handel, es gilt als veraltet. Für einen neuen Computer mit 2000 GHz Taktung zahlst du vielleicht 500 bis 700 Euro! Mit Flachbildschirm und Drucker bist du mit 1.000 Euro im Rennen! Eine gebrauchte Komplettausstattung bekommst du für 400 bis 500 Euro.

Der allerneueste Stand ist Sachen Computertechnik ist für den Normalnutzer völlig überflüssig!

Wenn du über Computer und seine Anwendungen lernen willst, dann empfehle ich dir, an den Kiosk zu gehen. Computerfachmagazine wie „Computerbild" sind viel übersichtlicher und nachvollziehbarer aufgebaut als die meisten Computerfachbücher. Für einzelne Programme gibt es oft Sonderhefte verschiedener Anbieter. Die finde ich stets weit logischer aufgebaut als die meisten Fachbücher.

www.computerbild.de

Die eigene Webseite
Billiger Werberaum in hoher Qualität

Zu den Möglichkeiten, die dir ein Computer erschließt, gehört die eigene Internet- oder Webseite. Du kannst bei vielen verschiedenen Firmen eine Webseite mit eigenem Namen mieten, so wie *www.traumzeit-verlag.de*. Kunden können diese Adresse zu Hause an ihrem Computer eingeben und gelangen dann ganz leicht auf deine Seite. Werbung dieser Firmen findest du reichlich in jeder Computerzeitschrift.

Auf einer Webseite kannst du Informationen über dich und deine Arbeit hinterlegen, Galerien einrichten, Projekte beschreiben und sogar Shops aufbauen, über die du deine Angebote verkaufen kannst.

Sich eine Internetseite zu bauen ist nicht mehr sonderlich schwer. Es gibt zahlreiche Programme im Handel, die ermöglichen es auch dem Laien, in wenigen Tagen Arbeit recht ansehnliche Seiten zu erstellen. Manche Firmen, bei denen du einen eigenen Namen mietest, verschicken sogar gleich kostenlose Programme mit, wenn du bei ihnen mietest.

Der Vorteil liegt auf der Hand. Die Miete für deinen eigenen Namen kostet dich zwischen einem und zehn Euro im Monat, das Programm zum Erstellen der Seite kostet für den Einsteigerbedarf gar nichts oder vielleicht bis zu hundert Euro - einmalig. Mit einer Woche Arbeitseinsatz kannst du dann eine hochwertige Plattform erstellen, von einer einfachen virtuellen Visitenkarte bis zum hochwertigen Onlinekatalog. Damit bist du dann weltweit erreichbar! In Deutschland nutzen die meisten Menschen schon das Internet, eine eigene Seite gehört zum guten Ton.

Mit ein wenig Übung und einem guten Programm kannst du sogar Feedback-Systeme in deine Seite einbringen, mittels derer sich die Besucher mit Anfragen oder Grüßen eintragen können. Du kannst hier über Neuheiten und Events genauso berichten wie über die Hintergründe deiner Arbeit oder deine Vita.

Denke dabei jedoch immer an eins: Wenn du Marketing gestaltest (und die Webseite kann die beste Werbung sein), dann denke über die Bedürfnisse deiner Besucher nach: Was wollen sie auf deiner Seite? Im Internet ist das zum überwiegenden Teil: Information, die dem Besucher in welcher Weise auch immer, Vorteile verschafft. Beherzige das! Nicht deine Befriedigung an technischen Spielereien sollte im Mittelpunkt stehen, sondern der Wunsch deiner virtuellen Gäste, zügig das Wichtigste über dich und deine Arbeit zu erfahren.

Der Newsletter
Nur per Erlaubnis, sonst sind sie eine Plage
Die Möglichkeiten, die Computer und schließlich das Internet für uns kreative Freiberufler bieten, sind gewaltig. So kannst du über das Internet sogenannte Newsletter an deine Kunden und Interessenten verschicken. Per Newslettern kannst du über neue Produkte, Eventtermine oder Tips zu deinen Angeboten informieren und zwar Tausende Kunden für wenige Cent.

Du schreibst einen Newsletter nur einmal und verschickst ihn an beliebig viele eMail-Adressen, der Aufwand für hundert oder tausend Adressen ist der gleiche. Billiger und aktueller geht es nicht.

Nun gibt es bei der ganzen Sache aber einen Haken: Ich habe ihn gerade beschrieben. Newsletter in Form von Werbe-eMails kosten so gut wie nichts. Also sind die virtuellen Briefkästen der meisten regelmäßigen Internetnutzer hoffnungslos mit diesen Werbemails verstopft. Bis zu zweihundert und mehr Werbemails erhalten viele Nutzer. Sie werden als SPAM bezeichnet und SPAM ist ein Horror- und Hasswort.

Was solltest du bei deinem Newsletter beachten, damit er gerne gelesen und nicht als SPAM schon vor dem Lesen gelöscht wird?

- Permission-Marketing: Du mußt unbedingt die Erlaubnis einholen, daß du diese Info-eMails an die jeweiligen Personen verschicken darfst. Unaufgefordertes Zusenden ist inzwischen strafbar in Deutschland.
- Jeder Newsletter sollte eine automatische Abmeldefunktion enthalten. Hier kann der Kunde eine einmal erteilte Erlaubnis widerrufen.
- Newsletter sollten sich am Marketinggedanken orientieren: Was brauchen meine Kunden? Sie mögen Newsletter, die ihnen einen Vorteil verschaffen. Ich bekomme im Monat so um die hundert Newsletter zugemailt. In den meisten ist die Rede vom Künstler oder der Firma. Doch einige wenige beherrschen ihr Handwerk. Mit dem Newsletter kommen Informationen oder Links (das sind Hinweise auf Internetseiten), aus denen ich für meine Arbeit oder mein Wissen Vorteil ziehen kann. Stets wird hier die Eigenwerbung mit dem Service verbunden.

  Du kannst natürlich auch einen reinen Termin-Newsletter versenden für Menschen, die deine Konzerte besuchen oder über neue Bücher von dir informiert werden wollen. Doch auf Dauer werden diese Newsletter todlangweilig. Kombiniere sie mit kreativen Angeboten, Links, Anekdoten aus deiner Erfahrung, Presseberichten und vor allem: Überlege, was deinen Kunden einen Vorteil verschaffen könnte. Newsletter, die nur dich zum Inhalt haben, sind nichts als ärgerlich. Die gibt es vieltausendfach, die meisten werden so schnell gelöscht, wie sie es verdienen.

Auch für Newsletter und Mailinglisten gibt es automatisierte Programme im Handel. Du erhältst sie auch bei vielen Internetanbietern, bei denen du deine Adresse mietest, gleich zum Angebot dazu.

Anrufbeantworter und Telefax

Kombigeräte sind zu empfehlen

Neben dem Computer gehören meiner Meinung nach noch zwei Geräte zur Grundausstattung für jedes Marketing: An erster Stelle und noch vor dem Computer der Anrufbeantworter.

Wenn dein Empfehlungsmarketing funktioniert und jemand hat deine Visitenkarte in der Hand und will dich anrufen, dann ist die Chance gegeben, daß sie dich nicht erreicht.

Sie ruft dann noch mal an. Und erreicht dich nicht.

Dann ruft sie dich noch mal an. Und erreicht dich nicht.

Und dann ist sie es womöglich leid.

Jedes Menschen Zeit ist kostbar. Wenn ich irgendwo drei oder fünfmal anrufen muß, dann muß ich drei oder fünfmal daran denken, die Telefonnummer raussuchen, anrufen, warten bis es zehn, fünfzehn Mal geklingelt hat und wieder auflegen!

Muß ich das wirklich?

Marketing heißt, sich an den Bedürfnissen der Kunden zu orientieren. Der Kunde möchte dich erreichen. Kann er das nicht, ignorierst du seine Bedürfnisse. Dabei wäre es so einfach.

Anrufbeantworter sind einfach nur phantastisch: Der Kunde ruft an und hinterläßt seine Nummer. Du kannst ihn dann zurückrufen. Diesen Service kannst du für wenige zehn Euro bieten, mehr kosten Anrufbeantworter nicht. Die meisten neuen Telefone haben sie bereits integriert.

Da wir schon beim Thema sind: Mit Faxgeräten kannst du viel Geld sparen. Auch sie sind in Kombination mit Telefon und Anrufbeantworter zu haben und kosten nicht mehr die Welt. Per Fax kannst du schnell Informationen übermitteln oder bei anderen abrufen, Bestellungen für wenige Cent (statt für einen halben Euro per Post) übermitteln, Wegbeschreibungen an Kunden faxen, die dich besuchen wollen oder Anfragen entgegennehmen (Firmen schicken Anfragen fast nur noch per Fax).

Ein Telefon/Telefaxkombi mit Anrufbeantworter bekommst du neu für 100 bis 150 Euro. Wenn mal ein neues Telefon fällig wird oder du sowieso einen Anrufbeantworter kaufen willst (echt, der ist Pflicht!), dann kann ich dir nur so ein Kombigerät empfehlen.

Kein gutes Marketing sind Faxe, die du über den Computer versendest und empfängst. Viele Kunden schicken dir nämlich außerhalb der Geschäftszeiten ein Fax und da läuft dein Computer gar nicht. Das finden die meisten Menschen sehr ärgerlich, wenn sie fünfmal versuchen, die Faxnummer auf einer Visitenkarte zu beschicken und dann ist am anderen Ende kein Gerät angeschlossen.

Anfragen beantworten

Wenn Kunden oder solche, die es werden könnten, Anfragen an dich richten - sei es per Brief, Telefon, Anrufbeantworter, Telefax oder eMail, dann solltest du diese Anfragen auch beantworten. Es gibt erstaunlich viele Firmen, die tun das gar nicht und dann noch mal viele, bei denen dauert es oft sehr lange (hierzu, ich gestehe, gehört auch oft mein Verlag).

Ich finde, eine Antwort sollte innerhalb einer Woche erfolgen, wenn sie nicht dringend oder persönlich ist. Persönliche Anfragen schnell zu beantworten ist einfach sehr höflich.

In den deutschsprachigen Landen wird von den Kunden vermehrt ein Feedback innerhalb von 48 Stunden nach Anfrage erwartet. Wenn ich Anfragen zum Beispiel nach Australien versende, dann bekomme ich, ob von Künstlern oder Firmen, manchmal erst nach drei, vier oder sechs Wochen eine Antwort. Die haben die Ruhe weg, keine Ahnung, wie Marketingbücher in Australien sich verkaufen...

Wenn jemand bei dir anfragt, äußert er oder sie Interesse an dir oder deinem Angebot. Im Sinne des Marketings ist es somit ein Affront, nicht zu antworten oder den Interessenten allzu lange warten zu lassen.

Solltest du länger außer Haus sein, so vermerke das auf deinem Anrufbe-antworter. Auch für eMails läßt sich eine Antwortautomatik einstellen, die den Schreiber darüber informiert, daß du erst zu einem bestimmten Zeit-punkt wieder im Büro bist und seine eMail lesen kannst.

Unter www.im-marketing-forum.de findest du sowohl eine gute gemachte Webseite als auch die Option, Newsletter zum Thema Mailings zu beziehen. Diese Newsletter sind meinem Empfinden nach perfekt gemacht.

Die Gesamterscheinung

„Corporate Design" ist einer der grundlegenden Marketingbegriffe und -ideen. Er steht für ein einheitliches optisches Erscheinungsbild aller Marketing- und Werbefaktoren eines Unternehmens. Die gesamte Optik einer Firma, beginnend beim Briefpapier über die Visitenkarten bis zu Anzeigen und Firmenschildern, überhaupt die gesamte Werbung, alles sollte so gestaltet sein, daß ein Zusammenhang zwischen den verschiedenen Werbemedien intuitiv hergestellt werden kann. Bevor ein Kunde über das Unternehmen bewußt nachdenkt, soll er es über das Corporate Design assoziieren und unterbewußt einordnen.

Sinn und Zweck einer solch einheitlichen Gestaltung ist die Erzeugung eines Wiedererkennungseffektes.

Ein Beispiel

Ein potentieller zukünftiger Kunde von dir bekommt morgens per Post ein Mailing. Es enthält eine Einladung zu deinem Event in der kommenden Woche. Der Kunde liest das Mailing.

Dann sieht der Kunde auf dem Weg zur Arbeit ein Plakat im Augenwinkel. Normalerweise widmet er Plakaten keine Aufmerksamkeit, doch da dieses Plakat das gleiche Design trägt wie deine Einladung vom Morgen, schaut er nun doch kurz hin und denkt nochmals über deine Einladung nach. Wenn jemand zweimal über dich und dein Angebot nachdenkt, bist du ein ganzes Stück weiter, ihn für dein Event zu interessieren.

Das Corporate Design von Brief und Plakat kann ähnlich sein durch die Wahl der Farben, der verwendeten Schriften, das Logo, eventuell verwendete Bilder oder Fotos und auch durch den Aufbau der Fläche (graphische Gestaltung) und natürlich durch die transportierten Informationsinhalte.

Die Wirkung des Corporate Designs beruht auf einem Grundmuster der menschlichen Wahrnehmung. Unser Gehirn tastet unsere Umwelt ständig nach Reizen ab und ordnet unter anderem empfangene Signale nach zwei Prinzipien ein: Das kann mir einen Vorteil verschaffen und das kann mir einen Nachteil verschaffen sowie: Das ist mir bekannt (die Zuordnung Vorteil/Nachteil wurde also schon einmal getroffen) oder das ist mir unbekannt (Unbekanntes muß stets neu verarbeitet werden).

Wenn der Brief am Morgen also gelesen wurde, dann fällt das Angebot in die Kategorie „Ist mir bekannt", und wenn du Glück hast, sogar in die Kategorie „Der Besuch des Events könnte mir einen Vorteil verschaffen".

Doch nun begegnen uns über zweitausend Werbebotschaften am Tag. Von denen werden nur ganz wenige in die Kategorie „Vorteil" eingeordnet. Selbst wenn dein Brief dazugehört, er muß sich mit weiteren zwei oder drei Dutzend Botschaften jeden Tag den Platz teilen, und natürlich kann kein Mensch all diesen eventuell vorteilhaften Angeboten folgen.

Nun fährt das Gehirn auf dem Weg zur Arbeit an deinem Plakat vorbei. Da mögen noch zehn andere Plakate kleben, wenn dein Plakat im Corporate Design zum Brief gestaltet wurde, dann kann das Hirn blitzschnell zuordnen: „Ist mir bekannt" und „Durchaus vorteilhaft für mich". Wenn dies zwei-, drei- oder mehrmals geschieht, dann gibt es den besten Effekt, das heißt der Beworbene kommt am ehesten zu deinem Event.

Kreativen ist es durchaus zu eigen, daß sie die heitere Vielfalt lieben und der Meinung sind, ihre Vielfalt, ihr Abwechslungsreichtum und natürlich ihre Kreativität darf jede Werbemaßnahme völlig neu aussehen lassen. Leider (weil wenn man schon Geld ausgibt, wäre es ja schön, sich kreativ austoben zu können) ist das eher kontraproduktiv. Leider? Nicht wirklich: Du sparst viel Zeit, wenn du ein Corporate Design erschaffst - es ist ja nicht nötig, sich bei jeder Maßnahme etwas völliges Neues auszudenken. Im Gegenteil: Wiederholung bringt Erfolg!

Mit Corporate Design kommst du deinen potentiellen wie auch vorhandenen Kunden in ihrem Bedürfnis entgegen, dich schnell zu erkennen, den

Vorteil an deinem Angebot wiederholt zu erinnern und schließlich zu deinem Angebot zu finden.

Das Logo

Ein Logo ist die Grundkonstante fast jedes Corporate Designs. Ein Logo beinhaltet ein Bild oder einen Namen oder die Initialen eines Unternehmens. Oder alle drei Faktoren gleichzeitig. In diesem Logo sollte die Idee des Unternehmens enthalten sein. Es ist so etwas wie sein Wappenschild oder wie die Nationalflagge des Unternehmens. Ein Logo ist der kleinste gemeinsame Nenner des Corporate Designs. Das heißt, selbst wenn deine Werbemaßnahmen dann doch sehr verschieden ausfallen, so sollten sie alle dein Logo tragen.

Das Logo des „Traumzeit-Verlages" ist eine kreative Variation eines uralten Motivs der heiligen Hochzeit. Es ist auf jedem Buch, in jeder Anzeige, auf meinem Briefpapier, auf Stofftaschen, Aufklebern und Postkarten zu sehen. Wenn du dieses Buch gelesen hast, wirst du eine Anzeige, auf der du das Logo siehst, eher wahrnehmen und Bücher aus dem Verlag, die ja ebenfalls das Logo tragen, werden dir unabhängig von Titel und Autor ein Begriff sein, nur wenn du das Logo siehst.

Die weltumspannenden Konzerne haben die Präsenz ihrer Logos so weit übertrieben, daß sie vielen Menschen auf den Nerv gehen, und inzwischen gibt es eine ernstzunehmende globale „No Logo!"- Bewegung, die sich gegen die Penetranz, die enorme politische Macht und die Doppelmoral großer Konzerne richtet. Es macht vielen Menschen berechtigte Sorge, wenn ein einziger Ölkonzern pro Jahr mehr Geld erwirtschaftet, als es in Deutschland und Frankreich über 140 Millionen Menschen zusammen schaffen. Denn selbstverständlich nutzen diese Konzerne ihre Macht zu ihrem Vorteil und gegen Menschenrechte und Umweltbelange. Weltweit.

Doch wir Kreativen brauchen keine Angst vor der „No logo!"-Bewegung haben. Denn klein, kreativ und dezentral steht ja gerade eben für „No logo!" Der Traumzeit-Verlag ist ein Paradebeispiel für ein „No logo!": Es bedarf keiner Buch- und Plattenkonzerne, um gute Bücher und anspruchsvolle Musik zu plazieren …

Interessanterweise gibt es kaum bildende Künstler und Bildhauer, die ein eigenes Logo entwickeln und nutzen. In fast allen übrigen Branchen gehört ein Logo zum guten Ton.

Corporate Identity

Corporate Identity ist eine mehrdimensionale Variante des Corporate Designs und geht deutlich in die Tiefe. Die Identität eines Unternehmens setzt sich aus ihrer Gesamtperformance zusammen. Zur CI gehören Fragestellungen wie „Wie gehe ich mit meinen Kunden um?", „Wie gehe ich mit Kunden um, die unangenehm oder anstrengend sind?", „Wie gehe ich mit meinen Mitarbeitern/Kollegen/Untergebenen/Vorgesetzten/Partnern um?" Auch Fragen „Wie halte ich es mit dem Umweltschutz?" oder „Nutze ich meine Möglichkeiten als Unternehmen in Sozialfragen?" gehören je nach Unternehmensart zur Bestimmung der eigenen CI.

Trete ich zum Beispiel als New Age-Musiker auf und verbreite um mich ein Flair von Frieden, Sanftmut und Entspannung, zahle aber gleichzeitig meine Rechnungen nicht, rauche wie ein Schlot, ernähre mich von Schokolade und Bratwürstchen und schreie meine Gastmusiker hinter der Bühne an, wenn sie mir im Weg stehen, dann beschädige ich meine CI.

Plädiere ich als Grüner für den Erhalt der Umwelt, lasse aber die alten Eichen in meinem Garten fällen, damit ich die Garage für meine Autosammlung vergrößern kann, so beschädige ich meine CI.

Mahatma Ghandi wiederum hat eine perfekte CI. Ghandi wollte sein Volk in die Freiheit führen, und anstatt sich in Limousinen und mit Body Guards durchs Land zu bewegen und in teuren Hotels zu dinieren, wanderte der Mann zu Fuß durch die Welt, lebte fast so ärmlich wie die Menschen, für deren Freiheit er kämpfte. Er war glaubwürdig. So glaubwürdig, daß er vollbrachte, was kein Mensch je wieder geschafft hat - er befreite ein riesiges Land gegen den Willen einer Weltmacht - ohne Waffengewalt.

Im Grunde kann man Corporate Identity mit Authentizität übersetzen. Wenn du Wasser predigst, trink Wasser. Wenn du Wollust und Völlerei als Thema deiner Kunst hast, macht es einen eigenartigen Eindruck, wenn du als Asket auftrittst.

Kurz: Dein Tun, deine Umgangsformen mit den Menschen und der Umwelt sollten möglichst so aussehen, wie es deiner Unternehmensidee angemessen ist.
Wenn du Harley Davidson-Motorräder mit Air Brush verzierst, dann ist es vollkommenes CI, Tattoos am Körper zu tragen, gerne ein Bierchen zu trinken und vielleicht eine etwas kräftigere Wortwahl zu nutzen.

Wenn du dich darauf spezialisiert hast, Jaguar-Automobile mit Air-Brush zu verzieren, dann kommt vielleicht eine gewähltere Erscheinungsweise in Frage als beim Davidson-Bemaler.

Miese CI lieferte vor einigen Monaten der Chef der Deutschen Bahn als er vermerkte, daß er auf sehr langen Strecken nicht gerne Bahn fährt - da kann die Bahn ruhig zehn doppelseitige Anzeigen schalten, mit einer solchen Äußerung kostet der Chef das Unternehmen bei Weitem mehr Authentizität als eine Legion geschickter Werbestrategen schaffen kann.

Der erfolgreiche Kreative betreibt CI meist nahezu perfekt aus dem Bauch heraus. Wenn er von seiner Kunst lebt und für sie lebt, dann ist das perfekt! Ein Kreativer, der begeistert von sich und seiner Arbeit ist: Tolle CI! Kreative dürfen Selbstverliebt sein, es wird geradezu von ihnen erwartet.
Ich persönlich würde sagen, zur CI eines kreativen Freiberuflers gehört zudem eine grundsätzliche Lebensfreude und Kreativität auch im Umgang mit Problemen. Freundlichkeit ist unabdingbar. Offenheit ist sehr wichtig, denn Kreativität funktioniert nur wirklich gut, wenn man offen ist. Für Kunst offen sein, für die Kunden oder andere Menschen aber nicht, das ist nicht glaubwürdig. Flexibilität, Spontanität und ein gewisses Maß an Humor passen gut zu jeglicher Art kreativer Berufe.

Um herauszufinden, wie deine CI aussehen könnte, frage dich einfach, für was dein kreatives Tun steht, für welches Lebensgefühl, welchen Lebensstil. Und dann lebe dieses Gefühl - sei es in allem, was du tust. Das ist authentisch. Das ist CI.

Adreßmanagement

Adressen sind bares Geld wert.

Adressen von Menschen, die an deiner Arbeit, deinen Produkten interessiert sind, kannst du mit Gold aufwiegen. Denn solche Adressen helfen dir, zu potentiellen Kunden Kontakt zu halten. Über seine Adresse kannst du ihn mit Informationen, Angeboten oder Einladungen versorgen.

Sammle Adressen

Laß keine Gelegenheit aus, auf deinen Veranstaltungen ein großes schönes Schreibbuch auszulegen mit der Bitte oder dem Hinweis: „Wenn Sie über Veranstaltungen (Konzerte, Ausstellungen, neue Produkte, Aktionswochen etc.) informiert werden möchten, tragen Sie sich in meinen Verteiler ein."

Eine neue Adresse kostet durchschnittlich 125 Euro, so ein statistischer Wert. Das heißt, ein Unternehmen in Deutschland muß rund 125 Euro in Werbung aller Art investieren, um einen neuen Kunden zu erhalten!

Sammle die Adressen aller Menschen, mit denen du persönlich zu tun hast. Kunden, Lieferanten, Freunde, Interessierte und Empfehlungen.

Adressen kaufen

Es gibt Adreßverlage, da bekommst du die Adressen nach geradezu erstaunlichen Kriterien gefiltert. Zum Beispiel: Kunstinteressiert. Kunstinteressiert mit Einkommen über eine Million Euro im Jahr. Kunstinteressierte mit über eine Million Euro im Jahr und Fahrer schneller und teurer Autos.

Was dir so eine Selektion bringt? Stell dir vor, du malst moderne Kunst mit Motiven schneller Autos. Da würde es sich wahrscheinlich lohnen, diese Adresse zu kaufen. Es empfiehlt sich, mal in die Kataloge eines Adreßverlages zu schauen. Leider muß man meist einen ganzen Stamm Adressen kaufen, man kann nicht einfach 10 oder 100 Adressen ausprobieren.

Je tiefer und genauer du selektierst, desto teurer wird die einzelne Adresse.

Es gibt zwei Möglichkeiten, Adressen zu kaufen:

1. Du kaufst die Adresse für ein einzelnes Mailing. Das heißt, du darfst die Adresse nur einmal verwenden. Halt dich daran! Die Adreßverlage bringen in den gekauften Adressen immer Prüfadressen unter. Solltest du die Adressen ein zweites Mal benutzen, wird das teuer! Wenn ein von dir angeschriebener Kunde auf deine Werbung antwortet, dann kannst du seine Adresse natürlich weiterverwenden.

2. Du kaufst die Adressen für mehrfache oder für unbegrenzte Nutzung. Sie sind dann natürlich teurer. Hier lohnt es sich, genau zu kalkulieren: Wenn ein möglicher Kunde auf eine erste Werbung nicht reagiert, heißt das nicht, daß er kein Interesse hat. Es kann bis zu zwei Jahren dauern, in denen der Kunde alle vier Monate von dir eingeladen wird, bis er tatsächlich einmal auftaucht.

Adressen zu kaufen lohnt sich unbedingt nur, wenn du deine Zielgruppe genau kennst und schon einige Erfahrungen mit kleineren Mailings und ihrem Erfolg hattest, für Experimente ist der Spaß zu teuer.

Billiger und erfolgversprechender als gekaufte Adressen sind natürlich solche, die du bei deiner Veranstaltung oder in deinem Geschäft sammelst. Das sind dann Adressen von Menschen, die einen persönlichen Bezug zu dir als Absender haben. Man spricht hier auch von „warmen Adressen".

Heiße Adressen sind jene von Kunden, die sogar schon einmal Geld für deine Leistungen investiert haben.

Warme und heiße Adressen solltest du anders „bedienen" als kalte Adressen, also solche von Menschen, die dich noch nicht persönlich kennen.

Dir bekannte Menschen kannst du in Werbebriefen gezielter und oft auch viel persönlicher ansprechen. Immerhin waren sie schon einmal dein Gast. Sie haben dir und deiner Arbeit Interesse oder gar Vertrauen entgegengebracht.

Adressendateien pflegen

Es gibt eine Reihe verschiedener Adreßmanagement-Software in allerlei Preisklassen auf dem Markt. Sie erleichtern dir die Arbeit ungemein. Wenn du Zeit und Lust hast, kannst du dir aber auch mit Standardprogrammen wie ACCESS oder EXCEL selbst eine Adreßverwaltung basteln, die genau deinen Bedürfnissen entspricht.

Was sollte alles rein in so eine Adreßverwaltung? Zum Standard gehören:

- Name und volle Anschrift der Person
- Telefon- und Telefaxnummer
- eMail-Adresse
- Geburtsdatum, wenn du drankommst
- Ein Bereich, in dem du Daten über den Kontaktverlauf, bereits getätigte Käufe mit Datum oder persönliche Vorlieben der Person unterbringst, ist hilfreich.

Die letzten beiden Punkte ermöglichen eine nette und persönliche Kundenpflege: An Geburtstagen kannst du Glückwünsche verschicken, das kommt gut an. Der Kontaktverlauf klärt dich darüber auf, daß ein Kunde, der vor zwei Jahren etwas bei dir gekauft hat, seitdem nicht mehr bei dir war. Vielleicht rufst du ihn mal an oder schickst ihm eine besondere Einladung, um den Kontakt neu zu beleben.

Sammelt dein Kunde Motorräder? Wenn du ihn das nächste Mal anrufst, dann kannst du gezielt nach seiner Sammlung fragen, das freut ihn. Trinkt der Kunde gerne einen speziellen Wein? Wenn du ihn nach zwei Jahren einlädst, wie wäre es, wenn du ein, zwei Flaschen von dem Wein da hättest?

Das Sammeln der Adressen mittels Software birgt weitere Optionen:

- Die Software kann sich melden, wenn Termine wie solche Geburtstage anstehen.
- Du kannst die Adressen nach beliebigen Kriterien ordnen. Bist du Musiker? Ordne nach: Kunden, die an Musikunterricht interessiert sind. Kunden, die an Instrumenten interessiert sind - Kunden, die an Konzerten interessiert sind. Wenn du ein Mailing machst, sparst du so Geld.

Wenn ein Kunde nur an Unterricht, aber kein Interesse an Instrumenten hat, warum solltest du ihm ein Mailing schicken, wenn neue Ware eingetroffen ist?

- Die Adressen lassen sich auf Etiketten oder Umschläge drucken.
- Mit einiger Übung kannst du Briefe personalisieren. Das heißt, der Brief sieht bei allen Kunden gleich aus, nur an einer oder mehreren Stellen druckt das Programm den Namen des jeweiligen Kunden an die vorbestimmte Stelle, damit wirkt das Schreiben persönlicher.
- Digital gespeicherte Adressen lassen sich beim Umzug des Adressaten leicht aktualisieren, ungültig gewordene Adressen löschen.

Adressen pflegen bedeutet natürlich nicht nur, sie aktuell zu halten und mit hilfreichen Begleitinformationen zu versehen. Du solltest dich in regelmäßigen Abständen bei den Menschen, deren Adresse du hast, melden. Ob das einmal oder sechsmal im Jahr geschieht, kommt auf deinen Beruf an. Wenn du jedes Jahr eine einzige Ausstellung machst, reicht womöglich eine Aussendung. Wenn du als Koch ein Restaurant führst, kannst du jeweils zur Saisonküche einladen oder den Menschen ein feines Kochrezept schicken.

Die meisten Kreativen, ja die meisten Firmen vernachlässigen die Adressenpflege. Sie stecken viel Geld und Arbeit in Neukundenwerbung, dabei wäre es günstiger und effektiver, die bestehende Kundschaft warmzuhalten. Beides, Neukundenwerbung und Kundenpflege geht gut, recht persönlich und nicht zu teuer über Direktmailings.

Das Direktmailing

Kostengünstige Werbung per Post

Ein Direktmailing ist eine Postaussendung mit gleichen oder sehr ähnlichen Information an einen mehr oder weniger ausgewählten Personenkreis. Wenn du zum Beispiel einmal im Jahr einen Gedichtband veröffentlichst und 150 Adressen von Literaturbegeisterten in deiner Adreßdatei hast, so schickst du diesen 150 Personen einmal im Jahr einen Brief mit den nötigen Informationen über dein neues Buch, über dich und über Bezugsmöglichkeiten für den Titel. Das war dann ein Direktmailing. Das heißt, deine Mailing-Aktion richtete sich direkt an einen speziellen Menschenkreis, den du geradewegs angesprochen hast. Die Anzeige in einer Zeitschrift ist so etwas wie das Gegenteil des Direktmailings. Die Anzeige ist wie Angeln: Du schmeißt einen Köder aus in der Hoffnung, es möge ein Fisch anbeißen. Das Direktmailing ist eher wie Fischjagen mit dem Fischspeer: Du suchst dir eine passende Stelle am Ufer, wartest auf einen Fisch, der dir schmecken könnte und tust dein Bestes, ihn an Land zu holen... so in etwa.

Mailings sind ein wunderbares und verhältnismäßig kostengünstiges Mittel der Direktwerbung, denn du kannst ein Mailing ziemlich einfach recht genau auf die möglichen Bedürfnisse der Empfänger abstimmen, da es sich in sehr kleinen Einheiten versenden läßt. Für uns Kreative ist es ein toller Weg, um mit unseren Kunden Kontakt zu halten oder neue Kontakte zu knüpfen. Denn die Vorteile liegen auf der Hand:
- Du kannst noch heute dein erstes Mailing starten. Für den Anfang genügen ein paar Grundregeln.
- Du bekommst Wissen über Mailings für lau ins Haus geschickt: Die Werbepost, die fast jeder von uns bekommt, das sind Mailings. Sammle sie, vergleiche sie, analysiere sie, schau, was dir gefällt und was nicht.
- Ein Mailing ist kostengünstig.
- Die Computertechnik erlaubt es schon dem Anfänger ein ganz passables

Mailing zu „basteln".

- Fast jede Standard-Bürosoftware wie *Word* verfügt über Serienbrieffunktionen, das heißt, du kannst deine Mailings 150mal mit dem gleichen Inhalt versehen, jedes Mailing bekommt aber die individuellen Namen der Adressaten eingedruckt (Personalisierung nennt man den Spaß).
- Wir Künstler können Mailings für kleinste Personenkreise anfertigen. Zu einer Ausstellung kannst du drei Personenkreise mit verschiedenen Interessenschwerpunkten einladen: Der Computer macht es leicht möglich, die Texte so anzupassen, das sie zu deinen möglichen Gästen passen und diese dein Mailing nicht langweilig finden.
- Du kannst mit einem Mailing zielgenau werben. Das heißt, du läßt nur den Menschen ein Werbemailing zukommen, die wahrscheinlich oder mit Sicherheit Interesse an den enthaltenen Infos haben. Je genauer du deine Zielgruppe (hier die zukünftigen Empfänger deines Mailings) kennst, desto ansprechender und persönlicher kannst du das Mailing gestalten.

Woraus besteht ein Mailing?

In der Regel aus einem Briefumschlag und ein bis zwei oder auch mehr Seiten Brief. Oder aus einer Postkarte. Oder aus einem Katalog. Oder aus einem pfiffigen kleinen Geschenk. Das Mailing unterscheidet sich von einem normalen Brief dadurch, daß es viele Briefe an viele Adressen sind, nur haben alle Briefe denselben Inhalt. Zudem verschickst du einen Brief aus Lust und Laune, um einer Freundin Grüsse zu schicken oder so was ähnliches. Ein Mailing dagegen hat ein klar definiertes Ziel: Die Menschen, die das Mailing erhalten, zu einer Handlung zu bewegen (zu deiner Geschäftseröffnung zu kommen oder deine neue CD zu bestellen). Auch kann es zur Imagepflege dienen, indem du zum Beispiel zu Weihnachten ein Mailing mit einem kleinen Schokoweihnachtsmann verschickst. Da soll dann keiner direkt was bei dir kaufen, aber sie sollen freudig an dich denken und auf ewig deine Kunden bleiben oder es bald werden. Du kannst auch eine Demo-CD in Form eines Mailings verschicken.

Was du bei einem Mailing beachten solltest

1. Der Name des Empfängers auf dem Umschlag sollte richtig geschrieben sein.

2. Der Umschlag sollte bereits zeigen, wer der Absender ist (also du). Auch lassen sich auf dem Umschlag dezent ein Logo, ein Slogan oder ein Aufmacher unterbringen. Eine Empfängerin entscheidet in Sekundenbruchteilen, ob sie einen Umschlag überhaupt öffnet. Wenn sie ihn öffnet, dann entscheidet die Aufmachung des Umschlages unter Umständen, ob er mit Neugier, freudiger Erwartung oder mit einem Gefühl des „Was will der Typ denn schon wieder?!" geöffnet wird.

3. Die Art und Weise, wie das menschliche Auge über einen Brief schaut, ist erforscht worden. Es gibt sehr hilfreiche Tips, wie du ein Mailing gestalten solltest. Auch ohne Forschungen zu betreiben, kann man dahinter kommen. Schau dir einfach Werbe-Mailings an dich an, die dir von der Gestaltung her gefallen und kopiere ihren Aufbau.

Ein Mailing sollte enthalten:

- Briefkopf. *(Von wem kommt die Post?)*.
- Sehr aktuelles Datum (*Sind dieser Brief und die in ihm enthaltenen Informationen noch gültig?*)
- Übersichtlichkeit (*Finde ich mich schnell und ohne groß nachzudenken in dem Schreiben zurecht?*).
- Klare Aussagen (*Was will der Absender mir mitteilen?*).
- Nicht zu lange Absätze, die ersten sehr kurz, dann länger, am Ende wieder kurz (*Kann ich das auch aufnehmen, was in dem Brief steht?*).
- Unterschrift mit getipptem Namen daneben (*Wer genau hat den Text formuliert/geschrieben?*).
- Ein kurzes PS mit Hervorhebung eines Vorteils für den Kunden (*PS? Ah, da war noch was besonders wichtig! Oh, das hört sich vorteilhaft für mich an, da lese ich doch den ganzen Brief!*).
- Handlungsaufforderung (*Was will der Absender von mir?*) Bestellen Sie! Kaufen Sie! Kommen Sie vorbei. Informieren Sie sich genauer etc. pp.

4. Ein Grundsatz hilft weiter: Es sollte dir in einem Mailing nur in zweiter Linie um dich gehen. Erst einmal denke darüber nach, wie du deinem Gegenüber einen Vorteil verschaffen kannst. Denn genau danach sucht der Leser deines Mailings. Er fragt sich: „Was bringt es mir, mich mit diesem Brief, diesem Kreativen auseinanderzusetzen?" Menschen suchen immerzu nach einem Vorteil für sich. Wenn sie zehn Mailings für Kunstausstellungen pro Monat bekommen, werden sie die Ausstellung besuchen, von der sie sich den größtmöglichen Vorteil erhoffen. Der größtmögliche Vorteil ist für jeden Menschen ein anderer, deshalb solltest du deine Identität möglichst genau definieren und sie möglichst zielgruppenrelevant darstellen können (siehe weiter vorne im Buch). Je besser du dich und die Menschen kennst, desto besser kannst du Mailings gestalten.

5. Verschaffe dem Empfänger das Gefühl, es geht um ihn, nicht um dich. Verschaffe ihm das Gefühl ganzheitlich, das heißt, bemühe dich in deinem Inneren wirklich darum, deinen möglichen Kunden etwas Gutes zu tun, anstatt nur seine Geldbörse als Ziel zu wählen.

6. Statt zu oft „Ich" zu schreiben solltest du versuchen, „Sie", „Ihr" oder „Du" zu schreiben. Es geht in einem guten Mailing nicht darum, was du für ein toller Hecht bist, sondern was ich für einen Vorteil daraus ziehen kann, dich zu besuchen, dein Werk zu begutachten, deine Suppe zu kaufen, deine Musik zu hören, dein Mailing überhaupt erst zu lesen.

Die Kosten für ein Mailing

Direktmailings sind ein verhältnismäßig günstiges Werbemedium. Die Kosten für ein Briefmailing kannst du leicht zusammenrechnen. Es fallen an:

- Portokosten (zwischen 0,25 und 0,55 Cent für Infobrief, Infopost oder Standardbrief).
- Umschläge (Bei Bürobedarf-Versendern bekommst du 1.000 Standardbriefumschläge für 15 bis 25 Euro).
- Druckkosten oder Papier- und Druckerkosten für den Brief.
- Bei gekauften Adressen: Der Preis für den Erwerb der Adresse.
- Die Kosten für das Konfektionieren (Falzen und Eintüten des Schrei-

bens, Aufbringen der Adresse, Briefmarken kleben). Bei kleineren Mengen wirst du das sicher selbst machen. Wenn du große Mengen oder regelmäßig Mailings verschickst, dann lohnt es sich, nach einem Mailingservice Ausschau zu halten. Viele Copy-Shops bieten diesen Dienst an. Dort druckt man dein Schreiben aus, falzt es, tütet es ein, adressiert es und macht eine Briefmarke oder einen Stempel drauf. Der ganze Spaß kostet erstaunlich wenig, nur ein paar Cent pro Brief. Die meisten Aufgaben werden von Maschinen durchgeführt, die durchaus einige hundert, wenn nicht tausend Mailings innerhalb einer Stunde verarbeiten können.

So kommst du bei einem Briefmailing je nach Aufwand und Umfang der Aussendungen auf Kosten von ungefähr 60 Cent bis 1,50 Euro pro Kundenkontakt, je nach Bedarf auch weit mehr. Bei hohen Auflagen, einem einfachen Brief in schwarzweiß und Versendung per Infopost auch auf weniger als 50 Cent.

Wie aufwendig du ein Mailing gestaltest (und wie teuer es damit auch wird) hängt davon ab, was du deinen Kunden anbieten willst. Für mich als Verleger ist ein Mailing eine sehr kostspielige Angelegenheit. Ein Gesamtprogramm zu drucken und an 4.000 Adressen zu versenden kostet pro Adresse ungefähr 1,10 Euro, also 4.400 Euro. Pro Adresse scheinbar nicht viel, insgesamt jedoch nicht gerade sehr wenig. Nun kosten Bücher und CDs nur zwischen 15 und 25 Euro, das heißt, selbst ein recht erfolgreiches Mailing mit zehn Prozent Resonanz, also 400 Bestellungen mit durchschnittlich 20 Euro Umsatz und vielleicht 10 Euro Gewinn spielt nicht einmal die Kosten der Aktion ein. Von der Arbeit mal ganz abgesehen. Die Aktion kann also mehr der Kundenpflege und nicht als der Gewinnbringer dienen.

Wenn ich dagegen in meiner Tätigkeit als bildender Künstler ein Mailing versende, so kümmere ich mich um einen Empfänger, der bereit ist, mehrere hundert bis tausend Euro zu investieren, um eine Arbeit von mir zu erwerben. Dementsprechend viel Spaß macht so ein Mailing, denn ich kann es durchaus mit Kosten von 3-15 Euro pro Sendung gestalten. Es kommt also auf die Wertschätzung des Kunden an.

Lädst du 1.000 allgemein Kunstinteressierte ein, die dich noch nicht kennen, dann kannst du meist nicht 6.000 Euro investieren, und selbst wenn du könntest, es wäre nicht unbedingt sinnvoll.

Lädst du dagegen zehn Sammler deiner Werke ein, die regelmäßig bei dir einkaufen, dann darf das Mailing pro Sammler ruhig zwanzig Euro kosten. Und mit zwanzig Euro kann man wirklich eine Menge anstellen.
Du kannst zu Weihnachten eine Kiste edler Weine an deine Käufer versenden oder du lädst einen tollen Musiker zu einem exklusiven Konzert in dein Atelier und vergibst VIP-Karten (VIP: Very Important Person) an deine besten Kunden.
Manchmal ist ein handgeschriebener Geburtstagsgruß mit einem persönlichen Satz mehr wert als ein Hochglanz-Prospekt!

Die Rechnung ist relativ einfach: Je teurer deine Produkte sind, desto mehr kannst du für Mailings ausgeben. Wenn du also Originalkunst verkaufst, sind die Kosten einfach zu kalkulieren.
Wenn du dagegen Autor bist und zu Hauslesungen einlädst und diese dann noch über den Verkauf deiner Bücher finanzierst, dann ist das Mailing sparsamer einzusetzen und vielleicht auch nicht vier, sondern nur einmal im Jahr.

Das Mailing als Suchtfaktor

Jeder von uns wird weit mehr mit Werbung zugedröhnt, als ihm guttut. Zwischen 1.000 und 4.000 Werbebotschaften prasseln jeden Tag auf uns ein. Unterbewußt nehmen wir diese sehr wohl wahr. Zu innerer Ruhe und Harmonie führen die allermeisten gewiß nicht.

Gute Mailings können so gestaltet sein, daß sich der Empfänger über sie freut wie über eine abonnierte Lieblingszeitschrift. Es ist allerdings schwierig, regelrecht freudige Reaktionen bei den Empfängern hervorzurufen, für den Einsteiger schwierig in finanzieller Hinsicht. Zumal Freude über deine Post noch lange nicht heißt, daß der Empfänger auch reagiert!

Die „Laß nicht locker"-Mailingregel

Viele junge Kreative wie auch Firmen senden nur ein- oder zweimal Post an ihre Kunden. Erfolgt dann keine Reaktion, so stellen sie die Zusendung ein. Das solltest du nie tun, außer ein Kunde wünscht es ausdrücklich!

Das Argument „Dann werden Direktmailing-Aktionen aber sehr teuer, wenn ich einem Kunden stets Post schicke und er nicht reagiert" zieht nur, wenn du zu viele und/oder falsche Adressen hast. Du solltest stets nur von den Kosten des einzelnen Kundenkontaktes ausgehen und nicht von denen für die Gesamtaktion - wobei natürlich alles im Rahmen bleiben muß. Wieviel kostet eine Dienstleistung bei dir im Schnitt? 80 Euro? Ein gutes Mailing kostet drei Euro. Du kannst deinem Kunden über vier Jahre jedes Jahr viermal ein Mailing schicken und hast immer noch 32 Euro über, wenn der Kunde zu dir in die Praxis kommt! Gute Mailingkampagnen richten sich nach dem Wert des einzelnen Kunden.

Mailingprofis sagen: Direktmailing-Aktionen bedürfen drei aufeinander abgestimmter Zusendungen innerhalb eines kurzen Zeitraumes. Nur das bringt die höchste Erfolgsquote! *Ein Mailing ist kein Mailing!*

Langfristig denken

Wann hast Du das letzte Mal spontan auf eine einmalige Werbepost reagiert? Gib den Menschen die Chance, sich zu entscheiden, versorge sie über mindestens zwei Jahre mit deinen Einladungen. Viele Menschen brauchen viele Monate, bis sie auf ein Angebot, das sie grundsätzlich schon interessiert, mit einer Handlung, so einem Besuch bei dir, reagieren.

Ein Kunde soll dein Buch für 15 Euro kaufen? Dann darf er auch dreimal für insgesamt 5 Euro Post von dir bekommen. Wenn du schließlich nichts an dem einzelnen Buch verdienst, rechnest du zu kurzfristig.

Zufriedene Leser kaufen zum Verschenken nach und empfehlen dein Werk weiter. Sie kaufen dein nächstes Buch vielleicht schon nach nur einem Mailing, denn sie wissen ja, was du zu bieten hast.

Beim Werben gilt es, langfristig zu denken. Beim Direktmailing erst recht. Der Kunde ist nicht nur ein Käufer. Er ist der geliebte Mensch, den du umwirbst, um seiner Freundschaft willen!

Es hat Studien darüber gegeben, bei denen Menschen befragt wurden, wie oft sie Post von der Firma XY bekommen. Die Menschen gaben eine weit höhere Frequenz an, als tatsächlich stattfand. Es wurden vielleicht zwei Mailings im Jahr gesendet und die Menschen gaben an, vier oder fünf Briefe erhalten zu haben. Einige Experten empfehlen daher, auch wirklich mehr Mailings zu verschicken.

Fazit: Schick ruhig öfter etwas raus.

Permission-Marketing

Um neue Kunden zu gewinnen, sie also dazu zu bewegen, dir die Erlaubnis zu erteilen, ihnen deine Informationen zu senden, gibt es eine ganzheitliche Idee. Sie nennt sich „Permission-Marketing" - Erlaubnis-Marketing.

Die Idee für das Permission-Konzept entstand, weil den Menschen doch sehr viel Werbung in Form von Briefpost und SPAM-eMails ins Haus flattert, die eigentlich nur auf den Nerv geht und die virtuellen wie realen Briefkästen verstopft. Diese Verstopfungen führten inzwischen dazu, daß viele Menschen Werbemailings rigoros ablehnen, sie gar ganz offen hassen. In diesem Klima der Ablehnung kann es für ein Unternehmen deftig nach hinten losgehen, wenn es unaufgefordert Werbung verschickt - der Kunde lehnt das Unternehmen und sein Angebot ab, weil ihn Werbung grundsätzlich nervt.

Wie wäre es aber, wenn der Kunde sich auf die Werbung freut? Wenn die Informationen so verpackt sind, daß er dir erlaubt, ihn zu beschicken? Wir Künstler haben da einen Riesenvorteil gegenüber den meisten Firmen und

Konzernen: Denn die meisten Kunden geben uns die ausdrückliche Erlaubnis, ihnen Infos über unsere Arbeit zu senden, ganz umsonst. Konzerne müssen meist mit Gimmicks locken: Verlosungen, Präsente, Prämien und so weiter.

Kreative bekommen den regelrechten Auftrag, Mailings zu senden, alleine weil der Kunde es wünscht, über Angebote und Veranstaltungen informiert zu werden. Es genügt, bei einem erfolgreichen Erstkontakt dem Kunden eine schöne Kladde hinzulegen mit dem Angebot: „Wenn Sie über zukünftige Ausstellungen (Konzerte, Lesungen, Angebote) informiert werden wollen, tragen Sie bitte hier Ihre Adresse ein."

Das machen viele Menschen sehr gerne, besonders wenn ihnen gefallen hat, was sie bei dir bekommen oder erlebt haben.

Aber auch Kreative können mit kleinen Aufmerksamkeiten locken: Wie im Beispiel des Koches, der nicht nur zur Saisonküche in sein Restaurant einlädt, sondern dem Mailing noch ein feines Rezept beilegt.

Teuren Kunden kann man zu Weihnachten eine Flasche Wein zuschicken, aber mit einem Spezialetikett mit dem Namen des Kunden und deinem Logo versehen.

Wer deine Dienstleistung als Gärtner buchen soll, kann ein Tütchen mit Blumensamen erhalten. Oder einen Tip für den grünen Daumen.

Künstler können winzige Malereien mit ihrem Mailing verschicken.

Bands senden eine Demo-CD mit einem oder zwei Songausschnitten von der beworbenen neuen CD drauf.

Es gibt Tausende von Ideen, wie du für wenige Cent bis Euro zum Wohlwollen der Kunden kommen kannst und zu ihrer ausdrücklichen Erlaubnis: „Ja, ich will regelmäßig von diesem Menschen (dir) informiert werden."

Porto sparen

Die deutsche Post verfügt über ein attraktives Versandangebot: Wenn du fünfzig Briefe mit identischem Inhalt verschickst, dann geht das als „Infobrief". Du kannst rund 15 Cent pro Infobrief sparen. Bei einer Sendung von 150 Briefen hast du mehr gespart als dieses Buch kostet. Bei 1000 Infobriefen sparst du 150 Euro!

Auf den Brief kommt dann statt einer Briefmarke ein Poststempel.

Ein weiteres Angebot ist die Infopost mit folgenden Mindestmengen: Entweder 4000 Sendungen bundesweit oder 250 Sendungen für dieselbe Postleitregion oder 50 Sendungen für den Leitbereich. Pro Infopost zahlst du nur noch 25 Cent! Bei 4000 Sendungen also nur 1000 Euro. Ein echt gutes Angebot, nicht wahr?!

Forschungen haben allerdings ergeben, daß Menschen Post mit einem Stempel statt einer Briefmarke beim Erhalt eher als Werbung identifizieren und gar nicht, verspätet oder mit einem kleinen Gefühl der Vorsicht (wer will mir denn da schon wieder was verkaufen?) öffnen. Du kannst diesem Gefühl, daß den Erfolg des Mailings blockiert, vorbeugen, indem du den Umschlag auffällig gestaltest. Die Adressaten dürfen schon beim Leeren des Briefkastens auf deinen Brief aufmerksam werden. Ein schönes Logo, einen Spruch oder ein Bild mit Botschaft hinzugefügt, und du hast den Stempel „neutralisiert" oder den Adressaten sogar neugierig gemacht.

Frage auf der nächsten Postfiliale nach „Infopost" und „Infobrief" und du bekommst die nötigen Informationsprospekte. Auch im Internet unter www.deutschepost.de kannst du diese Angebote finden und gleich kalkulieren, was dich eine Mailingaktion an Porto kostet.

Anzeigenwerbung

Für Einsteiger nicht zu empfehlen

Klassische Anzeigen nennt man die Werbung in Magazinen, Zeitschriften und Tageszeitungen, die der Auftraggeber, also du oder ein Graphiker, den du beauftragst, selbst gestaltet. Sie sind in der Regel sündhaft teuer. Der Preis ist abhängig von

a) Der Auflage des Blattes - je höher die Auflage, desto höher der Preis.

b) Dem Status des Blattes - Fachmagazine sind teurer als Magazine mit allgemeinem Inhalt.

c) Dem Status der Leser - eine Anzeige in einem Magazin für Yachten-Sammler ist teurer als in einem Fan-Magazin für Überraschungsei-Gimmicks-Sammler.

Eine Werbeseite in einer Tageszeitung oder einer Zeitschrift mit mittleren Auflagen von 10.000 bis 50.000 Exemplaren kostet schon zwischen 2.000 und 5.000 Euro. In größeren Blättern schnell viele 10.000 Euro!

Ich möchte hier gar nicht näher auf Details eingehen, sondern gleich zum Tip kommen: Sei vorsichtig mit Anzeigen. Im Zweifelsfall: Schalte keine Anzeigen, wenn du nicht richtig viel Geld über hast.

Warum denn nicht? Das tun doch alle!

Zugegeben, es ist sehr verführerisch: Da kommt ein Magazin raus, Auflage 50.000, in den **Mediadaten** (Mediadaten geben Aufschluß über Auflage, Kunden, Verteilung, Themen, Anzeigenformate eines Blattes. Jede Redaktion versendet ihre eigenen Mediadaten auf Anfrage) wird gar von 75.000 Lesern gesprochen und der junge Unternehmer denkt sich: Wow! Da erreiche ich 75.000 Menschen mit einer Anzeige.

Dem ist leider nicht so.

Streuverlust

Bei fast jeder Werbemaßnahme gibt es Streuverluste. Klassische Anzeigen haben gewaltige Streuverluste: Von 75.000 Lesern einer Tageszeitung interessiert sich nur ein geringer Prozentsatz für Kunst. Von diesem geringen Prozentsatz mögen einige Leser Gemälde alter Meister, einige Skulpturen und einige mögen moderne Malerei. Du malst modern.

Jetzt sind nur noch deutlich weniger als 10% der 75.000 Leser an deinem Angebot theoretisch interessiert.

Nun konkurrieren in jedem größeren Blatt mehrere hundert Anzeigen um die Gunst des Lesers. Der Leser aber hat das Blatt in der Regel nicht wegen der Anzeigen gekauft. Viele Leser fühlen sich durch Anzeigen sogar eher gestört. Also, von den deutlich unter 10% reagieren sehr viele Leser überhaupt nicht auf Anzeigen. Und viele übersehen deine Anzeige auch einfach, selbst wenn du eine ganze, sehr teure Seite buchst und eine Gestaltung wählst, die dir so richtig gut gefällt. Sie wird übersehen.

Es gibt eine Grundregel, die besagt: Eine Anzeige muß sieben Mal auftauchen, um beim Leser ein optimales Verhältnis von Reaktion zu erzeugen. Das heißt, du muß sieben Mal in deiner lokalen Tageszeitung inserieren oder in einem Medium, das der Leser bis zu sieben Mal durchblättert (das geschieht wenn, dann nur bei Fachmagazinen). Das wird teuer!

Es gibt noch reichlich andere Streufaktoren. Medienforscher wissen: Eine durchschnittliche Werbeanzeige bringt einen Response, eine Leserreaktion in Promillegröße. Von 75.000 Lesern reagieren vielleicht 20-75 Leser auf deine Anzeige. Eher weniger!

Die Rechnung ist einfach: Wenn du in der Tageszeitung eine ganze Seite buchst, kostet dich das vielleicht 4.000 Euro. Wenn dann tatsächlich fünfzig Menschen zu einer Ausstellung kämen und nur zwei würden ein Bild im Wert von je 4.000 Euro kaufen, wäre das ein Erfolg.

Und es wäre Glück.

Denn eine Anzeige professionell auf dein Zielpublikum zuzuschneiden ist eine große Kunst, in der auch die besten Agenturen und Graphiker sehr häufig fehlgehen. Bei den Anzeigen kleiner Firmen darf man getrost davon ausgehen, daß der Response nur in Ausnahmefällen genügt, um nur die Kosten der Anzeigen zu decken.

Etwas anderes ist es jedoch, wenn du genug Geld zur Verfügung hast, um regelmäßig und mit Wiedererkennungseffekt zu werben. Dann gräbt sich dein Name, dein Logo, deine Adresse ins Unterbewußte des Lesers ein. Folgt er auch nicht spontan der Anzeige, so weiß er dennoch, wo er hin muß, wenn ein Bedarf nach dem Produkt, welches du anbietest, bei ihm wach wird. Wenn, ja wenn überhaupt ein Bedarf für deine Arbeit vorhanden ist. Du kannst eine ganze Zeitung mit Anzeigen pflastern und es kommt kaum Feedback, weil eben kaum einer der Leserinnen Interesse an deinem Angebot hat. Wir Kreativen lieben unsere Arbeit und sind nicht selten sehr von ihr überzeugt. Daher gehen wir gerne der Illusion auf den Leim, es müßte irre viele Menschen geben, die genauso fühlen und denken wie wir. Selbst wenn dem so ist, diese vielen Menschen lesen nicht gerade diese Tageszeitung.

Natürlich gibt es auch erfolgreiche Erlebnisse mit Anzeigen und zwar dort, wo ein Bedarf besteht, den du mit deinem Angebot decken kannst. Ich habe mal einen Typen getroffen, der hat in einem fürchterlich heißen Sommer, es war lange bevor Ventilatoren in waren, ein Riesenlager von über 1.000 Ventilatoren verkauft, aufgrund einer Anzeige in der Tageszeitung. Es gab in keinem Geschäft genug Ventilatoren, um den Bedarf des überraschend heißen Sommers zu decken. Er hatte die begehrten Ventilatoren und verkaufte sie innerhalb einer Woche …
Aber das ist eher die Ausnahme.

Gesetzte Anzeigen lohnen sich nur, wenn du sehr große Anzeigen und/oder wiederholt Anzeigen finanzieren kannst. Sie sollten zudem alle Regeln der Anzeigenkunst beinhalten, das heißt, sie müssen professionell auf Kunde, Markt und Medium abgestimmt sein.

Die Versuchung ist groß. Widerstehe ihr und du sparst Hunderte und Tausende von Euros. Und zum Argument „das machen doch alle": Kaum ein Händler prüft adäquat seinen Response. Das heißt, er weiß oft gar nicht, ob seine Anzeige wirkt. Außerdem gibt in unserem Lande kaum ein Mensch freiwillig zu, Fehler zu machen. Nur selten triffst du auf Menschen, die dir offen sagen: „Da habe ich einen Fehler gemacht und viel Geld in den Teich gesetzt."

Die Empfehlung, klassische Anzeigenwerbung in Printmedien besser nicht zu schalten, findest du in allen guten Büchern über Werbung für Kleinunternehmen. Für uns Kreative gibt es billigere und weit effizientere Wege der Werbung, als Anzeigen zu schalten.

Wenn du dennoch Anzeigen schaltest, dann achte auf einen geringen Streuverlust: Wähle nur Printmedien, die sich dem Thema deiner Arbeit widmen. Als Gitarrenbauer exklusiver Gitarren in der Tageszeitung zu werben ist Verschwendung, denn nur wenige der Leser interessieren sich für Gitarren, und diese wenigen überlesen die Anzeige womöglich. Wenn du in einem Fachmagazin für Gitarren wirbst oder gar in einem Magazin für Sammler exklusiver Gitarren, dann hast du einen geringeren Streuverlust.
Eine Anzeige sollte in drei bis sieben Ausgaben hintereinander auftauchen, um wahrgenommen zu werden.
Die durchschnittliche Verweildauer des Lesers auf einer Anzeigenseite beträgt wohl so zwischen drei und vier Sekunden. Eine Anzeige mit der Größe einer 16tel oder einer 4tel Seite wird dabei schnell übersehen, sogar von den Menschen, die sich womöglich für deine Arbeit interessieren. Werbeprofis investieren lieber ein- bis zweimal in eine ganze Seite als siebenmal in eine 16tel Seite.
Eine Anzeige sollte übersichtlich sein und innerhalb von Sekunden offenbaren, worum es dir geht, was du anzubieten hast.
Eine Anzeige sollte keine Rätsel enthalten, außer du kannst dir Werbekampagnen leisten, die über Wochen und Monate laufen. Ansonsten bedenke: Die Anzeige muß dem Leser innerhalb von vier Sekunden signalisieren,

worum es geht. Dann bleibt der Leser eventuell an ihr hängen und beschäftigt sich näher mit ihr. Erkennt der Leser nicht ganz schnell, worum es geht, dann blättert er weiter.

Wenn es irgendwie möglich ist, verbinde deine Anzeige mit einem Responsemedium, zum Beispiel einem Abschnitt, mit dem der Leser bei dir bestellen oder weitere Infos anfordern kann. Das kann ein Schnipsel, mit dem er eine Ermäßigung oder einen Drink bekommt. Eine Karte für eine Verlosung oder sonstwas. Anhand des Rücklaufs kannst du genau sehen, was die Anzeige dir einbringt.

Imageanzeigen

Es gibt noch Anzeigen, die werden nur geschaltet, um Einfluß auf das Image eines Unternehmens zu nehmen. So kann ein Graphiker eine Anzeige schalten, auf der steht sein Name und darunter: 1.Preisträger des internationalen Designerpreises „Die goldene Werbekugel". Ganz unten in der Ecke dann noch seine Kontaktdaten. Das wirkt aber nur, wenn es die ganze oder mindestens die halbe Zeitungsseite füllt. Es wirkt nur, wenn unter den Lesern Unternehmen sind, die sich für Grapikerleistungen interessieren. Wenn die Anzeige in „Ein Herz für Tiere" steht, kann der Graphiker sie ruhig siebenmal wiederholen, es dürfte wenig Erfolg bringen.

Imageanzeigen sind zudem schwierig zu gestalten. Man kann seine potentiellen Kunden auch abschrecken, weil sie überheblich wirken oder an der passenden Stimmung der Zielgruppe vorbeigehen …

Gute PR und gute Pressearbeit sind viel billiger als gesetzte Anzeigen, sie wirken stets seriöser und es ist einfacher, sie zu gestalten. Anzeigengestaltung ist eine Kunst, in der auch die Profis der Branche regelmäßig scheitern.

Pressearbeit

Als Pressearbeit bezeichne ich hier die Zusammenarbeit mit den Medienunternehmen aus der Printbranche: Tageszeitungen, Wochenzeitungen, Zeitschriften, Vereinsblätter, Fachmagazine usw.

Pressearbeit wird von vielen Künstlern und Selbständigen sträflich vernachlässigt. Das ist wirklich schade, denn Pressearbeit ist nicht sonderlich schwer, nicht sonderlich teuer, und wenn sie erfolgreich ist, dann ist sie sogar extrem billig oder besser: Sie ist feinste Werbung für umsonst.

Und für echte Profis gibt es sogar noch Geld raus ...

Werbung umsonst

Ich habe ja schon ausführlich über klassische Werbung in Form von gestalteten Anzeigen in Printmedien geschrieben: Ihr Wirkungsgrad ist fraglich und für die meisten jungen Kreativen ist sie schier unbezahlbar. Eine mittlere Anzeige von einer Drittel-Seite kostet schon in Zeitungen mit kleineren Auflagen von 3.000 bis 10.000 Exemplaren mehrere hundert bis zweitausend Euro.

Ein Zeitungsbericht über deine Arbeit kostet dich einige Stunden Aufwand, einige spannende Kontakte oder ein wenig Schreibarbeit und Porto. Das war es im Grunde schon.

Eine Werbeanzeige wird von nur sehr wenigen Lesern beachtet und das auch nur, wenn sie sehr gut gemacht ist. Einen Artikel lesen viele Käufer der Zeitung.

Einer Anzeige traut kein Mensch zu, daß sie die Wahrheit verkündigt. Jeder weiß, daß Anzeigen aus nur einem Grunde geschaltet werden: Sie wollen den Geldbeutel der Konsumenten leeren. Kein Mensch traut einem Geldbeutelleerer.

Redaktionellen Beiträgen, also Artikeln, trauen die meisten Menschen einen enorm hohen Wahrheits- und Objektivitätsanteil zu. Steht in einer Anzeige, daß deine Arbeit toll ist, so weiß jeder, daß du das so findest, du hast die Anzeige ja bezahlt. Steht in einem Zeitungsartikel, daß deine Arbeit beeindruckend ist, so glauben die Menschen dem gerne, denn die Presse ist ja da, um die Wahrheit zu berichten. Dem gedruckten Wort, schwarz auf weiß, wird erstaunlich viel Wert beigemessen.

Es lohnt sich also, im redaktionellen Teil einer Zeitung aufzutauchen. Ein Bericht über dich ist ein Vielfaches mehr wert als eine Anzeige.

Die Zielgruppe: Welche Printmedien wähle ich aus?

Du hast dir bereits weiter vorne gemeinsam mit diesem Buch Gedanken darüber gemacht, wer die Zielgruppe deiner kreativen Arbeit sein könnte. Eben diese Zielgruppenfindung solltest du nun auch in der Pressearbeit leisten. Es gibt in Deutschland viele hundert bis einige tausend Printmedien. Dir ist inzwischen klar, daß deine Arbeit zum Beispiel als Bogenbauer wahrscheinlich nicht so interessant ist für Menschen, die Briefmarken sammeln. Es gilt also, Presseorgane zu finden, für die deine Arbeit von Interesse sein könnte und bei der die Chance gegeben ist, daß wirklich etwas über dich und deine Arbeit geschrieben wird.

Welche Zeitschriften dafür in Frage kommen, erfährst du am einfachsten dadurch, daß du sie dir kaufst. Dann kannst du sie gewissenhaft durchschauen und so beurteilen, ob sie für die Informationen, die du anzubieten gedenkst, das geeignete Medium darstellen. Dieser Vorgang ist natürlich viel zeitaufwendiger, als einfach einige Anschriften aus dem Telefonbuch zusammenzusuchen und an diese dann blind deine Mappe zu versenden. Doch der Aufwand zahlt sich schnell aus. Bevor du zehn Zeitschriften mit einer Pressemappe beschickst, kannst du gemütlich zehn Zeitschriften durchschauen und schließlich zu den zwei oder drei Kontakt aufnehmen, die geeignete Partner für dich sein könnten. Der Aufwand an Zeit mag höher sein, doch lohnt es sich auf jeden Fall, zielgerichtet zu arbeiten, anstatt teuer in die Breite zu streuen.

Für die Pressearbeit lohnt es sich zu unterscheiden zwischen:

■ Lokaler Presse, das sind die vor Ort ansässigen Tageszeitungen, Wochenwerbeblätter mit redaktionellem Teil oder allgemeine Veranstaltungs-Magazine mit lokaler Ausrichtung und wöchentlicher bis meist monatlicher Erscheinungsweise.

- Überregionaler Presse, wie zum Beispiel der Spiegel, große Zeitungen wie die FAZ, die SZ oder BILD wie auch Fachmagazine oder Vereinszeitschriften, die bundesweite Verteilung finden.

Die lokale Presse

Die Aufgabe der lokalen Presse besteht darin, über lokale Ereignisse zu berichten. In einer kleineren Stadt genügt schon eine einfache Ausstellung, um in der Tagespresse aufzutauchen. Dabei spielt es hier keine Rolle, wie etabliert du als Künstler bist. Über die Ausstellung des VHS-Malkurses wird oft kaum weniger raumfüllend berichtet wie über die Ausstellung von jungen Künstlern, die schon beträchtliche Erfolge außerhalb der Stadtgrenzen vorzuweisen haben.

Die Art und Weise, wie die jeweilige lokale Presse ein Ereignis mit ihren Möglichkeiten bedenkt, variiert von Blatt zu Blatt und von Ort zu Ort. Du kannst das nur herausfinden, indem du die Zeitschriften genau studierst, oder indem du zur Redaktion direkten Kontakt aufnimmst und nachfragst, ob dein Thema für sie von Interesse ist. Manche Lokalblätter bringen über Ausstellungen oder Firmengründungen nur Kurzmeldungen, andere widmen dem durchaus schon mal ein halbe oder gar eine ganze Seite.

Auf keinen Fall würde ich die Wirkung regionaler Medienberichte unterschätzen! Es kann durchaus geschehen, daß du durch einen guten Artikel in einem lokalen Tagesblatt mit 10.000er Auflage mehr Resonanz erlebst als durch einen ähnlichen Bericht in einem überregionalen Blatt mit 100.000er Auflage.

Sieh es mal so: Der Regionalteil einen lokalen Tageszeitung wird unter Umständen von weit über 50% Prozent seiner 10.000 Leser sehr genau durchgelesen. Sie kaufen diese Zeitung ja gerade weil sie über Ereignisse vor Ort berichtet. Über dein Event lesen hier also womöglich 5.000 Menschen.

In der überregionalen Zeitschrift mit 100.000 Lesern taucht dein Event neben einem Dutzend anderer hochkarätiger Veranstaltungen auf. Außerdem ist dein Event für die meisten Leser viel zu weit entfernt, um es eventuell zu besuchen. Auch kaufen Leser überregionaler Zeitschriften diese oft wegen spezieller Rubriken: Politik und Wirtschaft zum Beispiel. Der Kulturteil wird dann von vielen kaum oder gar nicht gelesen. Es kann durchaus sein, daß du von den 100.000 Lesern keine 1.000 Leser oder noch weniger erreichst.

Dennoch sind Berichte in überregionalen Medien natürlich sehr gut für dich und zwar für deine nächsten Presse- und Bewerbungsmappen. Wenn du deiner Pressemappe Kopien mit Berichten aus großen Zeitschriften beilegen kannst, so wird das vom Leser natürlich wahrgenommen nach dem Motto: „Wow! Wenn die in der FAZ schon was über den schreiben, dann scheint der ja was zu taugen!" Das stimmt natürlich nicht immer so wirklich, aber es funktioniert. Berichte in größeren Medien tragen zu deinem langfristigen Image mehr bei als Berichte in lokalen Medien. Außer, dein Angebot zielt nur auf lokale Märkte.

Lokale Medien sorgen für die Information vieler Menschen am Ort des Geschehens. Potentielle neue Leser, Hörer, Galeristen, Sammler und Kunden aller Couleur wohnen ja nicht nur in Düsseldorf, Berlin und München, sondern ebenso in jedem Örtchen überall in der Republik. Es kann genausogut geschehen, daß dich der Vorstandsvorsitzende eines Milliardenkonzerns auf Borkum besucht, weil dort im Regionalblatt ein Bericht über dich war, der ihn auf deine Arbeit aufmerksam gemacht hat.

Da dies ein Buch für Einsteiger ist, will ich nur sagen: Schau nicht mit zuviel Glanz in den Augen auf die Welt der großen Medien. Die kleinen können eine ganze Menge für dich tun und du für sie.

Die überregionalen Printmedien

Große Zeitschriften, Zeitungen und Magazine mit hohem Ansehen erreichen überregional ihr Publikum. Wenn sie über dich und deine Arbeit schreiben, so ist das gut für dein Image und deinen Presseordner. Die überregionalen Zeitschriften werden vermehrt von Entscheidungsträgern in Wirtschaft, Politik und Kultur wahrgenommen. Wird in einer großen Gazette über dich berichtet, hast du zumindest den Fuß in der Tür, jetzt mußt du die Chance nutzen und nach Möglichkeit mit diesem Artikel in der Pressemappe schnellstmöglich bei allen in Frage kommenden anderen größeren Presseunternehmen nachhaken. Schmiede das Eisen, solange es heiß ist. Wenn du die Medien aufmerksam beobachtest, wirst du bald feststellen, daß sie alle zur gleichen Zeit über Neuigkeiten berichten. Das ist ein Resultat der guten Pressearbeit von großen Firmen und Medienkonzernen, die es verstehen, die Presse für ihre Zwecke zu nutzen.

Doch überbewerte einen einfachen Auftritt in einem „besseren" Blatt nicht allzu sehr. Die Nachfrage nach deiner Arbeit aufgrund eines Berichtes muß nicht proportional zum Ansehen der Zeitung sein.

Du mußt keine Sorge über den Umgang mit größeren Medien haben. Grundsätzlich anders als die Angestellten der kleinen Blätter habe ich die Mitarbeiter dieser Printmedien nicht erlebt. Die Freien schreiben vielleicht ein wenig besser als jene bei dem einen oder anderen Lokalblatt, aber das muß nicht so sein. Auch kann ich nicht behaupten, daß bekanntere Journalisten eingebildeter mit mir umgingen. Ich habe Idioten und sehr nette Leute sowohl bei großen wie bei kleinen Blättern kennengelernt. Die Profis der größeren Blätter fragen etwas zielstrebiger und haben meist weniger Zeit. Hier und dort wirken sie etwas abgeklärter bis kühl, aber wenn man ihnen mit Offenheit und ganz entspannt begegnet, zeigen sie sich meiner Erfahrung nach als nette Menschen.

Was verbessert deine Chancen für eine Veröffentlichung?

Regionale Tageszeitungen berichten grundsätzlich über so ziemlich alles, was an gesellschaftlichen Events in ihrem Ort, in ihrer Stadt oder ihrer Region angesagt ist. Es ist denkbar einfach, hier Erwähnung zu finden, daß

Event muß einfach nur stattfinden, und deine Pressearbeit sollte sie zuvor über das bevorstehende Ereignis aufklären ...

Wenn jedoch in einer kulturell aktiven Gegend gleich fünf Events an einem Wochenende stattfinden, dann wird womöglich doch über das Event am meisten berichtet, das einige Voraussetzungen erfüllt.

Die Fragen, die sich die Redaktionen stellen, können so aussehen:

- Wie viele unserer Leser interessieren sich für das Event X, wie viele für das Event Y?
- Ist der Künstler stadtbekannt oder ein Neuling?
- Welches Event verspricht die interessantere Berichterstattung, die spannenderen Fotos?
- Gibt es etwas Neues zu sehen, etwas Kurioses, Sensationelles oder etwas emotional tief Berührendes?

Natürlich entscheidet sich die Redaktion für den stadtbekannten Künstler, über den jeder fünfte Leser etwas wissen möchte. Wenn der stadtbekannte Künstler allerdings eine todlangweilige Vernissage veranstaltet, du als Neuling aber lädst eine tolle Band ein, Feuerakrobaten und einen bekannten Schauspieler, der Gedichte passend zum Event vorliest, dann hast du eine gute Chance, mehr Platz auf der Zeitungsseite zu bekommen.

Das ist allerdings nicht selbstverständlich.

Wir leben durchaus in einer Bananenrepublik. Beziehungen und Vetternwirtschaft sind sehr präsent. Wenn der Sohn des Bürgermeisters ausstellt und der befreundete Oberstudienrat des örtlichen Gymnasiums schwingt langweilige Worte zur Eröffnung, so kann es durchaus sein, daß dein Spektakel weniger Beachtung findet, obwohl bei dir mehr passiert und sogar mehr Leute kommen. Hier kommt es dann auch sehr darauf an, wie freundlich, diplomatisch und vor allen Dingen hartnäckig du am Thema dranbleibst und die Redaktionen regelmäßig informierst. Es kann dennoch durchaus Jahre dauern, bis die eingefahrene Wahrnehmung der einen oder anderen Redaktion erkennt, daß in dir gleich nebenan ein neuer Stern aufgeht. Und viele bekommen es gar nicht mit. Wenn du feststellst, daß eine

Redaktion deinen Stil nicht mag oder der Vetternwirtschaft ergeben ist, dann investiere hier auch keine Pressearbeit mehr. Das wäre verschwendetes Geld.

Nicht jede Redaktion, die nicht gleich auf deine Angebote oder Anfragen reagiert, hat Abneigungen oder geht mit anderen Künstlern ins Bett. Angebote können verlorengehen, vergessen werden, nicht mehr ins Layout passen, als nicht relevant wahrgenommen werden. Selten steht eine böse Absicht dahinter. Wenn du nachhakst, sagen dir die Redakteure meist, warum es nicht geklappt hat und wie es vielleicht das nächste Mal besser klappt.

Die größeren Medien legen die Meßlatte natürlich viel höher. Wenn sie über etwas berichten, muß es von übergeordnetem Interesse oder sehr kurios sein. Es muß Auswirkungen auf das Leben der Leser haben, es muß spannend sein, total unsinnig oder provozierend. Gerne darf es um Liebe, besser noch um Sex gehen oder aber Tabubrüche darstellen. Auch technische Innovationen und überhaupt allerlei Neuheiten sind sehr gefragt, selbst wenn sie keinen Sinn machen, es geht um den Reizfaktor, den plakativen Wert. Neu, Sex, Tabubruch und Sensation wirken fast immer als Medienmagnet.

Beherzige eines:

- Je normaler deine Aktion ist, desto weniger Aufmerksamkeit wird die Presse dir gönnen. Für dich mag deine erste Ausstellung die Welt bedeuten. Wenn nebenan nationale oder internationale Größen ausstellen, dann wird denen mehr Raum in der Presse gegönnt als dir.
- Die Presse schenkt dem Besonderen lieber Beachtung als dem Gewöhnlichen. Versuche etwas Besonderes anzubieten und du erhöhst die Resonanz.

Wie stelle ich den Erstkontakt her?

Mit dem Telefon. Es ist meist eher ungünstig, die Redaktionen blind mit der Zusendung deiner Infos zu bedenken. Du kannst einfach anrufen und einen Mitarbeiter oder Redakteur verlangen, der für dein Ressort zuständig ist. Notiere dir den Namen dieses Menschen! Sei nicht schüchtern nachzufragen, wie der Name geschrieben wird.

Den Mitarbeiter kannst·du dann fragen, ob dein Event für die Zeitung interessant ist. Wenn ja, kannst du ihm anbieten, ihm eine Infomappe zukommen zu lassen oder fragen, welche Form die Information haben soll. Wenn du ankündigst, bereits eine Pressemappe mit Kurzmitteilung, zwei Texten und Fotos vorbereitet zu haben, freuen sich viele Redakteure.

Wenn du schließlich erfolgreich warst, dann sende die versprochenen Informationen sofort los. Adressiere sie zu Händen des Ansprechpartners, mit dem du dich gerade besprochen hast.

Der Königsweg zum Erstkontakt ist natürlich auch in der Pressearbeit die Empfehlung. Wenn ein Pressemensch bei dir anruft, weil jemand dich empfohlen hat oder weil er woanders von dir gelesen hat und nun neugierig auf dein Werk ist, dann ist das ein toller Start in eine Zusammenarbeit. Du kommst nicht als Bittsteller, sondern als heißer Tip. Wenn du gar von jemandem empfohlen wirst, der in der Redaktion hohes Ansehen genießt, so kann kaum noch etwas schiefgehen, ein toller Artikel über dich dürfte folgen. Mehr zum Thema „empfohlen werden" im Kapitel „Empfehlungsmarketing".

Der Presseverteiler

Mit der Zeit schaffst du dir mit dem Zusammentragen geeigneter Redaktionsanschriften- und Kontakte einen sogenannten Presseverteiler oder eine Pressedatei.

Recht unsinnig wäre es, einfach nur Redaktionsanschriften zu sammeln und bei jeder Gelegenheit deine Presseinfos blind an alle Redaktionen zu verschicken. Wohl über 80% der Informationen, die in den Redaktionen landauf landab eintrifft, werden über solch simple Adreßdateien verschickt und landen bei den Redakteuren innerhalb weniger Sekunden im Müll: Die angelieferten Infos passen in der Regel nicht zur Zeitschrift. Das gleiche Problem wie bei den Verlagen, Labels, Galerien und Veranstaltern: Sie werden zugemüllt mit Sendungen von Menschen, die sich keine Gedanken darüber gemacht haben, wen sie wie und warum erreichen wollen.

Ein Presseverteiler sollte nicht einfach nur so die Adressen von irgendwelchen Zeitschriften enthalten. Er kann statt dessen den Verlauf deiner Kontakte zu den jeweiligen Redaktionen dokumentieren. Jedes Datenblatt könnte folgende Informationen aufnehmen:

- Die Anschrift der Redaktion
- Die Telefonnummer, die Faxnummer und/oder die eMail-Adresse der Redaktion bzw. des für deine Absichten zuständigen Redakteurs
- Die Erscheinungsweise (täglich, wöchentlich, monatlich)
- Persönliche Infos zu deinen Ansprechpartnern vor Ort: Mit wem hast du wann telefoniert, welcher Mitarbeiter hat dich interviewt/einen Artikel über dich geschrieben, wer ist für die Fotos zuständig, in welcher Form bekommen die Redaktionen deine Infos gerne angeliefert usw.
- Kopien bereits in dieser Zeitschrift veröffentlichter Artikel oder ein Verweis, an welcher Stelle du sie in deiner Presseordner findest. Anhand dieser Artikel kannst du dich vor einer erneuten Kontaktaufnahme immer kurz auf den Stil der Zeitschrift einschwingen.
- Solltest du einen persönlichen Kontakt zu Redaktionsmitgliedern pflegen, so gehören in die Pressemappe auch persönliche Daten der Ansprechpartner, so ihr Geburtsdatum oder besondere Vorlieben und Abneigungen der Ansprechpartner (trinkt gerne den Prosecco der Marke X, wenn zu Besuch/nicht am letzten Tag vor Redaktionsschluß anrufen, reagiert dann schnell gereizt), so gehört das hier ebenfalls hinein.
- Feedback-Infos zu in den jeweiligen Zeitschriften veröffentlichten Artikeln: Wenn Kunden dir berichten, sie sind wegen dieses oder jenes Artikels in der und der Zeitschrift auf dich aufmerksam geworden, so solltest du das hier ruhig vermerken. Es hilft dir über die Jahre, die Wirkung der Zeitschriften und der verschiedenen dort erschienenen

Artikel besser einzuschätzen.

Selbst wenn du keine Inserate schaltest, können die Mediadaten der Zeitschriften ganz hilfreich für dich sein, denn sie geben dir intime Auskunft über die jeweiligen Presseorgane:

- Auflage
- Verteilungsgebiet
- Struktur der Leserschaft
- Anzeigenpreise
- Regelmäßig erscheinende Sonderbeilagen

Mediadaten senden dir die Zeitschriften und Zeitungen auf Anfrage zu.

Wenn so ein Verteiler erst einmal aufgebaut ist, kannst du ihn geschickt nutzen und die investierte Zeit macht sich langfristig bezahlt. Wenn du eine neue Aktion planst, mußt du nicht erst jedesmal von neuem nachschauen, welche Zeitungen mit welchen Redaktionen gerne was drucken. Ein Blick in deinen Presseverteiler hilft schnell weiter.

Den Verteiler pflegen

Du solltest deinen Adreßverteiler immer pflegen. Wenn eine Zeitung, die stets gut über dich berichtet hat, plötzlich über dein neuestes Projekt aus der Zeitschrift der Kollegen erfährt, dann ist das nicht so gut. Je treuer und netter die jeweiligen Redaktionen dir gegenüber sind, desto pfleglicher solltest du sie mit Informationen versorgen.

Dein Presseordner

Wenn du regelmäßig Pressearbeit betreiben möchtest, solltest du einen Ordner anlegen, der über dich veröffentlichte Artikel und Leserbriefe von dir enthält. Diese ordne chronologisch an, dann findest du schnell alles wieder.

Die Presseberichte sind hilfreich, wenn du dich für neue Ausstellungen, Events oder Jobs bewirbst. Du kannst sie kopieren und deinen jeweiligen Bewerbungsmappen als Dokumentation deines Schaffens beilegen.

Die Pressemappe

In die sogenannte Pressemappe gehört alles rein, was der Presse beim Erstellen eines Artikels behilflich sein kann. Es muß natürlich keine Mappe sein, der Begriff stammt noch aus Zeiten, als es keine Digitalfotos auf CD-ROM gab. Was gehört in die Pressesendung rein:

Ein Anschreiben auf deinem persönlichen Briefbogen.

* Auf dem kurz gehaltenen Anschreiben („Wie heute früh" oder: „am 21.04.") telefonisch besprochen, erhalten Sie hier Materialien über mein geplantes Event XY am nächsten Freitag, den soundsovielten. Sollten Sie noch Fragen haben, wenden Sie sich jederzeit an mich. Mit freundlichen Grüßen ...) sollte unten der Hinweis „Anhang" stehen und darunter aufgelistet, was so zu diesem Schreiben dazugehört. Zum Beispiel so:

> *Anhang:*
> *Kurzmitteilung*
> *Pressetext*
> *Vita*
> *Drei Fotos zur freien Verwendung*

* Eine Kurzmitteilung (zum Beispiel für die Veranstaltungskalender)
* Ein kurzer Pressetext von einer halben Seite oder weniger
* Ein längerer Pressetext von ein bis zwei Seiten
* Falls angemessen oder notwendig: Eine Kurzvita
* Pressefotos oder eine CD-ROM mit Fotos in passenden Formaten (die du vorher telefonisch erfragt hast)
* Solltest du die Materialien (Fotos zum Beispiel) zurückhaben wollen, ist unbedingt ein an dich adressierter und frankierter Rückumschlag beizulegen mit einen Hinweis daran: Um Rücksendung der Materialien nach Verwendung wird gebeten. Ich würde mir das allerdings sparen: Fotoabzüge oder CD-ROM sind billiger als das Rückporto, und manch eine Redaktion bewahrt die Daten auf und verwendet sie an späterer Stelle. Also spar dir das Geld und den Aufwand. Zumal sich trotz eines frankierten Rückkuverts längst nicht alle Redaktionen um eine Rücksendung bemühen.

Wie sollten Pressetexte aufgemacht sein?

Damit die Presse deine Texte gut bearbeiten kann, ist es ratsam, deine Texte in etwa so anzulegen:

- Name des Autors
- Der Titel und der Name des Autors sollten auf jeder Seite vermerkt sein, damit sich im Chaos eines Schreibtisches alles zuordnen läßt
- Seitenzahlen auf allen Seiten
- Wenn die Anzahl der Wörter und die Anzahl der Zeichen auf der ersten Seite stehen, dann hilft das dem Bearbeiter in der Redaktion, den Text und seine Verwertbarkeit im Layout leichter einzuschätzen
- Einfallsreicher Titel, der die Leser anspricht
- Eventuell Untertitel mit weiteren Infos zum Inhalt
- Maximal 60 Zeichen pro Zeile oder sogar in etwa die mittlere Zeichenmenge, die das beschickte Presseorgan pro Spalte nutzt (einfach nachzählen)
- Maximal 30 Zeilen pro Seite
- Zeilenschaltung: Doppelt. So ist es dem Bearbeiter deiner Texte möglich, zwischen den Zeilen Notizen, Kürzungen oder Variationen zu notieren
- Absätze sollten mindestens 3-4 Zeilen enthalten, nicht aber mehr als 8-10 Zeilen lang sein
- Verzichte weitgehend auf Fremdwörter, außer du schreibst für ein Fachblatt im Fachjargon

Jetzt wird es schwierig – denn in der Kürze liegt die Würze.

Ein Presseartikel ist kein Buch. Wenn du einem Redakteur zehn Seiten über dein Event zukommen läßt, dann bekommt der Gute schon beim Öffnen des Umschlages einen Herzaussetzer. Das ist eine Zumutung! Ich kenne das aus redaktioneller Arbeit im Internet: Ich bitte einen Interessenten, die Daten seiner Vita so aufzubereiten, wie sie bei den anderen Teilnehmern eines Verzeichnisses angelegt sind: Maximal 8-10 kurze Zeilen und ein Foto. Und was bekomme ich? Eine, zwei, drei Seiten und zehn Fotos. Ich habe keine Zeit, zehn Fotos durchzuschauen, denn bei 30 Einsendungen wären das 300 Fotos, und aus drei Seiten Text zehn Zeilen zu machen, dazu brauche ich eine Stunde oder mehr. Eine Stunde kostet sechzig Euro. Zeitschriften-Redakteure bekommen tagtäglich so was rein. Das ist nicht sehr nett und verrät, daß der Absender mehr an sich als an den Redakteur denkt. Dabei will er ja, daß der Redakteur etwas für ihn tut ...

Fasse dich kurz.
Beschränke dich auf das Wesentliche.
Denk immer an den Leser und nicht daran, was für ein toller Mensch du doch bist. Wir sind alle toll, das ist uns Künstlern zu eigen und diese Information macht seit Picasso keinen mehr an. Sogar bei Michael Jackson nervt es die meisten Presseleute, daß er sich ständig selbst feiert.
Jede Musikgruppe veröffentlicht grundsätzlich mit dem neuen Album das beste Album, was sie je gemacht hat. Tausend Bands veröffentlichen jede Woche tausend Alben – und immer sind es die besten, die je ...
Denk an die Leser: Was bringt ihnen ein Mehr an Wissen, Inspiration und Unterhaltung, an Sensation? Davon schreibe! Kurz und prägnant.

Oft hilft es, erst einmal alles zu schreiben, was dir so einfällt. Die 32 Seiten, die dabei rauskommen, die kürzt du dann auf drei Seiten. Und diese drei Seiten dann noch mal auf eine oder zwei Seiten. Dann besteht eine viel bessere Chance, daß die Redaktion sich den Text überhaupt erst anschaut. Größere Texte werden oft nur kurz angelesen und wandern dann in den Papierschredder oder werden bestenfalls retourniert.

Die Kurzvita

In der Kurzvita ist alles von Wichtigkeit, was Informationen darüber liefert, warum du in einem Artikel Erwähnung finden solltest. Wenn du also Maler bist und als Kleinkind schon alle Malwettbewerbe gewonnen hast, so paßt diese Info durchaus da rein. Daß dein Vater dir Weihnachten 1974 fürchterlich den Hintern verprügelt hat, weil du den Weihnachtsbaum angezündet hast, ist nicht interessant. Außer, du bist ein berühmter Feuerkünstler geworden. Die Vita muß andeuten, warum du der bist, der du in beruflicher Hinsicht bist.

Kurzmitteilung

Eine Kurzmitteilung enthält zum Beispiel einen Text für eine kurze Vorankündigung oder einen Veranstaltungskalender. Sie sollte nur 4-10 Zeilen lang sein.

Die Länge der Pressetexte

Zähle die Zeichen eines Pressetextes in deiner Wunschzeitung, die du nun beschickst. Addiere maximal ein Drittel und du hast die Länge deines Pressetextes. Das Drittel ist für die Redakteure. Sie kürzen grundsätzlich. Wenn nicht klar ist, wieviel Platz die Redaktion für den Artikel zur Verfügung hat, dann fertige zwei Texte an, einen kürzeren und einen längeren Text. Die Redaktion kann dann auswählen. Besser noch: Du fragst bei deinem Vorabtelefonat, welche Textlänge bevorzugt wird.

Die Fotos

- Bist du Bildhauer und willst einen Artikel zu deiner Ausstellung initiieren, dann sollten die Fotos dich mit deinen Skulpturen zeigen oder bei der Arbeit an einer solchen.
- Urlaubsfotos oder Bilder von dir und deiner Freundin sind nicht gefragt.
- Die Bilder sollten scharf sein und aussagekräftig. Es ist meist vorteilhafter, wenn Fotos dich in Aktion zeigen, als wenn du steif dastehst und in die Kamera guckst.
- Einer Zeitschrift, die in Farbe erscheint, schicke Farbfotos und nichts Schwarzweißes, außer du bist künstlerischer Schwarzweißfotograf.
- Das Format der Fotos darf nicht zu klein sein (10 x 15 bis 20 x 30 Zentimeter). Im Falle von Fotodaten auf CD-ROM: Die Druckereien benötigen in der Regel mindestens 300 x 300 dpi (Punkte pro Inch) Auflösung und die Dateien sollten in den Größen zu den Formaten der Zeitschrift passen. Eine Bilddatei mit 40 x 80 Zentimeter Größe für eine Tageszeitung, die Bilder in 10 x 15 Zentimeter abdruckt, verursacht nur Arbeit in der Redaktion.
- Sollten die Fotos einem Copyright unterliegen, muß das auf der CD-ROM oder den Rückseiten der Fotos unbedingt vermerkt sein. Auf der

CD oder den Fotos sollte weiterhin stehen: dein Name und deine Telefonnummer sowie ein Betreff (Event am soundsovielten).

Die Presse kommt zu Besuch

Pressemenschen schauen gerne bei Kreativen vorbei. Je visueller deine Arbeit ausgerichtet ist, desto interessanter bist du für einen Vor-Ort-Termin. Bei einem Vor-Ort-Termin möchte sich die Presse einen Eindruck von deiner Arbeit verschaffen. Natürlich hast du keine Überraschungsbesuche zu fürchten: Redaktion oder Mitarbeiter sprechen einen Termin für einen Besuch bei dir mit dir ab. Du kannst in einem Telefonat auch jederzeit zu einem Vor-Ort-Termin einladen, wenn es bei dir etwas Lohnendes zu sehen gibt.

Das Wichtigste für diesen Besuch:
- Bleib entspannt
- Sei natürlich
- Keine Sorge um das Aussehen deiner Arbeitsstätte. Wenn du ein Chaot bist, dann darf es chaotisch aussehen. Medienleute lieben Authentizität. Wenn du deinen Tag in einem befleckten Malerkittel verbringst, dann kannst du die Presse auch so empfangen. Du kannst dich auch normal anziehen. Wenn du dich aber in einen Anzug zwängst, wo du doch eigentlich den Tag in Malerkittel oder in Jeans und Pullover verbringst, dann wirkst du sicher nicht authentisch. Der bekannte Maler Markus Lüppertz ist nur in teuren Anzügen mit Krawatte zu sehen. Aber er verkauft sich auch als Edelkünstler und womöglich schläft und arbeitet er auch in Anzügen, jedenfalls wirkt er so. Wenn dieser Mann plötzlich in Jeans und Pulli auftaucht, fällt womöglich sein Marktwert.
- Es ist sehr aufmerksam - und eigentlich selbstverständlich -, wenn du ein wenig Knabberkram da hast, ein Glas Wasser, Saft, Tee oder - so der Termin abends stattfindet - einen guten Wein anbieten kannst.
- Ach ja ... du solltest unbedingt zum vereinbarten Termin da sein. Wenn du einen Medienmenschen versetzt (außer, deine Mutter stirbt gerade) oder nur zu spät kommst, dann hast du schon verloren. Das ist nur Stars

gestattet, und die bekommen es auch irgendwann zurück, wenn sie die Machtspiele mit den Medien treiben.

- Gehe davon aus, daß ein Termin weit länger dauern kann, als vereinbart wurde. Denn wenn der Medienmensch Gefallen an dir und deiner Arbeit findet, dann wäre es nicht charmant, wenn ihn du nach einer halben Stunde vor die Tür setzt, weil du eine Verabredung hast. Das dürfen auch nur Stars, charmant ist es auch bei denen nicht.

- Wenn du dich mit einem Medienmenschen verabredest, der über deine Arbeit als Bildhauer berichten will, dann sollten auch Skulpturen am Ort sein. Du wirst lachen, denn dir wird das selbstverständlich erscheinen. Doch ich war bei Menschen zu Besuch, die „Künstler" auf der Visitenkarte stehen haben, und ich fand hier zwei oder drei Bilder oder Skulpturen vor - das hat nicht mal Hobbyniveau - es sollte schon was zu sehen geben.

- Auch bei Pressebesuchen freuen sich deine Gäste, wenn du ihnen Material in Form einer Pressemappe zur Verfügung stellst. Wenn ein Fotograf kommt, ist es natürlich nicht notwendig, ihm Bilder deines Ateliers zur Verfügung zu stellen. Wenn du aber gerade von einer Ausstellung im Bundeskanzleramt zurück bist und ein Bild von dir und unserem Kanzler anbieten kannst, dann ist das wiederum schon in Ordnung.

- Die schreibende Zunft freut sich jedoch immer über eine Vita und die wichtigsten Eckdaten deiner Arbeit in Form einer Pressemappe zum Mitnehmen!

Wenn du ein wenig bekannter bist und zu erwarten steht, daß von regionalen Zeitungen acht Redakteure deiner Einladung zu einem Pressegespräch bei dir folgen werden, dann lohnt es sich unbedingt, einen Termin für alle gemeinsam festzulegen, sonst dauert es dann doch zuviel Zeit und es geht dir auf den Nerv, alles achtmal zu erzählen.

Wenn aber diese acht Zeitungen Regionalausgaben sind und plötzlich ruft der Stern an und will über deine Arbeit berichten, dann wäre es womöglich besser, den Sternleuten einen einzelnen Termin zu geben.

Ich bevorzuge grundsätzlich nur Einzeltermine, weil ich mich voll und ganz auf die Bedürfnisse und Eigenheiten des jeweiligen Berichterstatters einlassen möchte. Das ist eine Frage der eigenen Veranlagung – manch ein Künstler hat hundert Journalisten voll im Griff, einem anderen ist das intime Gespräch von Mensch zu Mensch lieber.

Redaktionsbesuch

Es kann auch mal vorkommen, daß dich der Redakteur bittet, doch einfach mal kurz in der Redaktion auf ein Gespräch vorbeizukommen oder die Pressemappe persönlich vorbeizubringen. Dann gilt das Gleiche, als wenn du Besuch bekommst:

- Sei entspannt
- Bleib authentisch
- Bring Fotos und kurze Infotexte oder Kopien bereits über dich erschienener Artikel mit
- Zeige ehrliches Interesse für die Redaktionsarbeit und die Person dir gegenüber. Wenn du als integrer Mensch auftrittst, kann das dem Eindruck über deine Arbeit nur guttun.

Einladungen und Freikarten

Die Redaktion sollte für Events bei dir immer Einladungen und möglichst auch mindestens eine, maximal zwei Freikarten erhalten, wenn es Eintritt kostet. Ich habe immer zwei Freikarten verschickt. Zum einen, weil ein Schreiber und ein Fotograf kommen könnten, oder weil es ein Abendtermin ist, an dem die Mitarbeiterin vielleicht gerne mit ihrem Ehemann zusammmen ausgehen würde. Was wegen des Auftrages, dich zu besuchen, nun nicht geht. Aber mit zwei Karten eben doch. Außerdem ist es immer gut, Partner oder Freunde einzuladen, denn wie du es selbst kennst: Nach einem Besuch redet man auf dem Rückweg noch entspannt über den Verlauf des Ereignisses.

Nicht darauf eingehen solltest du, wenn ein Pressemensch mit einer ganzen Familie oder gleich drei oder fünf Freunden auftaucht und freien Eintritt erbittet oder dreist verlangt. Das passiert recht häufig. Besonders gerne machen das einige sehr freie Mitarbeiter: Sie arbeiten gar nicht für eine Redaktion, sondern schreiben nach dem Event einfach etwas und beschikken damit blind einige Blätter mit mehr oder weniger Aussicht auf Erfolg. Presse, die du nicht eingeladen hast oder die sich nicht vorab angekündigt hat, solltest du nicht umsonst reinlassen, das sind Schnorrer. Ich biete immer an, die Kosten für die Karte zu ersetzen, wenn mir eine Veröffentlichung zugeschickt wird, und für eine weitere Veröffentlichung sogar ein Buch oder eine CD zu verschenken. Ich habe noch nie eine Karte zurückzahlen müssen, auf jeder vierten Veranstaltung taucht jedoch so eine Gestalt auf. Die haben übrigens oft genug sogar Presseausweise oder so was ähnliches. Laß dich nicht reinlegen. Profis kündigen sich vorab an!

Bei der Pressearbeit Verständnis für die andere Seite aufbringen

Gute Pressearbeit, wie jede gute Arbeit, die zum Ziel hat, bei anderen Menschen etwas zu erreichen, tut gut daran, sich Gedanken darüber zu machen, wie diese Menschen leben und wahrnehmen.

In den Medienbetrieben geht es sehr oft sehr stressig zu. Zeitnot und Termindruck sind ganz entscheidende Konstanten redaktioneller Arbeit. Presseleute müssen tonnenweise Materialen sichten und täglich dutzende Male entscheiden, was in die Auswahl für die nächste Ausgabe kommt oder nicht. Die Mehrzahl der Materialien, die auf dem Tisch der Redaktionen landet, entspricht nicht den Erfordernissen, die Pressematerial aufweisen sollte. Wenn du das Pressematerial besser erstellst als deine Mitbewerber, dann hilft dir das, bei den Redaktionen erfolgreich zu sein.

Wenn du die Bedürfnisse der Redaktion und der Leser ihrer Zeitschrift gut kennst, kannst du sie zielgenau mit Materialien beliefern. Wenn du die Termine kennst, zu denen Pressemappen eintreffen sollten, um in Ruhe verarbeitet zu werden, kann das nur hilfreich sein. Wenn du weißt, welche Art der Datenaufbereitung (zum Beispiel lieber eine eMail als ein Textausdruck, lieber eine CD-ROM mit Fotos als Fotoabzüge) bevorzugt wird, dann kann es dir nur Pluspunkte einbringen, dieses Wissen auch kon-

sequent umzusetzen und den Menschen bei den Medien entgegenzukomm-
men.

Grundsätzlich kann es nur hilfreich sein, wenn du die Presseleute als
Partner wahrnimmst und nicht als Menschen, von denen du etwas fordern
willst oder die dir gefälligst was erledigen sollen.

Genauso kannst du dir Gedanken darüber machen, was die Leser eben dieser Presse gerne lesen würden. Das führt dann dazu, daß du einen Bericht
über deinen Rassehundevarieté nicht an die Zeitschrift für Kaninchen-
züchter schickst. Oder daß du einen mit Fremdwörtern gespickten Pressetext an eine Redaktion sendest, die eine Tageszeitung produziert. Diese
gehen nämlich an Jan und alle Mann und wenn auch Jan Fremdwörter versteht, alle Mann tun das nicht.

Ganz grundsätzlich würde ich empfehlen, die Presse nicht als dein
„Werkzeug" wahrzunehmen, das einzig dazu dient, dir zu mehr Öffentlichkeit zu verhelfen. Die Presse braucht dich nämlich nicht. Keiner verliert
dort seinen Job oder nur einen Euro Umsatz, wenn du nicht auftauchst.
Auf der anderen Seite: Natürlich braucht die Presse uns Kreative. Sie muß
und will ja auch über die schönen und erbaulichen oder rätselhaften Dinge
des Lebens berichten und nicht nur über Politik, Wirtschaft, Krieg und
Sport. Wir liefern den Stoff für das angenehme Intermezzo oder den für die
unangenehme Auseinandersetzung, zu dem die Politik kaum noch anregt.

Eines darf aber mal ganz klar festgestellt werden: Bis du berühmt bist, sitzt
die Presse am längeren Hebel. Sie verteilt die Bonbons. Du brauchst die
Medien, um bekannt und schließlich berühmt zu werden. Das ist nicht
besonders knifflig. Sei einfach nett und bemühe dich.

Langfristigkeit in der Pressearbeit

Es kann also durchaus vorkommen, daß du auf einen tollen Bericht in der
Zeitung keine Resonanz hast. Dennoch ist der Bericht wichtig – nämlich
wenn du am Ball bleibst. Du mußt versuchen, immer wieder in den

Zeitungen aufzutauchen. Steter Tropfen höhlt den Stein. Ein junger Mensch liest einen Bericht über dich und merkt sich deinen Namen. Zehn Jahre später hat er schon vier- oder zehnmal über dich gelesen und nun hat der Teenager sein Studium beendet und führt ein gutgehendes Unternehmen und bedarf deiner Leistungen. Eure geschäftliche Beziehung hat womöglich vor zehn Jahren begonnen.

Die Deutschen sind kein besonders innovatives Volk. Wir gewöhnen uns gerne erstmal von Ferne an etwas, bevor wir es näher an uns heranlassen. Es kann Jahre dauern, bis deine Präsenz in der Presse einen Menschen bewegt, dein Angebot nachzufragen.

Die Wirkung oder Effizienz deiner Pressearbeit läßt sich oft nicht kurzfristig beurteilen. Du mußt hier unbedingt durchhalten. Mit den Jahren wirst du auch immer erfahrener und kannst die Presse immer besser mit genau jenen Informationen beliefern, die sie und ihre Leserschaft braucht. Damit mehren sich die Chancen des Erfolgs durch Pressearbeit.

Authentizität und Ehrlichkeit

Versuche nicht, den Presseleuten ein A für ein B vorzumachen. Blase dich nicht unnötig auf. Gib nichts vor, was du nicht bist, was du nicht kannst. Lege dir keine Strategien zurecht, wie du die Presseleute um den Finger wickelst, ihnen was vormachst.

Früher oder später kommen sie dir auf die Schliche, und dann hast du statt eines Freundes einen bitterbösen Kritiker.

Nirgendwo im Leben ist es gut, sich stark zu zeigen, obwohl man ängstlich ist (na ja, vielleicht, wenn man im Wald einem Bären begegnet und die einzige Überlebenschance darin besteht, sich laut und groß zu machen). Es ist eine Illusion, zu denken, die Vorspiegelung falscher Tatsachen bringt dich weiter. Selbst wenn du als Lügenbaron weit kommst – du bist als solcher dann vielleicht ein reicher, aber du bist ein armer Wurm im Herzen. Geh lieber in die Politik, da gehört Falschspielerei zum Geschäft. Wer lügen oder vortäuschen muß, weil er meint, so besser durchzukommen, der verschenkt sein Leben. Nicht du selbst zu sein ist Verschwendung. Dich gibt es nur einmal und womöglich nur noch einige Jahrzehnte lang. Warum solltest du so tun, als wärst du jemand anderes?

Sei du. Sei ehrlich. Gib es zu, wenn du schüchtern bist. Gestehe es, wenn du unerfahren bist. Sei wahrhaftig, denn mit den Wahrhaftigen ist die Ewigkeit. Sei ehrlich, denn den Ehrlichen wird Vertrauen gegeben. Sei du und dir wird sich dein Gegenüber als Freund offenbaren. Meiner Erfahrung nach nehmen dich die Presseleute mit deiner Authentizität und Ehrlichkeit viel besser an, als zum Beispiel viele Fernsehprofis es tun. Das TV will Bilder, und über Bilder Ehrlichkeit zu vermitteln, ist weit schwieriger als über Worte. Augen lassen sich täuschen, Ohren schwerlich.

Leserbriefe

Rein zufällig habe ich die Erfahrung machen dürfen, daß Leserbriefe in lokalen wie überregionalen Medien mehr zu meiner Bekanntheit beziehungsweise zu meinem Image beitragen konnten als umfangreiche Zeitungsberichte. Oder sagen wir mal: Sie waren das Tüpfelchen auf dem i. Ich habe auf lokale Kulturpolitik mit bissigen Leserbriefen reagiert, die veröffentlicht wurden. Die Resonanz seitens meiner Mitbürger war dramatisch: Sehr vielen Menschen war ich plötzlich ein Begriff, denn meine Worte hatten ihr Gefallen oder ihren Widerspruch hervorgerufen.

Die Veröffentlichung von Leserbriefen in größeren Medien wird von Menschen, denen mein Name und meine Arbeit ein Begriff ist, stets aufmerksam verfolgt.

Treffend formulierte Leserbriefe beziehen meistens eindeutige Positionen zu den Themen deiner Wahl und bilden dein Image klarer heraus, als manch ein Artikel dies vermag.

Auch für Leserbriefe gilt, was für ich für die Erstellung von Pressetexten aufgeführt habe: Sende der Redaktion deinen Beitrag am besten in der Zeilenlänge, in der sie Leserbriefe veröffentlicht und auch in dem Umfang. Du hast also meist nur 2 bis 10 Sätze Platz, längere Leserbriefe gibt es selten. Hier kann man schön trainieren, mit wenigen Worten das Wesentliche zu sagen. Längere Leserbriefe muß die Redaktion rigoros kürzen, und da geht dann oft dein zentrales Anliegen verloren. Also: In der Kürze liegt die Würze. Eine prägnante Überschrift zu deinem Leserbrief hilft der Redakteurin ebenfalls weiter. Am besten, sie muß gar nichts umschreiben, solche Beiträge sind in den Redaktionen sehr beliebt!

Natürlich zeigt sich in einem Leserbrief deine Persönlichkeit. Das bringt dir meist auch Kritik oder Ablehnung ein. Wenn du es vorziehst, es allen recht zu machen, wäre ich sehr vorsichtig mit eigenen Beiträgen. Wenn du gerne Position beziehst, dann kann es nur hilfreich sein, wenn die Menschen wissen, wer du genau bist. Dann kommen wenigstens keine Gäste zu dir, die dich eigentlich gar nicht mögen.

Die Pressearbeit ist schiefgelaufen – Was tun?

Je besser deine Pressearbeit aussieht, desto höher ist die Chance, daß auch die Informationen im Artikel stehen, die stimmen. Trotzdem kommt es regelmäßig vor, daß in Artikeln Tatsachen verdreht werden oder einfach sprachlich sehr schlecht umgesetzt sind.

Ich würde an deiner Stelle darauf verzichten, hier Kritik an den zuständigen Autoren zu äußern. Wenn nicht massive Fehlinformationen, die dein Image beschädigen könnten, in dem Artikel enthalten sind, dann Augen zu und durch.

Häufig schreiben nicht erfahrene Redakteure die Kurzmeldungen und Artikel, sondern freie Mitarbeiter. Immer seltener werden die Beiträge der freien Mitarbeiter von den Redakteuren vor Drucklegung überprüft. Das ist ein Zeichen der Zeit, es ist überflüssig, gegen diese Windmühlen zu kämpfen, zumal es vermessen wäre.

Besser, du lobst einen Pressemenschen für seine Arbeit ganz besonders, dann gibt er sich beim nächsten Mal mehr Mühe, weil du ihm gefällst. Das ist schon ganz in Ordnung so, jeder macht Fehler. Verständnis haben bringt meist mehr als Kritik zu äußern. Wenn natürlich wichtige Daten völlig falsch wiedergegeben wurden, dann lohnt sich schon eine freundliche Notiz, aber bitte: Nicht im Ton vergreifen. Bedanke Dich für den Artikel

und weise darauf hin, daß sich ja leider ein oder mehrere Fehler einge-
schlichen haben. Je nach Charakter des Schreibers führt so eine Notiz zu:

- dem Wunsch, dir möglichst bald mit einem nächsten und besseren
  Artikel etwas Gutes zu tun
- zu gar keiner Reaktion
- zu einer Negativreaktion nach dem Motto: Was fällt dem frechen
  Künstler überhaupt ein, der soll froh sein, daß ich überhaupt über ihn
  schreibe?!

Beachte: Es macht schon einen Unterschied ob man einen erfahrenen Redakteur kritisiert, oder einen freien Mitarbeiter. Schlechte freie Mitarbeiter
gibt es nämlich reichlich, die Redaktionen suchen gute freie Mitarbeiter.
Dein Feedback kann helfen.

Auf der anderen Seite gibt es unter den freien Mitarbeitern und bei vielen
Redakteuren sehr sprachbegabte und engagierte Schreiber, mit deren
Einsatz ein Artikel über deine Arbeit an Glanz und Tiefe gewinnt. Viele dieser Leute bemühen sich sehr, für Künstler und Kreative etwas zu tun. Ich
habe durch meine Pressearbeit einige wirklich tolle Menschen kennengelernt, mit denen ich inzwischen in Freundschaft verbunden bin.

Die Gegendarstellung

Bei der Pressearbeit kann es geschehen, daß etwas über dich geschrieben
wird, was nicht nur ein wenig unrichtig ist, sondern dramatisch falsch.
Meinetwegen, daß du ein Jahr im Gefängnis warst, dabei hast du vor einem
Jahr eine Lesung in einem Gefängnis gegeben. In einem solchen Falle hast
du ein Anrecht auf eine Gegendarstellung.

Wenn der Fehler durch ein Versehen entstanden ist, wird sich keine
Redaktion ernsthaft dagegen sperren, eine Gegendarstellung oder einen
neuerlichen kleinen Artikel zu drucken, der dich wieder ins rechte Licht
rückt. Verliere aber nicht die Fassung. Suche das Gespräch mit dem zuständigen Redakteur und gib deine Bestürzung und Hilflosigkeit in Anbetracht
dieses redaktionellen Fehlers zu und bitte um Abhilfe. Erst, wenn der

Redakteur nicht hilfreich reagiert, solltest du schwerere Geschütze auffahren - Falschaussagen oder verzerrende Aussagen über dich berechtigen dich nach Landespresserecht zu einer Gegendarstellung.

Wenn die Negativschlagzeilen allerdings auf der Meinung der Redaktion beruhen, sie also genau das über dich schreiben wollten, was dir so quer kommt, dann wird es schwieriger. Du mußt dann schon Beweise anführen, daß der Artikel falsch ist. Akzeptiert die Redaktion diese Beweise nicht und beharrt auf ihrer Darstellung, dann bleibt dir nur der Weg zum Anwalt. Überleg dir vorher gut, ob die Angaben wirklich nicht stimmen, denn eine Klage gegen eine unangenehme, jedoch berechtigte Aussage wird dich nicht weit bringen!

Du mußt dir jedoch keine Sorge machen, daß die Presse dir etwas antut. Junge Kreative werden durchweg entweder gefördert oder ignoriert, manchmal wird ein wenig Unverständnis ob ihrer Visionen geäußert. Presseunternehmen, die für investigativen Journalismus stehen, bemühen sich um Prominente, nicht um uns. Die Zusammenarbeit mit den Printmedien birgt für Einsteiger keine erkennbaren Gefahren, die Presseleute sind wirklich als Freunde und Verbündete wahrzunehmen. Und sie freuen sich über Kreative, die ihnen verwertbare Informationen zukommen lassen.

Perfekte Presse und nichts passiert

Du kannst hochprofessionelle Pressearbeit machen, die schließlich in brillianten Berichten über deine Arbeit gipfelt, und dennoch gibt es null Resonanz seitens deines Zielpublikums.

Es gibt zahllose Fälle dieser Art: Bekannte Autoren werden von bekannten Rezensenten in bekannten Zeitschriften mit hoher Auflage hochgelobt und verkaufen doch kaum mehr als ein paar Bücher.

Die teuersten Kampagnen puschen die fettesten Hollywoodstreifen durch die Medien und an der Kinokasse floppen die Filme.

Auf einer Doppelseite wird in Farbe über dich berichtet und kein Mensch kauft dir was ab.

Es gibt so viele Gründe für solche Flops wie es Leser jener Zeitschrift gibt. Natürlich gibt es durchaus eine ganze Reihe möglicher Gründe, warum eine eigentlich erfolgreiche Pressearbeit nicht zum gewünschten Nachfrageeffekt geführt hat:

- Die Leser sind gar nicht an deiner Arbeit interessiert.
- Die Leser sind finanziell gar nicht in der Lage, dein Angebot zu nutzen.
- Die Leser sind grundsätzlich schon interessiert an Leistungen der Art, wie du sie anbietest, doch irgend etwas im Artikel hält sie davon ab, nachzufragen. Der Beitrag hat nicht den richtigen Ton getroffen.
- Der Zeitpunkt der Veröffentlichung hat nicht gepaßt: Eine Vernissage während des Weltmeisterschafts-Endspiels wird schlecht besucht sein und wenn die Zeitung drei Seiten über dich schreibt. Außer, deine Arbeit richtet sich an Menschen, die Fußballspiele verabscheuen …

Ich habe es selbst schon einige Male erlebt, daß sehr gute Presse zu keiner nennenswerten Resonanz geführt hat. Auf der anderen Seite durfte ich auch erfahren, wie einen Tag nach einem Artikel über mich ein Auftrag ins Haus flatterte, der mir ein Jahr der Existenz als Künstler sicherte. DAS ist das Tolle am Leben als Kreativer. ALLES kann passieren.

Schlechte Presse ist oft besser als gute Presse

Besonders für Rezensenten und Kritiker ist diese Feststellung stets eine Bedrohung ihres Selbst- und Weltbildes, doch es ist tatsächlich so: Schlechte Presse über Künstler führt oft zu mehr Aufmerksamkeit und Resonanz als gute Presse. Das gilt allerdings nur für Künstler, manche Literaten und manche Musiker. Ein Heilpraktiker oder ein Koch, über den schlecht geschrieben wird, das kann den finanziellen Ruin bedeuten.

Wird über einen Maler geschrieben, er sei ein Rüpel, habe Affären und schlechtes Geschäftsgebaren und sei zudem drogensüchtig, so kann das eine tolle Presse sein. Mir sind wenige Fälle bekannt, die ihre Depressionen, ihre Alkoholsucht, ihr miserables Benehmen als Bestandteil ihres Künstlerseins vermarkten. Auch können schlechte Rezensionen mehr Aufmerksamkeit schaffen als gute, ich habe es selbst mehrfach erlebt. Wenn dein Werk gut ist, die Kritik aber schlecht, so ruft das vermehrt all jene Menschen auf den

Plan, die Kenner und Förderer deiner Arbeit sind, und läßt sie aktiv werden. Auch machen Negativschlagzeilen bei den Menschen oft mehr Neugier. Es ist ja allgemein bekannt, daß sich schlechte Nachrichten bei weitem besser verkaufen lassen als gute.

Teil Zwei - Redaktionelle Zusammenarbeit

Eine zweite Form der Pressearbeit wird von großen Unternehmen und Konzernen meisterlich beherrscht: Es werden Informationen zu bestimmten Themenkreisen angeboten, manchmal schon in Form fertiger Artikel. Konzerne und Riesenfirmen manipulieren auf diesem Wege billig die öffentliche Meinung zu bestimmten Themen. So tauchen zum Beispiel im Gesundheitssektor alle paar Jahre Infowellen auf, in denen vor dem Verzehr irgendwelcher Biolebensmittel gewarnt wird. Quelle dieser Berichte sind stets Ärzte oder irgendwelche halbwegs renommierten Institute. Weit über 90% der populären Medien schlucken diese Informationen ohne nachzuforschen, wer die Quelle bezahlt hat. Die Ärzte sind oft gar nicht vom Fach, die Studien beherrschen nicht selten die Kunst der Statistik (trau keiner Statistik, die du nicht selbst gefälscht hast) und keiner wundert sich, daß Biomilch, Butter, Sonne und Olivenöl lebensgefährlich sein sollen, während sterile H-Milch, nahezu synthetische Margarine, Cremes mit Lichtblock 50 und der Sicherheit, daß die Haut kein Vitamin D mehr bilden kann, sowie modifizierte Stärke und andere Zusatzstoffe, die in jeder Junk-Food-Packung drinstecken, nie zu Medienresonanz führen. An Biofleisch sollen Kinder sterben können, aber daß sich Kuh, Schwein und Huhn in der normalen Mast von Antibiotika ernähren, deswegen gibt es keine Medienhysterie.

In Biolebensmitteln werden doch tatsächlich Spuren von Schadstoffen gefunden, das Medienland erzittert. Daß Greenpeace in Supermarktpaprika regelmäßig bis zu siebenfache Überschreitungen der eh schon viel zu hohen

Grenzwerte an Pflanzenschutzgiften findet und dann noch aufdeckt, daß die zuständigen Bundesprüfstellen hiervon wissen und doch nicht warnen, da gibt es keine Hysterie. Das ist perfekter (und natürlich perverser) Medienarbeit zu verdanken. Wir wollen natürlich nicht manipulieren und betrügen, wir haben auch gar nicht Mittel und Einfluß, um dies zu tun, doch die Frage stellt sich: Wie kann Pressearbeit funktionieren, daß so etwas geht?

Presse und Medien sind ständig auf der Suche nach neuen Inhalten und Informationen. Es ist absolut gang und gäbe, daß diese Informationen auch von Dritten geliefert werden. Ein erheblicher Prozentsatz aller veröffentlichten Informationen wird von großen Presseagenturen verteilt, und vom Stern bis zum örtlichen Tageblatt nehmen viele diese Information an.

Mit einigem Bemühen kannst du dich ebenfalls einbringen, nicht um zu manipulieren, sondern um zu informieren.
Wenn du zum Beispiel künstlerische bunte Glasfenster baust, dann wirst du mit den Jahren sicher enorm viel über Glaskunst lernen und erfahren. Dieses Wissen kannst du dann zum Beispiel einer Zeitung in der Form anbieten, daß du für sie einen Artikel oder eine Artikelserie über die Glasfenster in den örtlichen Kirchen schreibst.
Deine Person kommt in diesem Artikel gar nicht vor, außer in einem Satz zu Beginn: „Die bekannte Glaskünstlerin Dina Dana schreibt in dieser Serie über die schönen Glasfenster unserer drei alten Ortkirchen." Oder am Ende des Artikels steht einfach nur „Dina Dana, Glaskünstlerin aus Glashausen".

Was hat diese Art der Pressearbeit für einen Sinn?
Also erstmal macht es Spaß, Wissen zu teilen. Zum anderen wird ein Artikel über Glaskunst in alten Kirchen von Leuten gelesen, die sich durchaus für das Thema interessieren. Also Dina Danas Zielgruppe. Je besser und kompetenter oder unterhaltsamer der Artikel, desto eher werden sich die Leser an Dina erinnern. Und irgendwann kommt der eine oder andere der Leser auf die Idee, statt eines 08/15-Fensters ein Kunstwerk in sein neu zu reno-

vierendes Wohnzimmer einbauen zu lassen. Und er erinnert sich an den Artikel und an Dina Dana und der Auftrag kommt …

Wenn du Berichte für die Presse schreibst, dann wird dein Name mit den Inhalten dieser Artikel verbunden. Heilpraktiker schreiben über Gesundheitstips, Köche geben ihre tollen Rezepte weiter, Steinbildhauer schreiben einen Reisebericht über die riesigen Steinmenhire in der Bretagne, Künstler berichten über die Machenschaften im Kulturdezernat der Stadt. Als Autor von Kriminalromanen kannst du Berichte über berühmte Verbrechen aus dem letzten Jahrhundert schreiben, die in deinem Wohnort stattgefunden haben. Alles ist denkbar, der Inhalt der Artikel sollte nur auf irgendeine Weise mit deiner Arbeit zu tun haben. Der Werbeeffekt ist nur gut, wenn vom Leser ein Zusammenhang zwischen dem Artikel und deiner Profession hergestellt werden kann.

Diese Art der Pressearbeit gehst du im Grunde genau so an, wie die im ersten Teil beschriebene: Am Anfang steht der Kontakt zur Redaktion, der du die Idee vorstellst. Ein Gespräch mit einer zuständigen Redakteurin, der du deine Idee kurz schilderst. Das sollte aber in wenigen Sätzen geschehen, ellenlange Abhandlungen will die Frau nicht hören. Manche Redakteurinnen bevorzugen auch ein kurzes Exposé, also eine Kurzbeschreibung deines geplanten Beitrages, maximal zehn bis fünfzehn Zeilen lang.
Meine Empfehlung: Plaudere nie Details aus, sondern stelle einfach nur dein Konzept vor, kurz und solide. Sonst bedient sich womöglich jemand anderer der Idee, das kommt regelmäßig vor.
Bei Interesse sprichst du Umfang und Rahmenbedingungen ab (Wie viele Fotos, Stil des Berichtes, Buchempfehlungen und so weiter).
Wenn die Zeitung einen solchen Artikel veröffentlichen will, so sollte sie dir auch ein Honorar dafür zahlen. Das ist meistens nicht sehr viel, kann sich aber je nach Auflagenhöhe des Blattes durchaus auch schon mal lohnen. Es gibt Fachzeitschriften, die sehr hohe Honorare zahlen und andere, bei denen die Autoren Honorare zahlen würden, damit sie dort veröffentlichen dürfen. Wenn du im Zweifel bist, ob die Redaktion dich als billigen

Artikellieferanten mißbrauchen will, ruf ruhig mal ein paar Leute an, die zu anderen Themen sporadisch für die Zeitung schreiben. Wenn sie auch für lau arbeiten, dann hast du schlechte Karten. Wenn sie Geld bekommen, dann fordere auch du es für deinen Beitrag ein.

Laß dich nicht für dumm verkaufen. Wenn du in deinem Fachbereich umfassendes Know How besitzt, das Thema deines Angebotes griffig ist und für die Leserschaft des jeweiligen Blattes in Frage kommt, dann solltest du deine Leistung nicht verschenken. Sei nicht zu eitel. Ein Kreativer, der sich unter Preis verkauft, weil er einfach mal mit Namen auftauchen will, ist nichts wert. Du leistest dir damit auf Dauer einen Bärendienst.

Jeden Bericht nur einmal verkaufen

Wenn du ein Event veranstaltest, informierst du natürlich alle passenden Presseorgane. Wenn du allerdings einen Bericht über ein spezielles Thema verkaufst, dann solltest du das exklusiv tun. Einen Artikel für zwei Zeitschriften zu schreiben wird das berechtigte Aus für dich bedeuten, ganz besonders, wenn du für deinen Artikel bezahlt wurdest!

Rezensionen, Besprechungen und Kritiken

Auch diesen Bereich der Zusammenarbeit mit der Presse fasse ich unter den Begriff Pressearbeit: Dein Buch wird rezensiert, deine CD besprochen, zu deinem Konzert gibt es eine Kritik, über deinen Vortrag wird kritisch berichtet.

Wenn du Rezensionsmaterialien (Buch, CD, Video) verschickst, sei es regional oder überregional, so bringt das nur etwas, wenn du vorher zur Redaktion Kontakt aufnimmst. Meiner Erfahrung nach führt das blinde Versenden von 200-300 CDs an Presse und Radio zu 1-2 Reaktionen, wenn du Glück hast und die CD sehr gut ist. Wenn du vorher telefonierst, verschickst du vielleicht nur 50 CDs, doch es gibt 5 oder 15 Reaktionen in Form von Besprechungen.

Sollen Besprechungen unbedingt erfolgreich sein und viele Kaufnachfragen auslösen, gilt für sie das gleiche wie bei der klassischen Werbung: Am besten, dein Werk wird gleichzeitig in den hundert relevanten Zeitungen besprochen, du tauchst parallel dazu im Fernsehen auf, die Leser von Zeitungen finden Anzeigen zu deiner Arbeit, hören Informationen darüber im Radio oder bekommen sogar ein Direktmailing von dir ins Haus geschickt. Und dann muß dein Produkt noch in möglichst allen passenden Geschäften und Versandhäusern erhältlich sein.

Genau! Das geht doch gar nicht!

Deshalb gibt es Konzerne und Werbeagenturen und Agenten: Eine perfekte Koordination der verschiedenen Werbewege läßt sich von einer einzelnen Person, ja von kleinen Firmen gar nicht leisten. Doch im kleinen Rahmen können wir sehr wohl etwas tun, wie ich an anderer Stelle im Buch über die Koordination verschiedener Werbemaßnahmen beschrieben habe.

Grundsätzliches zum Thema Besprechungen:

- Erwarte keine zu gute Kritik. Die meisten Kritiker sehen nicht das in deinem Produkt, was du darin sehen kannst. Das liegt in der Natur der Dinge, ein Mensch kann in der Welt nur erkennen, was auch in ihm ist. Selbst wenn Rezensenten versuchen, eine gute oder neutrale Rezension zu schreiben, liegen sie manchmal Meilen daneben. Eine gute Rezension, die den Kern deines Werkes erfaßt hat und dann noch treffend formuliert ist, kommt schon vor, ist aber einem Geschenk vergleichbar.

- Um das Danebentreffen zu vermeiden, hilft es den Rezensenten sehr, wenn sie

   a) dich persönlich kennen und/oder mit dir über das Werk gesprochen haben.

   b) wenn deiner Sendung ein „Waschzettel" beiliegt. So nennt man Kurzinformationen mit den wichtigsten technischen Daten des Produktes (Umfang, Zeit, Preis, Bestellnummer, Bezugsquellen) sowie einer pointierten und nicht selbstherrlichen Inhaltsbeschreibung. Wenn du schon gute Kritiken in deinem Presseordner gesammelt hast, dann kopiere diese und lege sie der Sendung bei. Die Kollegen der rezensierenden Branche inspirieren sich gerne gegenseitig. Einige schreiben auch einfach nur ab. Je berühmter der Kritiker, desto mehr wird er als Inspiration von weniger bekannten Kollegen genutzt.

- Erwarte keine Reaktionen auf eine Kritik. Viele Kritiken sind ohne jede positive oder negative Wirkung im Marktgeschehen. Sie sind nur für die langfristige Imagebildung und für deinen Presseordner gut – beides ist aber sehr wichtig. Kritiker hören das nicht gerne, es ist aber oft so. Ganz selten werden durch Rezensionen auch große Nachfragen ausgelöst oder es kommt zu neuen Geschäftskontakten.
- Vergiß nicht, einer Redaktion, die deine Arbeit schon einmal besprochen hat, auch dein nächstes Werk ganz automatisch zukommen zu lassen.
- Vermeide es unbedingt, dein eigenes Werk im Pressetext zu sehr zu loben und verwende bitte nicht den Satz „das beste Buch/die beste CD, das/die ich/wir je gemacht haben". Diesen Satz schreiben wohl 95% aller Künstler in ihren Pressetext und er führt bei denen, die ihn drei oder dreißig Mal am Tag lesen müssen, zu ablehnenden Reaktionen. Besser sind Zitate aus anderen Rezensionen.
- Bleibe sachlich, fasse dich kurz.

Gute Rezensionen kann man kaufen

Weite Teile der Blätter- und Fernsehwelt leben von den Werbeanzeigen aus Handel, Gewerbe und Industrie. Die Medien wären ohne Werbung nicht überlebensfähig. Wenn angesehene Printmedien auf hohem Niveau arbeiten und veröffentlichen können, so liegt das zu einem guten Teil daran, daß die Einnahmen aus der Werbekasse stimmen und weniger an den Verkaufspreisen der Zeitschrift an der Ladentheke. Die Medienleute leben also direkt von den Werbeeinnahmen. Sie tun aber gerne so, als würden sie von ihrem lesenden Publikum leben. Daß dies nur bedingt stimmt, zeigen die wirtschaftlichen schwierigen Jahre, durch die Deutschland gerade geht: Die Werbeeinnahmen gehen zurück, und plötzlich werden Redakteure massenweise entlassen und, wenn sie Glück haben, als billigere freie Mitarbeiter wieder beschäftigt. Die Leser sind geblieben, der Preis der Zeitung auch, wo ist also das Gehalt hergekommen?

Trotz dieser Tatsache tun viele Pressemenschen, gerade in den großen Häusern so, als wäre sie etwas Besonderes und erhaben alleine durch ihre zahlreiche Leserschaft, geadelt durch ihr oft beeindruckendes Können, ihren öffentlichen Status oder ihre vermeintliche Macht.

Viele bekommen ihren Einfluß allein aufgrund von Werbeeinnahmen. Das ist eine ganz profane Realität, unabhängig davon, ob es sich tatsächlich um schreibende Genies handelt oder um Machtkrüppel.

Als Selbstverleger hat es mich in den frühen Jahren meiner Erfahrungen schon sehr ernüchtert, standardmäßig folgende Prozedur zu durchlaufen:

1. Ich verschicke ein Rezensionsexemplar an eine Zeitschrift.

2. Ich bekomme einen begeisterten Anruf, daß man mein Buch, meine CD besprechen wolle. Ob ich denn auch eine Anzeige schalten möchte, das biete sich doch an …

3. Ich habe in den ersten Jahren all mein Geld in neue Projekte investiert und antwortete: „Leider bin ich blank, ich kann mir keine Anzeigen leisten."

4. Darauf die Reaktion: „Na, dann rufen wir in einigen Monaten noch mal an, vielleicht klappt es ja auch beim nächsten Buch."

5. Keine Rezension …

Probehalber habe ich dann Rezensionsexemplare verschickt mit der Bitte um Mediadaten, da ich Anzeigen schalten wolle. Ich habe dann auch prompt stets eine Rezension erhalten. Meist bestand sie darin, daß mein Pressetext ab- oder umgeschrieben wurde.

Mit anderen Worten: Ich kann mir Rezensionsflächen kaufen. Keine Ahnung, ob das auch im Spiegel oder beim Stern geht, ich vermute nein, aber bei vielen Fachblättern mit 1.000er bis 100.000er Auflage ist dem sehr wohl so. Und über die Höhe meiner Anzeigenkosten kann ich sehr wohl die Größe der Rezension regulieren.

Ich finde das schade. Viele Zeitschriften sind nichts weiter als aufgeblasene Werbeblätter. Schau dir mal aufmerksam jegliche Zeitschrift durch, in denen Besprechungen enthalten sind, sehr oft findest du in der gleichen oder der nächsten oder vorigen Ausgabe Anzeigenschaltungen der Verlage oder

Plattenfirmen, von denen der Titel stammte. Gleiches gilt für das Vorstellen neuer Produkte, Ideen oder Projekte. Oft sind die Artikel mit Anzeigenschaltungen gekoppelt. Bei großen Konzernen fällt das nicht mal auf. Buchkonzern A hat viele Verlage und Label aufgekauft. Besprochen wird vielleicht der Verlag X, die Anzeige kommt von Konzern A für Verlag Y. Das Geld kommt aus einer Tasche ...

Ich habe drei Seller geschrieben, die sich fast oder ganz ohne Rezensionen im Markt etabliert haben, und das kann und sollte auch dich motivieren. Viele Künstler schaffen es. Es gibt immer Möglichkeiten, an den Medien und an den Konzernen vorbei leidliche Erfolge zu feiern. Hier und dort kommen sogar Weltbestseller aus Selbstverlagen. Sicher, einfacher ist es mit Hilfe der Presse, aber sie ist nicht der einzige Schlüssel zum Erfolg. Presse benötigt man dort unbedingt, wo ein Überschuß an einem Angebot besteht. Wenn du ein Event steigen läßt irgendwo draußen auf dem Lande, wo vor drei Jahren der letzte Fuchs die Straße überquerte, dann reicht gute Mundpropaganda und dir wird die Tür eingerannt.

Wenn du aber in Berlin arbeitest, dann machen wahrscheinlich jeden Abend zehn Leute genau das gleiche wie du. Dann kann die Macht der Medien dir helfen, wenigstens einige Menschen auf dich aufmerksam zu machen.

Wenn deine Pressearbeit perfekt oder dein Werbebudget unbegrenzt ist, kannst du auch nur mit Medienarbeit mehr Leute auf eine langweilige Veranstaltung locken als ein Künstler ohne Budget, der ein viel besseres Programm hat als du.

Wenn du also himmelhochjauchzende Besprechungen bekannter Künstler liest oder überhaupt irgendwas über irgendein Produkt oder eine Firma oder ein Event, dann steckt verdammt oft viel Geld dahinter, denn Medien finanzieren sich aus Werbung. Die öffentlich-rechtlichen weniger als die freien Medien, aber dennoch: Auch sie sind Bestandteil unseres Systems und zum Teil manipulierbar. Geld und Beziehungen wirken. Natürlich nicht immer, denn überall gibt es Ehrenhaftigkeit und Idealismus, aber doch ganz schön oft. Man muß gar nicht in die Topliga der Kreativen aufsteigen, um das mitzubekommen. Selbst dort, wo es eigentlich so gut wie nichts zu holen gibt, wird auf Deubel komm raus gekungelt.

Noch mehr Schnorrer

In den letzten Jahren tauchen immer mehr Rezensionsdienste im Internet auf. Diese betreiben mehr oder weniger umfangreiche Internetseiten, auf denen Bücher und CDs besprochen werden. Sie verkaufen dir bei Anforderung der Rezensionsexemplare ihre Seite als von vielen Redaktionen und Verlagen als Quelle genutzt, Beweise hierfür fehlen oft.

Einige dieser Gestalten kopieren einfach deinen Pressetext und stellen diesen online und verkaufen dann dein Buch oder deine CD über Ebay oder Amazon Marketplace zu ihren Gunsten. Fleißige Menschen dieser Gattung kommen auf viele tausend Euro Jahresumsatz durch diese Tätigkeit.

Die Guten dieser Branche können stets detailliert nachweisen, welche Redaktionen ihre Beiträge verwenden. Wenn ein solcher Nachweis erfolgt, kannst du auch Rezensionsexemplare verschicken. Ich empfehle einen Stempel ins Buch oder die CD „Rezensionsexemplar. Nur für Promotion, Verkauf untersagt."

Medienarbeit mit TV und Radio

Grundsätzlich läuft bei der Medienarbeit mit Radio und TV alles ähnlich ab, wie auch bei den Printmedien.

Deine „Presse"mappe darf ein Demovideo oder eine Demo-CD enthalten, das ist natürlich hilfreich, wenn es um Medien geht, die über Bilder oder Klänge kommunizieren. Doch ein Fernsehsender macht auch einen Bericht über dich, aufgrund eines Pressetextes und sehr aussagekräftiger Fotos. Wichtig ist und bleibt die Vision deines Beitrages: Wie interessant ist es für die Zuschauer des Senders, etwas über dich zu erfahren? Wie gut läßt sich dein Thema in einem Radiobeitrag unterbringen?

Einfache Ankündigungen im regionalen Veranstaltungskalender bekommst du bei Regionalsendern ähnlich einfach wie bei den Printmedien. Etwas schwieriger ist es schon mit den Regionalausgaben der dritten Programme: Im Fernsehen braucht es auch für Vorankündigungen bewegte Bilder.

Entweder du kannst sie liefern oder der Sender schickt ein Team, doch das ist natürlich weniger einfach, als den Besuch eines freien Mitarbeiters einer Zeitung zu bekommen.

Je vielversprechender und außergewöhnlicher dein Angebot und je ansprechender es sich in bewegten Bildern darstellen läßt, desto größer sind deine Chancen.

Wenn du nicht erfahren mit dem Medium Radio und TV bist, dann würde ich versuchen, keine Live-Interviews zu geben. Live gut rüberzukommen ist eine hohe Kunst. Im Radio fällt jeder Versprecher überdeutlich aus. Verstehst du eine Frage nicht und fragst ein- oder zweimal nach, so wirkt das ungünstig. Antwortest du in zu langen oder wirren Sätzen, so kann das ungünstig wirken. Denkst du ein wenig länger nach, so entsteht ein Pause, vor denen sich sowohl Radio- als auch Fernsehmacher tödlich fürchten.

Bei Sendungen, die nicht live übertragen werden, wird viel herumgeschnitten, und die Redaktion bemüht sich, aus dem Gesamtmaterial einen möglichst interessanten Mix zu erstellen.

Wenn Beiträge stark gekürzt werden, besteht immer die Gefahr, daß Inhalte und Sinnzusammenhänge falsch oder verzerrt wiedergegeben werden, deshalb ist es sehr wichtig, sich klar und deutlich auszudrücken. Ich habe selbst einmal an der Uni in Bielefeld Beiträge für das Regionalfernsehen mit erarbeitet und kann aufgrund dieser Erfahrung sagen, daß es für ein Filmteam sehr leicht ist, gefilmte und interviewte Aussagen mit Hilfe der Schnittkunst genauso wirken zu lassen, wie das Team es wünscht. Und das muß nicht der Wirklichkeit entsprechen. Nirgends ist es einfacher, Wirklichkeit manipuliert darzustellen, als im Fernsehen.

Über diese Warnung hinaus bin ich ein schlechter Berater in diesen Fragen, denn ich hege keine großen Sympathien für das Medium Fernsehen, es hat eine Geschwindigkeit und eine Wahrnehmungskultur, die ich leider nicht beliefern kann, ich bedaure das. Denn ohne Frage kann es hilfreich sein, um als Kreativer zu mehr Bekanntheit zu gelangen. Es schauen einfach sehr viele Menschen TV. Mit einem Beitrag in einem der größeren Sender erreichst du schnell einige Millionen Menschen, und auch die Beiträge auf Lokalsendern werden von vielen tausend Menschen wahrgenommen.

Mehr noch als bei den Printmedien helfen dir Empfehlungen oder Beziehungen ins Fernsehen. Das Fernsehen fährt auch noch viel mehr auf trendige Themen ab als die Printmedien. Ganz sicher helfen spektakuläre Bilder - wenn deine Arbeit Bildmaterial verspricht, hast du gute Chancen.

Auf der anderen Seite gibt es eine ganze Reihe von Kulturmagazinen, die sich Raum und Zeit nehmen, auch visuell wenig spektakuläre Kreative mit Berichten und Dokumentationen zu zeigen. Wie bei den Printmedien auch, so solltest du die Sendungen kennen, um deren Aufmerksamkeit du dich bemühst.

Solltest du die Chance haben, häufiger im TV oder im Radio live aufzutauchen, so lohnt es sich, einen Coach zu kontaktieren, der dich gezielt auf Fernsehauftritte vorbereitet. Oft sind das Schauspieler oder Schauspielausbilder, die über das nötige Know-how verfügen und dich in Sachen Körpersprache und Sprechtraining weiterbringen können.

Public Relations - Öffentlichkeitsarbeit

Tue Gutes und rede davon

Um das Kürzel PR gibt es reichlich Begriffsverwirrung in deutschen Landen. Jedes Fachbuch scheint mir da so seine eigene Meinung zur Definition der PR zu erheben und ich schließe mich dem gelassen an.

Öffentlichkeitsarbeit, mit dem englischen Ausdruck Public Relations, kurz PR, treffender formuliert, ist nicht zu verwechseln mit der Pressearbeit. Zu guter Public Relations gehört nach Möglichkeit oft auch die Pressearbeit und Pressearbeit ist auch fast immer PR, dennoch kann man auch PR machen, ohne daß Pressearbeit daran beteiligt ist.

Die Pressearbeit kann dazu dienen, auf eine Public Relations-Arbeit aufmerksam zu machen, deshalb gehen sie meistens Hand in Hand. Auch Werbung, Anzeigen, Mailings und eigentlich jedes Marketing können Bestandteil der PR sein.

Das englische Wort beschreibt es am besten: Es geht in der PR um die Beziehungen zur Öffentlichkeit (wie interessant, daß wir aus dieser freudvollen Tätigkeit im deutschen Denkgebrauch eine ÖffentlichkeitsARBEIT gemacht haben). PR ist also jegliche Tätigkeit, die dazu beiträgt, öffentliche Aufmerksamkeit auf dich zu lenken. Also kann auch das Verteilen eines Handflyers oder die Teilnahme an einer öffentlichen Diskussionsrunde, auch der Besuch einer Veranstaltung, auf der es um „Sehen und Gesehen werden" geht, als PR gelten.

Ich glaube, die Reichen und Mächtigen haben sich die PR bei den Künstlern der Welt abgeguckt. Kreative machen oft aus ihrem Selbstverständnis heraus Dinge, die nicht unbedingt und direkt etwas mit ihrem Beruf zu tun haben, die ihrem Ansehen in der Öffentlichkeit jedoch guttun.

Wenn Firmen sich für karitative Zwecke engagieren, dann sind das in der Regel PR-Maßnahmen. Sie wollen von ihren Kunden nicht als kalte, herzlose Firma wahrgenommen werden, sondern als ein lebendiges Etwas, das sich

Gedanken um den Lauf der Welt macht. Sie erhoffen sich, damit ihr Image zu verbessern und dadurch ihr Produkt oder ihre Dienstleistung besser dastehen zu lassen.

Sagen wir mal, du bist ein Kreativer, der Häuser verschönert. Da dir Häuser am Herzen liegen, was läge da näher, als für das neue Jugendheim in deiner Stadt zu spenden oder es sogar mitzugestalten - für umsonst natürlich?
Wie kann dieses Engagement zur PR werden?

- Während du am Jugendheim arbeitest, darfst du an der Straßenfront Plakate aufstellen, die auf dich und deinen Einsatz hinweisen.
- Das veränderte Gebäude wird auf ewig an dich erinnern.
  Auf dem Infomaterial oder der Webseite des Heims tauchst du als Sponsor auf.
- Jugendliche bauen, wenn sie erwachsen sind, Häuser. Vielleicht erinnert sich einer an deine Arbeit, deinen Einsatz.
- In deinem Werbematerial kannst du auf die Aktion hinweisen.
- Mit Hilfe von Pressearbeit kommt es zu einem Artikel über deinen Einsatz und viele tausend Menschen lesen von dir.

Viele Menschen und Firmen spenden Geld oder Leistungen und nie erfährt irgendwer irgendwas davon. Wir können davon ausgehen, daß es ihnen einzig um den guten Zweck geht. Das geschieht hunderttausendfach in unserem schönen Land.
Wenn eine Firma oder ein Einzelunternehmer jedoch mittels PR wie gerade gezeigt die Öffentlichkeit über sein Engagement informiert, so möchte er unter Umständen folgendes erreichen: Die Menschen sollen ihn als sozial engagiert wahrnehmen und nicht nur als Unternehmer. Er erhofft sich davon einen Sympathiebonus. Dieser Bonus kann sich auszahlen, wenn zum Beispiel ein potentieller Auftraggeber von zwei Hausgestaltern Angebote einholt. Bieten beide ein vergleichbares Preis-Leistungs-Verhältnis, so überlegt der Kunde, wem er den Auftrag gibt. Über beide Hausgestalter ist bekannt, daß sie zuverlässig und solide arbeiten, doch war von dem einen nicht vor einiger Zeit mal ein Bericht in der Zeitung, daß er sich sozial enga-

giert? Dann sollten wir vielleicht diesem Mann den Auftrag geben, denn der denkt über seinen eigenen Tellerrand hinaus ...

Es gibt Künstler, die veranstalten regelmäßig Partys bei sich im Atelier, ganz unabhängig davon, ob es gerade neue Kunstwerke zu bestaunen gibt oder nicht. Manch einer schafft es durch solche Parties, zu einem regelrechten Szenetreff zu werden.
Als Partylöwe im Bewußtsein der Menschen aufzutauchen ist gute PR für einen Künstler, der sinnliche, wilde, lustvolle Arbeiten macht. Es paßt zu ihm.
Wenn du Yogalehrerin bist, dann sind es nicht die wilden Parties, sondern vielleicht Meditationskonzerte in deinen Räumen. Die Menschen nehmen wahr, daß du nicht nur mit Yoga Geld verdienst, sondern auch junge Musiker einlädst und dich um die geistige Erbauung, um die Kulturszene deines Standortes bemühst. Einigen ist das egal, Hauptsache, du gibst guten Yogaunterricht. Viele Menschen aber suchen Nähe und Sinn, und für diese bist du interessant.
Wohlgemerkt, die Aktionen an sich sind noch keine PR. Erst wenn du das, was du da tust, auch mit der Öffentlichkeit kommunizierst, erst das wird als PR bezeichnet. Auf den Punkt bringt es der Satz: „Tue Gutes und rede darüber."

Kreativen Menschen ist es zu eigen, daß sie sich Gedanken über den Lauf der Welt machen und sie über benachteiligte Mitmenschen in Sorge sind. Viele Kreative engagieren sich in irgendeiner Form, ganz ohne jeden Hintergedanken der PR. Bei großen Firmen und Konzernen ist das fast immer Kalkül. Sie entlassen morgens 1.000 Menschen, um den Aktienkurs zu heben und abends treten sie als Sponsor von Kulturevents auf. Sie fördern den Sport für Jugendliche, damit diese ihre Turnschuhe kaufen. Die Turnschuhe aber lassen sie in rechtsfreien Zonen unter menschenunwürdigen Arbeitsbedingungen in Schwellenländern produzieren. Naomi Klein hat das in ihrem Werk „No Logo!" nur allzu deprimierend dokumentiert: Die Global Players verheizen Menschen und Natur in den armen Ländern der Welt und schmücken sich über Szene-Sponsoring, karitative Aktionen und imagebildende Werbung mit einem Äußeren, das nicht daran erinnert, daß die Firmenpolitik auf Blut und Geld beruht. Möbelfirmen und Hamburgerketten verkaufen Waren aus Kinderarbeit, Hightech-Konzerne bauen nebenbei Kraftwerke, auch wenn dafür an der Baustelle mal ein Dorf ausradiert wird. Tankstellenketten unterstützen Diktatoren, die Umweltschützer in ihren Ländern systematisch hinrichten lassen. Und die PR engagiert sich, mit tollen Aktionen zu zeigen, daß wir es mit doch ach so sozialen und menschenfreundlichen Firmen zu tun haben. Es funktioniert allerdings immer schlechter, denn immer mehr Menschen lassen sich nicht für dumm verkaufen und damit bin ich an dem Punkt, den wir oder kleine, ernsthaft bemühte Unternehmer diesen Giganten voraus haben: Wir können authentisch sein!

Du solltest dich nur engagieren und es die Menschen wissen lassen, wenn das auch deiner inneren Einstellung entspricht. Gutes tun, nur weil du möchtest, daß darüber berichtet wird, das kommt auf Dauer raus. Die Menschen merken das immer schneller, ob du nur Show machst oder ob du von Herzen spendabel bist.
Du mußt aber, wie schon im Beispiel des Partylöwen gezeigt, nicht unbedingt karitativ tätig werden. Es geht grundsätzlich um Tätigkeiten in der Öffentlichkeit, die nicht direkt mit deiner Profession in Verbindung stehen, die jedoch dazu führen, daß die Menschen dich (und damit am Ende immer auch deine Profession) in einem Kontext wahrnehmen, der nicht direkt mit Werbung oder Marketing oder Verkaufen zu tun hat. Natürlich sollte es sich um Tätigkeiten handeln, die dich in einem guten Licht erscheinen lassen.

Es gibt auch richtig miese PR. So wie beim Ölkonzern Shell vor einigen Jahren, als dieser die Ölplattform „Brent Spar" im Meer versenken wollte. Der Konzern gibt Millionen für PR und Werbung aus, aber als Greenpeace die Plattform besetzte, da war der Konzern zu dämlich, aus der unangenehmen Situation etwas zu machen. Sie bekämpften die Regenbogenkrieger bis aufs Blut und haben dadurch ein Imagetief verursacht, das seinesgleichen sucht.

Gute PR wäre es gewesen, beim ersten Anzeichen, daß der Greenpeaceeinsatz die Öffentlichkeit fasziniert, den Schritt nach vorne zu wagen und bekanntzugeben, daß gemeinsam mit der Umweltorganisation nach Wegen geforscht wird, diese alten Plattformen umweltfreundlich zu entsorgen.

Wow! Ich hätte bei Shell getankt, nach so einer coolen Reaktion. Ich finde Leute gut, die einsehen können, daß sie Fehler gemacht haben und die sich ums Aufräumen bemühen.

Aber nein, die haben sich stur gestellt. Miese PR. Keiner tankt bei einem Konzern, der sich so darstellt. Wie gut, daß die hochbezahlte Werbestrategen beschäftigen. Mit ein bißchen Verstand kann jeder von Greenpeace angegriffene Gigant billigste PR aus dem Angriff machen, er würde dadurch weit mehr Geld sparen als durch seine Umweltsauereien. Es gibt eine Menge Bücher darüber, wie man den Angriff seiner Kunden nutzt, um Kapital daraus zu schlagen. Aber in den Spitzen dieser Machtmaschinen sitzen keine Querdenker. Wenn die dürften, würden die auf Greenpeacer mit scharfer Munition schießen.

Für Kreative gibt es nur wenige Möglichkeiten, miese PR auszulösen. Wenn du Kindertheater veranstaltest und wegen Kindesmißbrauch vor Gericht stehst, das würde eine miese PR sein. Aber wenn du von Herzen arbeitest, authentisch bist und der Meinung, daß du dich gerne engagieren möchtest, weil es immer etwas zu tun gibt, dann laß es die Welt wissen. Informiere die Medien, schreibe es auf deine Infomaterialien, sprich mit den Menschen über deine Projekte. Tue Gutes und rede darüber oder laß andere darüber reden.

Noch ein nettes Beispiel:

Ich kannte einen Künstler, der tauchte regelmäßig in Szenekneipen auf, wenn er Bilder verkauft hatte. Er kam zur Kneipentür hinein und rief dem Wirt quer durch den Raum zu: „Eine Runde für alle, ich habe heute gut verkauft!" Der Mann war oft eine Woche später wieder pleite, aber er war wirklich sehr bekannt. Jeder in der Stadt wußte, der Typ ist ein Lebemann. Ich würde so etwas als gute PR bezeichnen. Ob es sein Ziel war oder nicht, er hat die Meinung vieler Menschen zu seiner Person positiv beeinflußt. Und das wirkte sich auf die Wahrnehmung seiner Arbeit aus.

PR ist einfach alles, was uns in die Wahrnehmung der Menschen rückt. Für uns dient PR dazu, von den Menschen auf komplexe, mehrdimensionale Weise wahrgenommen zu werden. Es geht nicht unbedingt darum, deinen Bekanntheitsgrad zu steigern, sondern deiner Bekanntheit zu vertiefen, ihr im Bewußtsein der Menschen eine neue Facette hinzuzufügen.

Kreative Menschen nehmen eher wahr, daß auf unserer Erde so einiges schiefläuft, als vielleicht der Durchschnittsmensch. Kreative Menschen stehen im Licht der Öffentlichkeit. Dieses Licht nicht nur zu nutzen, um selbst gut dazustehen, sondern auch, um auf Mißstände oder Möglichkeiten gegen diese anzugehen, hinzuweisen, finde ich nur logisch. Wenn nicht wir darauf hinweisen, wo es weh tut, wenn nicht wir Wege suchen, wie man den Schmerz lindern kann, wer dann? Wer dann?

Und wieder: Obacht

In den letzten Jahren konnte ich beobachten, daß die Anzahl an Veranstaltungen, bei denen Künstler ihre Arbeit für einen karitativen Zweck spendeten, sprunghaft zugenommen hat. Initiativen, Vereine und Institutionen fragen mit schöner Regelmäßigkeit an, ob man nicht Kunstwerke für Versteigerungen spenden möchte. Der Erlös hilft dem Veranstalter oder seinem mehr oder weniger karitativen Ziel.

Das geht mit Künstlern so gut, weil viele von ihnen wirklich eine soziale Ader haben und gerne spenden.

Doch achte darauf, daß eine solche Aktion auch mit PR für dich verbunden ist. Dein Name sollte in einem Katalog und/oder einer Zeitung auftauchen. Soviel Eigennutz muß sein, denn: Du kannst locker ein paar hundert deiner Arbeiten im Jahr für solche Zwecke spenden und danach bist du pleite und das Finanzamt wird dir auf die Pelle rücken. Mach nicht überall mit! Achte darauf, daß die Veranstalter deinen Einsatz auch ehren. Zuviel des Guten geht zwar nicht, aber es ist sinnvoller, auf zwei hochkarätigen Veranstaltungen zu spenden, als auf zehn billig gemachten.

Es macht Spaß, Gutes zu tun. Achte darauf, daß es auch bemerkt wird.

Die Zielgruppenfrage

In vielen Büchern zum Thema PR steht, daß die PR so ausgerichtet sein soll, daß sie deine Zielgruppe erreicht. Ich halte das für ziemlich überholt. Zum einen kommen klar umrissene Zielgruppen ja immer seltener vor, wie ich bereits weiter vorne im Buch beschrieben habe, zum anderen wird die öffentliche Meinung über dich nicht nur von denen bestimmt, die du zu deiner Zielgruppe zählst. Eine öffentliche Meinung wird von allen möglichen Menschen mitbeeinflußt, die in irgendeiner Weise mit den Menschen zu tun haben, die einmal deine Kunden werden könnten. Der spendable Künstler in der Kneipe, ist sein Zielpublikum eben dort in der Kneipe zu treffen? Nein, es kaufen Leute Bilder bei ihm, die nie ausgehen. Aber sie hören trotzdem von ihm und seiner verschwenderischen Art.

Der Hausverschönerer, sollte seine PR nur kreative Hausbesitzer erreichen? Nein! Vielleicht druckt der Hausverschönerer ja mal einen Flyer und braucht beim Drucker ein Zahlungsziel von sechzig statt vierzehn Tagen. Und der Drucker erinnert sich, daß da vor ihm ein sozial engagierter Kreativer steht und er hilft ihm.

Wenn du Gutes tust und deine PR auf ganz bestimmte Ziele richtest, dann bringst du dich um die wundervollen Erfahrungen einer dynamischen Welt, in der Gutes stets Gutes nach sich zieht.

Wenn du präzise zielst, dann verpaßt du das Leben. Denn das Leben ist nicht präzise, es evolutioniert sich durch Kreativität und die Bandbreite aller Möglichkeiten.

Ich verrate dir ein Geheimnis: Ich habe stets in Folge von beruflichen Großzügigkeiten, ob ich sie mit PR oder ohne umsetzte, etwas zurückbekommen. Ich habe auf den manchmal unglaublichsten Wegen gerade durch mein Engagement neue Kunden, neue Freunde, neue Kontakte und besonders neue Erfahrungen gewonnen. Absichtsloses Tun aus der Mitte deiner Selbst heraus führt grundsätzlich zu Resonanz. PR ist wichtig. Gutes tun aus reinem Kalkül und ohne innere Freude daran, ist Gift für das Ego. Wenn du Gutes tust aus Kalkül heraus, so ist das nicht sonderlich authentisch, außer du bist ein kühler Typ. Aber wer ist das schon? Wir haben doch alle ein Herz …

Werbemaßnahmen koordinieren und kombinieren

Werbung bringt dir mehr Erfolg, wenn du verschiedene Maßnahmen kombinierst und zeitlich koordinierst.

Ein Beispiel: Du veranstaltest ein Event

Werbemaßnahme Eins
Dank deiner guten Pressearbeit werden drei regionale Zeitungen eine Vorankündigung für dein Event veröffentlichen.

Werbemaßnahme Zwei
Du sendest ein Mailing an deine in der Adreßkartei befindlichen Kunden. In diesem Mailing weist du auf eben das Event hin, von dem die Vorankündigungen in den Zeitungen berichten.
Die Briefe sollten zeitgleich zum Erscheinen der Presseankündigungen bei deinen Kunden eingehen - plusminus ein bis drei Tage.

Werbemaßnahme Drei
Parallel zu den Zeitungsartikeln, also am besten am gleichen Tag oder nur sehr wenige Tage später, kannst du Plakate an den für dich relevanten Aushängestellen plazieren.

Werbemaßnahme Vier
Ebenso kannst du versuchen, über lokale Radiosender mit Veranstaltungsteil eine Ankündigung deines Events zu bekommen.

Zahlreiche weitere und andere Möglichkeiten in Kombination, Anzahl und Wirkgrad sind gegeben. Auf jeden Fall gilt hier wieder einmal: Je häufiger der potentielle Kunde deine Werbung in verschiedenen Medien wahrnimmt, desto größer ist die Chance, daß er dein Event auch besucht.

Achte in Zukunft einmal bewußt auf die Marketingkampagnen für große Hollywoodfilme. Wenn die Kampagne gut ist, dann ist die Werbung für den Film in Funk, Fernsehen, Kino, sämtlichen Printmedien (von Playboy bis Spiegel) und Internet zu sehen.

Künstler haben jedoch selten das Budget eines Hollywood-Blockbusters. Wir haben weder Zeit noch Geld für so umfassende Aktionen. Aus diesen beiden Gründen gilt es sich zu überlegen, welche Werbemaßnahmen am effektivsten sind und natürlich auch am effizientesten. Konzentriere dich auf zwei bis drei Maßnahmen, die du in Ruhe und mit Sorgfalt planen, vorbereiten und durchführen kannst. Koordiniere sie in ihrem Ablauf mitoder nacheinander.

Die Botschaft in allen Werbemaßnahmen sollte nicht variieren. Weniger ist mehr. Es geht darum, Werbung wiedererkennbar zu machen.

Beobachte Werbekampagnen in den Medien einmal genauer, du kannst viel davon lernen. Inzwischen koordinieren fast alle Unternehmen ihre Maßnahmen und bekommen so mehr Nachfrage von den Kunden.

Visitenkarten

Du solltest unbedingt immer Visitenkarten bei dir tragen. Eine Visitenkarte ist eine sehr einfache, günstige und effektive Art, Werbung für dich zu machen. Du kannst jedem Menschen deine Karte reichen, das gilt nicht als aufdringlich. Übergib die Karte mit ein paar begleitenden Worten über dich und deine Arbeit. Du wirst staunen, welche Wege Visitenkarten nehmen. Manch eine Karte kann dir einen Kunden noch nach Jahren zuführen.

Die Karte als Werbeträger

Auf einer Visitenkarte sollten folgende Informationen enthalten sein: dein Name, Anschrift, Telefon- und Faxnummer, deine eMail-Adresse und, solltest du eine Homepage haben, deren Internetadresse.

Darüber hinaus darf eine Visitenkarte noch zwei bis drei wichtige Informationen enthalten:

- Dein Logo
- Deinen Beruf
- Deinen Wahlspruch (Slogan)

Das Logo schafft eine bildliche Information. Diese prägt sich schneller ein als Worte! Ein Logo schafft einen Wiedererkennungseffekt, wenn es ein weiteres Mal, zum Beispiel in einer Einladung, auftaucht.

Deine Berufsbezeichnung macht dich erfolgreich. Was nützt einem Geschäftsmann nach vier Jahren eine Karte, auf der Fred Freska steht? Er sucht einen Restaurator für die Fresken seiner neu angemieteten Geschäftsräume. Also steht auf der Karte unter deinem Namen, was du anbietest: Fred Freska - Restaurator. Damit bist du über deine Karte immer zu identifizieren.

Fred Freska
Restaurator

Aber was für ein Restaurator bist du? Es gibt bestimmte einige Dutzend Spezialisierungen für Restauratoren. Ein Wahlspruch hilft.

Fred Freska
Restaurator

Ihr Spezialist für Freskenerneuerung

(nur als einfallsloses Beispiel)

Formate

Ich habe viel mit Visitenkarten in verschiedenen Formaten, Formen und Designs experimentiert. Inzwischen bin ich der Meinung, daß ausgefallene Formate nicht wirklich etwas bringen. Die Aufmerksamkeit der Menschen ist bei der Übergabe vielleicht erhöht. Doch wo soll die Karte dann landen? Sie paßt in keine Geldbörse, kein Karteikästchen, keine Visitenkarten-Mappe.
Aber in den Müllkorb.
Und da landen Un-Formate dann auch.
Denk dran: Im Direktmarketing ist nicht die Inszenierung deines Genies gefragt, sondern der Wunsch, es dem Kunden einfach zu machen, deine Botschaft zu erfassen! Visitenkarten sollten in handelstypische Ordnungssysteme passen. Zudem sind die Standardformate auch am billigsten zu produzieren.

Eine Alternative zur „normalen" Visitenkarte sind doppelseitige Karten oder Klapp-Visitenkarten. Sie sind im Standardformat, bieten aber eine Menge Werbefläche mehr.

Qualität und Preise

Visitenkarten gibt es in allen Preisklassen. Auf edelstem Papier gedruckt können sie schnell 50 bis 70 Cent pro Karte kosten. Es gibt auch zahlreiche

Druckereien, die bieten sehr gute Qualität zu günstigeren Preisen an. Auch Billiganbieter im Internet locken mit Angeboten von weit weniger als 10 Cent pro Karte. Die mögen dann nicht so edel aussehen, erfüllen aber ihren Zweck.

Die günstigste Variante: Die Visitenkarten mit dem Computer und einem Drucker selber herstellen. Im Bürofachhandel gibt es Druckbögen in den verschiedensten Qualitäten günstig zu kaufen. Gestalten kann man seine eigene Visitenkarte leicht mit Word.

Die Mund-Propaganda

Der Königsweg des Marketing

Ich bin ein totaler Fan der Mundpropaganda, sie kostet gar nichts, du mußt nur du sein und was zu bieten haben und eine Visitenkarte solltest du noch haben, das war es im Grunde.

Es gibt nicht zu wenige Künstler, die ohne jeden Werbeeuro Umsatzmillionäre wurden. Einfach, weil ihr Angebot die Menschen so überzeugt.

Mundpropaganda bedeutet, daß du es fertigbringst, daß anerkennend, empfehlend, lobend, positiv über dich geredet wird.

Warum ist Empfehlungsmarketing so gut?

Weil wir doch alle lieber etwas empfohlen bekommen, als selbst etwas Neues zu suchen, von dem wir noch gar nicht wissen, ob es etwas taugt. Gehst du zum Zahnarzt, den du in den gelben Seiten gefunden hast oder lieber zu dem, den dir deine Tante Martha empfohlen hat? Läßt du die Hauselektrik von einem Elektroinstallateur machen, von dem du eine Werbung gesehen hast oder von dem, den dir ein Freund empfiehlt? Gehst du einfach so ins Kino in irgendeinen Film oder eher in einen Film, den dir all deine Kollegen empfohlen haben?

Empfehlungen kommen in der Regel von Menschen, die wir irgendwie kennen, denen wir in einem gewissen bis sehr hohen Maße trauen. Empfehlungen kommen von Menschen, die Gutes bei der Person ihrer Empfehlung erfahren haben. Umsatzstarke Heilpraktikerpraxen laufen fast alle nach dem Empfehlungsprinzip. Einen Kassenarzt sucht man oft auf, weil er am Ort liegt, man muß ihn ja nicht direkt bezahlen. Einen Heilpraktiker bezahlt man selbst, also sucht man nur den auf, der die beste Leistung bietet. Eine gutgehende Heilpraktikerpraxis ist fast immer ein Garant dafür, daß der Heiler weiterempfohlen wird.

Wie wird man weiterempfohlen?

1. Durch zufriedene Kunden
2. Durch Menschen, die Positives von einem gehört haben, entweder von zufriedenen Kunden oder aus den Medien.
3. Durch Menschen, die einem begegnen, zu denen man mehr oder minder kurzen Kontakt hatte und die von diesem kurzen oder längeren Kontakt zwei Dinge mitnehmen: Eine Visitenkarte und eine Botschaft, die sich einprägt.

Zu Punkt Eins gibt es nicht viel zu sagen, zufriedene Kunden schaffst du durch all die im Buch beschriebenen Marketingmaßnahmen. Deine Öffentlichkeits- und Pressearbeit sorgt für die unter Punkt Zwei genannten Menschen. An die unter Punkt Drei heranzukommen ist ein richtiger Kitzel:
Du hast dir reichlich Visitenkarten zugelegt. Jetzt kannst du, wo immer du gehst und stehst und Menschen begegnest, diese Visitenkarte hinterlassen.
Stell dich freundlich vor, sag was du machst und das ist besonders wichtig: Formuliere eine Botschaft, einen Schlüsselsatz darüber, was deine Arbeit ausmacht. Es muß ein Slogan sein. Er muß kurz sein. Er muß leicht zu behalten sein. Er muß den Menschen etwas geben, was sie vielleicht einmal gut gebrauchen können.
Im Gegenzug darfst du ruhig nach dem Beruf deines Gegenübers fragen und danach, ob er auch eine Karte hat. Wer weiß, vielleicht brauchst du sie wirklich einmal oder ein Freund braucht so jemanden und aus drei Sätzen, die man miteinander wechselt, kann man oft schon erspüren, ob das Gegenüber Vertrauen verdienen könnte.
Warum, glaubst du, hinterläßt jeder Polizist oder Agent in jedem Krimi seine Visitenkarten bei Menschen, von denen er gerne etwas wissen möchte?
Die Visitenkarte ist ein energetischer Trick!
Sie wird irgendwann einmal aus der Brieftasche, der Hose oder Jacke genommen und noch einmal kurz betrachtet. Dabei taucht deine Botschaft oder zumindest deine Erscheinung im Geiste des Betrachters auf. Wenn beides gewirkt hat, dann wird er die Visitenkarte in einen Ordner oder eine Kartei legen und für den Fall der Fälle behalten.

Bist du nicht angekommen, fliegt sie in den Müll. Macht nix, sie hat nur ein paar Cent gekostet.

Je besser der Eindruck, desto besser die Merk- und Ablagewirkung.

Irgendwann gibt es einen netten Abend unter Nachbarn und das Gespräch kommt auf die Kunst. Die Nachbarn der Person, die du getroffen hast, suchen ein modernes Gemälde. „Ah!" sagt der Mensch, dem du die Karte einst gegeben hast, „ich habe da einen interessanten Künstler kennengelernt, er hat mir seine Karte mitgegeben. Vielleicht schaut ihr einfach mal bei ihm rein (oder auf seine Homepage)."

Ein großer Teil von Kaufentscheidungen wird aufgrund von Empfehlungen gefällt! Nutze diese Option. Visitenkarte und ein nettes Wort sind Zaubertricks!

Der Umgang mit Vermittlern

Galeristen, Verleger, Agenten, Talentsucher und andere Feinde?

Eine provokante Überschrift, nicht wahr? Kommt nicht von mir. Erschreckend viele Kreative, die mir in den letzten zehn Jahren begegnet sind, scheinen diese Einstellung zu haben. Sie schimpfen wie die Rohrspatzen über die Vermittler. Ihre Einstellungen gegenüber Galeristen, Verlegern, Plattenlabeln, Agenten und anderen zahlreichen Berufsgruppen ist nicht selten regelrecht feindselig. Das mag von einer einseitigen Sichtweise herrühren. Viele Kreative sind der Meinung, daß ein Verlag, eine Galerie oder ein Plattenlabel von den kreativen Leistungen lebt, die er als Schriftsteller, Künstler oder Musiker erbracht hat. Das ist jedoch nur zur Hälfte richtig. Denn sie leben vom Verkauf der kreativen Leistungen. Guter Verkauf ist ebenfalls eine kreative Leistung. Wenn das gute Verkaufen so einfach wäre, dann könnten es ja alle Künstler selbst machen. Doch dafür sind sich viele zu schade. Andere haben das Gefühl, Geschäftemachen sei niedere Arbeit, eines Kreativen nicht würdig.

Verkaufen ist ein harter Job. Ein Job, den man gelernt haben muß, sonst scheitert man allzu leicht. Ohne Verkäufe geht gar nichts.

Galeristen sorgen für Publikum und Käufer.

Lektoren sind die Torhüter zum Verlagsprodukt Buch.

Verleger geben viel Geld aus, weil sie gemeinsam mit dem Lektor an den Autor und seine Idee glauben. In mehr als fünfzig Prozent der Fälle haben sie an den falschen geglaubt, ihr Geld und ihre Arbeit rentieren sich nicht. Agenten, Talentsucher, Kulturmanager und viele weitere Berufe vermitteln dir Möglichkeiten, die es ohne sie nur unter enormem Aufwand oder gar nicht geben würde.

Vermittler stellen das Bindeglied einerseits zwischen dem Kreativen und auf der anderen Seite zwischen der Produktion, dem Vertrieb und schließ-lich dem Konsumenten dar. Ein Künstler, der sich nicht mit Vermittlern ein-lassen möchte, muß sich selbst um diese Faktoren kümmern.

Obwohl in den Worten Produktion, Vertrieb und Verkauf ja schon eine gehörige Portion Arbeit mitklingt (Arbeit, die bezahlt werden will) begeg-nen sehr viele junge Kreative diesen Menschen nicht mit einer gesunden Portion Achtsamkeit (die darf ja ruhig gelebt werden, es gibt in jeder Bran-che schwarze Schafe), sondern mit offener Ablehnung, ja mit Wut und Haß.

Diese emotional dilettantische Haltung kann drei Ursachen haben:
1.) Vermittelnde Berufe kassieren eine prozentuale Provision vom Umsatz, die mit den Werken eines Künstlers gemacht werden. Für die Höhe dieser Prozente fehlt vielen unerfahrenen Künstlern jedes Verständnis.

2.) Bisweilen schaffen es die besten Vermittler nicht, die Werke eines Künstlers in absehbarer Zeit an ein zahlendes Publikum zu veräußern. Die Hauptschuld hierfür schieben viele Kreative den Vermittlern zu.

3.) Dem Vermittler wird unterbewußt eine ungeheure Macht zugeschrie-ben. Er ist es, der über Gedeih und Verderb der Kunst und der Künstler ent-scheidet. Es ist ein Zeichen unserer guten Nachkriegserziehung, daß wir Personen mit großem Einfluß grundsätzlich mißtrauen. Wir wollen keine(n) Führer mehr! Dennoch verleihen wir Autoritätspersonen schnell eine Aura der Macht und des Führertums. Der Konflikt ist vorprogramm-miert.

Bitte verabschiede dich von etwaigen Vorstellungen, Vermittler seien mäch-tig. Über Geld und Kundschaft zu verfügen ist keine Macht, sondern das Resultat vieler Anstrengungen und Bemühungen. Macht hat nur der, der sein Herz kennt und es vermag, dem Weg zu folgen, den es gehen will. Einen Künstler berühmt machen zu können, ist das Resultat von solidem

Handwerk und Intuition, von Beziehungen und … von Arbeit.

Du entscheidest, ob du in Vermittlern Machtpersonen sehen willst oder bemühte Helfer auf deinem Weg zur kreativen Lebenserfüllung. Die letztere Haltung ist hilfreicher!

Warum es mit Vermittlern nicht klappt

Fast jeder Kreative bekommt Absagen, wenn er sich bei Galerien, Agenten, Verlagen und so fort mit seinem Werk bewirbt. Ja, es ist sogar so, daß über 95% aller Angebote von Kreativen abgelehnt werden. In großen Verlagen werden eher 99,99% aller Angebote abgelehnt.

Und das ist zum Großteil das Verdienst der Kreativen. Sie haben sich ihre Ablehnung redlich verdient. Ihre Angebote taugen, auf gutdeutsch gesagt, nichts für den Markt.

Ich bekomme regelmäßig von Kreativen böse eMails wegen dieser Aussagen. Sie nehmen meine Haltung als arrogant wahr. Die haben dann nicht genau gelesen. Es geht um Tauglichkeit für den Markt. Das beinhaltet keine persönliche Wertung. Kein Mensch kann Gut und Schlecht verbindlich beurteilen. Die Beurteilung von Gut und Schlecht folgt individuellen Geschmackskriterien. Objektivität in der Bewertung kreativer Leistungen existiert nicht im uns bekannten Universum.

Ein Mittler prüft kreative Angebote immer nach einem zentralen Prinzip: Kann ich, kann meine Firma diese kreative Leistung an die uns zugängliche Kundschaft verkaufen? Läßt sich diese Frage mit einem deutlichen Ja oder einem „Womöglich schon" beantworten, dann bekommst du keine Absage!

Wenn du eine Absage bekommst, dann immer aus einem Hauptgrund: Der von dir angesprochene Mittler ist der Meinung, er kann dein Angebot nicht an seine Kundschaft weitervermitteln. Immerhin haften Vermittler mit ihrer Existenz. Wenn ein Vermittler aus Liebe zu den netten Kreativlingen jeden ihm sympathischen Künstler unabhängig von der Chance, seine

Arbeit zu vermitteln, annimmt, dann ist er in absehbarer Zeit (in wenigen Monaten) pleite. Und Pleite hilft keinem!

Um es auf den Punkt zu bringen: Dein Angebot hat für diesen Vermittler nichts getaugt - dein Marketing hat versagt oder war gar nicht vorhanden. Ich fürchte, die Hälfte meiner Leser wird jetzt langsam wütend auf mich. Wer hört schon gerne, daß seine Erfolglosigkeit mit ihm selbst zu tun hat. Es ist doch viel praktischer, auf andere wütend zu sein, oder? Wenn man auf andere wütend ist, dann muß man nicht an sich arbeiten, dann haut man mit der Faust auf den Tisch oder mottet sich in seinem Elfenbeinturm ein und ist über den Undank der Welt deprimiert.

Tut mir echt leid, ich habe das auch alles hinter mir: Auf den Tisch hauen und Elfenbeinturmdepressionen. Und jetzt mal etwas erbauliches: Beides hat seine Berechtigung. Wie immer gibt es zwei Seiten … mindestens.

Erstmal machen Vermittler regelmäßig Fehler. Sie übersehen Angebote, die das Potential ungeheuren Erfolges in sich tragen. Oder sie schätzen ihre Kunden falsch ein und meinen, eine bestimmte Kreativleistung wie ein Buch, eine CD, eine Kunst will kein Mensch kaufen, dabei wollen es viele Menschen.
Hermann Hesse ist ein berühmtes Beispiel. Seine Manuskripte wollte einst kein Mensch verlegen. Nachdem Hesse jedoch die ersten Bestseller veröffentlichte, wurden auch Texte von ihm in Buchform gedruckt, die es vielleicht nicht unbedingt wert waren.
Viele heute berühmte Schriftsteller der Weltliteratur haben ihre Werke am Anfang selbst verlegt! Regelmäßig versichern Bestsellerautoren, daß 100 Verlage ihr Skript nicht drucken wollten und der 101te hat dann eine Million von diesen Bücher verkauft. Du kannst ebenso 100 Galerien abklappern, hundert Konzernen deine neue Erfindung anbieten und du bekommst nur Ablehnung …
… und bist fünf Jahre später berühmt und vermögend.

Meiner Einschätzung nach sind enorm viele engagierte junge Künstler der Meinung, sie seien ein begnadetes Genie und ihr Werk sei Unsummen wert. Wenn die Vermittler das nicht schon beim ersten Händedruck erkennen und um Zusammenarbeit flehend vor dem Künstler auf die Knie fallen, dann ist das junge Genie beleidigt und frustriert.

Doch kaum ein Mensch ist ein Genie. Also ist auch kaum ein Vermittler ein Genie. So kann es geschehen, daß ein einfacher Vermittler, weil er kein Genie ist, nicht mitbekommt, daß du ein Genie bist und keine Zusammenarbeit wünschst. Das ist der Normalfall.

Nimm es ihm nicht übel und suche weiter. Bitte ohne Gram und Wut. Sonst triffst du womöglich auf ein Verkaufsgenie und der findet dein Werk zwar toll, deinen frustrierten oder borniertes Charakter aber indiskutabel und schon hast du eine Chance verpaßt.

Was machen Vermittler?

Galeristen, Lektoren, Talentsucher, Agenten, Verleger und Dutzende wenn nicht über hundert weitere Berufsgruppen haben hauptsächlich einen Job: Sie versuchen, die kreativen Leistungen einer Person (des Kreativen) einer anderen Person (dem Konsumenten) nahezubringen und nutzen dazu in der Regel die Wege der Produktion, des Vertriebs, der Präsentation, des Marke-tings. Sie sind das Bindeglied von der Kunst zum Kunstkäufer oder zum Kunstverleger (wenn Agenten dir zum Beispiel einen Platten- oder Verlagsvertrag besorgen).

Diese Menschen sind für uns Kreative von immenser Bedeutung, denn

a) es ist oft recht schwierig, die Ware Kreativität zu verkaufen und

b) kreatives Arbeiten und Leben verträgt sich bisweilen überhaupt nicht mit der Tätigkeit des Werbens und Vermarktens.

Als Beispiel darf ich herhalten. Ich habe einen guten Teil der Vermarktung meiner Kreativität selbst in der Hand, doch das kostet Zeit. Dieses Buch zu recherchieren und zu schreiben kostet mich ungefähr 10-20% meiner Arbeitszeit, während ich 80-90% meiner Zeit damit verbringe, das Buch zu verkaufen!

In der Malerei ist das Verhältnis noch extremer zu Ungunsten der Kreativleistung. Durch einen oder zehn aktive Galeristen kann ich soviel Zeit sparen, daß ich dann über 65-80% kreativ an meiner Kunst arbeite und nur noch 20-35% für administrative Zwecke benötige. Die Zusammenarbeit mit Vermittlern lohnt sich also wirklich.

Was darf ein Vermittler kosten?

Der Bereich der Provisionen, Honorare, Lizenzen, Anteile und so fort ist komplex und so unüberschaubar, daß Beispiele für alle Branchen und Genres ein eigenes Buch ergäben.

Wenn es zu einer Zusammenarbeit zwischen dir und einem Vermittler kommt und du dir nicht darüber im klaren bist, ob die angebotenen Konditionen korrekt sind, dann hilft es

a) im Internet zu recherchieren, hier finden sich Infos zu allen Themen,

b) andere, erfahrene Künstler deines Fachbereichs zu fragen, welche Konditionen sie bekommen,

c) bei Fachverbänden anzufragen, wie so ein Handel aussehen darf,

d) in Fachbüchern speziell zu deinem Fachgebiet zu recherchieren,

e) sehr freundlich bei anderen Künstlern deines Vermittlers anfragen, ob diese Konditionen ihnen fair erscheinen,

f) bei wirklich großen Deals einen Fachanwalt zu konsultieren.

Nicht zu Rate ziehen würde ich Zahlen, die von der Gewerkschaft Ver.di herausgegeben werden. Ver.di hat zwar eine tolle und hilfreiche Internetseite für Künstler, die Honorarvorstellungen für Kreative scheinen nicht selten völlig an den Haaren herbeigezogen, nämlich viel zu hoch! Wenn ich Künstlern und Mitarbeitern des Verlages die Ver.di-Tarife zahlen müßte, wäre ich pleite. Ebenso geht es *Tausenden* anderen kleinen Vermittlern. Die Ver.di-Honorare sind Honorare für jene, die es geschafft haben. Für die meisten kreativen Einsteiger sind sie absolut illusorisch. Natürlich wäre es nett, den begehrtesten Beruf der Welt auszuüben und gleich wie ein besserer Angestellter bezahlt zu werden. Doch hohe Honorare und Tantiemen können nur von großen Vermittlern gezahlt werden. Laß dich nicht verwirren, wenn du solche Honorare einforderst, wie Ver.di empfiehlt, wird der Kreis möglicher Kunden für dich sehr klein sein. Wenn du solche Honorare bekommen kannst: Klasse! Aber das ist nicht die Regel. Wenn ich als Verleger zum Beispiel an Lektoren, Übersetzer und Graphiker die Honorare zahle, die Ver.di empfiehlt, muß ich von einem Buch 5.000 bis 10.000 Exemplare verkaufen. In einer Welt, in der sich das Durchschnittsbuch keine 2000mal verkauft, empfinde ich die Ver.di-Honorarvorstellungen als fahrlässig. Mit überzogenen Forderungen vergraulst du dir Kundschaft.

Professionelles Marketing ist ein beinharter Job, der sehr viel Kraft und übermäßig viel Zeit verbraucht, wie ich eben angedeutet habe. Wenn dir ein guter Vermittler 30 bis 80% der Arbeit abnimmt, ist er auch 20 bis 50% des Geldes wert, das deine Produkte erwirtschaften!
Ich möchte dein Bewußtsein für diese monetären Abwägungen noch mehr schärfen. Ich bin selbst Künstler und genieße das Privileg, auch Vermittler zu sein. Ich kenne beide Seiten. Für dich können die folgenden Rechenbeispiele ein Anhaltspunkt sein, was es dich kosten würde, langfristig professionell zu arbeiten. Wenn du natürlich eigene Ausstellungsräume hast, selbst layoutest, nur an Endkunden und nicht mit Rabatt an den Handel verkaufst, dann verbessern sich deine Marge und damit die Gewinnaussicht. Doch schärfen wir den Blick für die Kosten professioneller Vermittlung.

Eine Ausstellung.
Die Ladenmiete beläuft sich auf 1.500 Euro im Monat.
Ich drucke schöne Einladungskarten. 300 Euro.
Ich versende diese Einladungen per Post an 300 Kunden. Das sind mit Umschlägen und Porto rund 180 Euro.
Ich lasse einige Plakate in Kleinstauflage erstellen: 200 Euro.
Ich verschicke aufwendige Pressemappen. 100 Euro.
Ich richte die Vernissage mit Wein und Knabbereien aus: 150 Euro.
Die Galerie muß mehrere Tage die Woche besetzt sein, außerdem brauche ich für die Vernissage Hilfe im Ausschank. Personalkosten 600 Euro.
Das sind 3.030 Euro für deine Ausstellung über einen Monat.

Selbstverständlich investiere ich persönlich auch noch einige Zeit in dich, als Berater erhalte ich achtzig Euro die Stunde. Dem Künstler berechne ich: Zeit, in der ich als Berater und Künstler nicht selbst tätig sein kann? Zeit, in der ich also aufs Geldverdienen verzichte? Das lassen wir mal außen vor, ich liebe ja dein Werk und bringe mich für die Kultur ein.

Ich verlange von dir 50% vom Umsatz. Das heißt, wenn ich ein Bild für 1.000 Euro verkaufe, dann bekomme ich 500 Euro. Von diesen 500 Euro muß ich 7% Mehrwertsteuer abführen, 467,29 Euro bleiben also übrig.

Also muß ich für rund 6.500 bis 7.000 Euro Bilder von dir verkaufen, nur um nicht draufzulegen. Von einem unbekannten Künstler für 6.500 Euro Bilder zu verkaufen ist nicht sehr einfach. Wenn ich jetzt auch noch von meiner Tätigkeit als Galerist voll existieren wollte, dann müßten es eher 8.000-9.000 Euro oder mehr sein.

Vergessen habe ich noch: Die laufenden Betriebskosten (zum Beispiel Telefonate, Fahrten, Kosten für den Graphiker, der deine Einladung gestaltet hat, die Versicherung deiner Bilder und und und).
Du siehst, eine professionell organisierte Ausstellung in einer kleinen bis mittleren Galerie kostet ein kleines Vermögen. Viele Galeristen verfügen über alternative Einnahmequellen wie eine Werkstatt für Einrahmungen, einen Haupt- oder Nebenjob. Sie haben günstige Ladenmieten, entwerfen die Einladungen selber und so fort.

Aber dennoch: Es muß sehr viel verkauft werden, denn die Bilder eines Anfängers gehen in der Regel nicht für 3.000 Euro das Stück über den Tisch! Ich kenne Galeristen, die stellen viermal im Jahr berühmte Künstler aus. Sie fördern dann mit den Überschüssen aus den Verkäufen der etablierten Künstler die jungen Kreativen. Das tun sie, weil sie Idealisten sind!

40-50% Galerieanteil sind also völlig korrekt. Mehr als 50% ist selten und hier würde ich an deiner Stelle nicht zustimmen. Berühmte Kunstmacher sollen 60-70% bekommen. Aber diese Profis investieren unter Umständen auch einige 100.000 Euro in einen Künstler, bevor er seinen Durchbruch feiert!

Ein anderes Beispiel: Dieses Buch

Als Verleger biete ich meinen Autoren 7-10% vom Nettoladenpreis. Das klingt nach sehr wenig Geld. Aber rechnen wir mal: Dieses Buch kostet im Laden 18 Euro. Der Nettopreis liegt dann bei 16,82 Euro. Der Autor bekommt 10%, also 1,68 Euro pro verkauftem Buch.

Viele Menschen denken spontan: „Oh, dann bekommt der Verleger ja den Rest. So ein Gierhals!" Dann mal weiter:

Der Händler und Buchzwischenhändler bekommt den Titel mit durchschnittlich 47% Rabatt, also für 8,91 Euro.

Weitere Kosten:
- Die Verlagsauslieferung 13% von 8,91 = 7,75 Euro.
- Die Werbung 15% von 7,75 Euro = 6,59 Euro.
- Hiervon bekommt der Autor jetzt seine 1,68 Euro.
  Bleiben 4,91 Euro.

Hinzu kommen die Kosten für
- die Logistik (Büro, Auto, Lager, Gebühren, Arbeitszeit, Versenden von Rezensionsexemplaren)
- Korrektur durch einen freien Lektor
- Graphikerleistungen
- Druck des Werkes

Am Ende investiere ich in einen neuen Titel zwischen 5.000 und 14.000 Euro! Ich muß 500-2.000 Bücher verkaufen, um nicht Minus zu machen! Große Verlage müssen 3.000 bis 5.000 Bücher verkaufen, um in den grünen Bereich zu kommen!!!

Das heißt, der Verleger verdient erst nach 500 bis 5.000 Büchern Geld an dir. Er trägt also ein hohes Risiko. Die meisten Bücher, die in Deutschland veröffentlicht werden, schaffen es nicht, 2000mal verkauft zu werden!

Wenn dein Buch doch sehr erfolgreich läuft, dann hat der Verleger nach dem Überschreiten des „Brake Even Point" (wenn alle Kosten wieder eingespielt sind und nun Gewinn eingefahren wird) in etwa das gleiche Honorar wie du. Um ein Buch zu verkaufen, muß der Verleger kaum weniger seiner Lebenszeit investieren, wie du in das Buch investiert hast. (Diese Zahlen sind nur Richtwerte und können erheblich variieren).

In zahllosen anderen vermittelnden Berufen sieht es ähnlich aus. Zwischenhändler wie Agenten wollen dann auch noch mal mitverdienen. Puh, es ist schon ein Malheur, von 18 Euro an der Ladentheke als Künstler 1,67 Euro zu bekommen. Tröstlich mag da eines sein: Deine Arbeit sorgt direkt und indirekt dafür, daß Lektorat, Graphiker, Druckerei, Lieferservice, Auslieferer, Werbeabteilungen, Zeitschriften (die Werbungen drucken), Großbuchhandel und Buchhandel mitverdienen. Kreativität erhält Arbeitsplätze.

Nun scheint es dem ein oder anderen unverständlich, daß das Einkommen all der eben Genannten höher liegt als das Durchschnittseinkommen eines Autoren, das bei rund 14.000 Euro im Jahr 2003 lag. Das liegt einfach daran, daß die meisten dieser Leute einen Job tun, während wir einer Berufung folgen. Sehr viele Händler kümmern sich zudem um gutes Marketing. Die wenigstens arbeiten auch 8-10 Stunden am Tag, wie es ein Vermittler oder Händler tut. Und dann ist eines doch ganz klar: Kaum einer in der Verwertungskette hat die Chance, mit einem Big Deal eine halbe Million oder mehr zu verdienen. Du schon.

Als ich einer bekannten Möbeldesignerin erzählte, was so ein Autor bekommt, ist sie fast hintenüber gefallen. Sie rechnete mir vor, daß von einem Schlafzimmer, das du für 1.000 Euro kaufst und das sie entworfen hat, nur 15 bis 30 Euro bei ihr ankommen. Also nur 0,3 Prozent!

Marketing im Umgang mit Vermittlern

Wir haben gesehen, der Vermittler investiert womöglich eine ganze Menge Geld, Zeit und wenn es gut läuft auch Liebe, um etwas für uns zu tun. Geld, Zeit und Liebe hat der Vermittler aber nur in sehr begrenzter Menge. Also muß er genau überlegen, mit wem er zusammenarbeitet. Und er sucht sich Kreative, von denen er sich erhofft, daß er sie erfolgreich vermitteln kann. Denn Erfolg ist die Voraussetzung dafür, daß er und daß du weiter existieren können.

Ganzheitliches Marketing bedeutet in bezug auf Vermittler, daß du dir darüber Gedanken machst, wie dein Gegenüber denkt, was es braucht, wie es einen Vorteil aus deiner Arbeit beziehen kann.

Wie sollte das im Einzelfall aussehen?

Du guckst dir das Programm, das ein Vermittler führt (Verlag, Galerie, Label, Agent, …) genau an. Wenn dein Angebot dem Programm eines Vermittlers recht ähnlich ist, dann ist er ein möglicher Partner für dich. Diese Vorgehensweise ist nicht die Regel bei zahllosen Kreativen. Vermittler in allen denkbaren Branchen bekommen ständig haufenweise Angebote, die überhaupt nicht ihr Programm passen.
Wenn man das menschlich sieht: Der Vermittler bekommt Angebote von Kreativen, die nicht an ihn denken, sondern nur an sich. Wer will schon ein Geschäft mit jemandem machen, der nur an sich denkt, zumal sein Angebot ja nicht paßt.

Das ist die goldene Grundregel für den Umgang mit Vermittlern: Schau dir genau an, was sie anbieten. Ein Galerist, der alte Meister verkauft, kann mit deiner Mappe moderner Kunst nichts anfangen. Ein Label für Klassik nichts mit Rockmusik. Eine Agentur, die sich auf Sachbuchthemen spezialisiert hat, will deinen Roman sicher nicht vermitteln. Ein Verlag, der Fantasyromane veröffentlicht, kann mit Lyrik nichts anfangen. Ein Verlag, der nur die Topautoren der Lyrik druckt, verlegt keine Newcomer.

Je paßgenauer deine Offerte auf das Programm des Vermittlers abgestimmt ist, desto höher sind deine Erfolgschancen.

Im übrigen betrifft das auch die Qualität deiner Arbeit. Wenn ein Sachbuchverlag hochwertige Titel zu einem Themenkreis veröffentlicht, die stets einen Umfang von über 300 Seiten haben, dann brauchst du ihnen kein mittelmäßig recherchiertes Buch mit 100 Seiten Umfang anbieten.

Im Zweifelsfall nimm vorher telefonisch Kontakt zum Vermittler auf.

Kontaktaufnahme

Die Kontaktaufnahme sollte sich an den Bedürfnissen des Vermittlers orientieren, immerhin bekommt er jeden Tag Angebote. Je professioneller der Erstkontakt, desto besser deine Chancen.
Drei Beispiele:

1. Ein sehr großes Plattenlabel.
Die Post bringt pro Tag rund 50-400 Demo-CDs. Wie wählen wir heute die Demos aus, die wir anhören? Nach der Farbe der Briefmarke! Fünf Bänder von 50-400 werden angehört.
Das ist kein Phantasiebeispiel, sondern aus der Praxis!

2. Eine Galerie mittleren Ranges.
Pro Woche kommen fünf bis zehn Mappen von Künstlern per Post. Manchmal auch mehr. Jedes Jahr präsentiert die Galerie ein bis drei neue Künstler probeweise in einer Ausstellung.

3. Ein mittlerer Verlag.
Pro Woche kommen fünf, zehn, zwanzig Manuskripte.
Du glaubst, die werden alle ordentlich gecheckt?
Wer soll denn das tun? Ein Skript zu lesen dauert 1-3 Tage und kostet den Verleger damit 100 bis 500 Euro Personalkosten!?

Es bringt gar nichts, Skripte, Demos oder Bildermappen einfach so an Verlage, Label oder Galerien zu schicken. Du verplemperst in der Regel einen Haufen Geld damit. Es frustriert maßlos und du stiehlst den Vermittlern Zeit. Nur die Post freut sich über die Hunderttausende von Blindangeboten, die sie nutzlos transportiert. Die Chance, über ein Blindangebot entdeckt zu werden, liegt unter 1:250 und das nur für den Fall, daß dein Angebot dann auch Spitze aufgemacht ist und zum Programm des Mittlers paßt.

Ich sehe nur zwei Chancen: Das Telefon oder die Türklinke.
Ruf den Vermittler an, bevor du ihm etwas zuschickst. Oder geh direkt zu ihm hin, wenn es möglich ist (doch auch erst nach vorheriger Anmeldung). Persönlicher Kontakt ist nicht das A und O, aber mindestens das O.

Vor dem Kontakt

Du solltest dir vorher darüber im klaren sein, wie dein Angebot in ein bis drei Sätzen spannend klingen kann.
Wenn du einen Mittler am anderen Ende hast, frag ihn, ob für seine Firma ein Angebot mit deinem Thema von Interesse wäre.
Dann wird er dir sagen, ob er ein ganzes Skript wünscht, nur ein Exposé oder ein paar Textproben. Ob per eMail oder per Post.
Findet der Mittler dein telefonisches Angebot interessant, dann hast du den Fuß in der Tür! Jetzt heißt es schnell reagieren, am nächsten Tag, spätestens am übernächsten sollte der Mittler dein Angebot auf dem Tisch haben. Mit persönlicher Anrede unter Berufung auf euer Telefongespräch.

Wenn der Erstkontakt telefonisch oder per eMail geklappt hat und der Mittler lädt dich ein, eine Arbeitsprobe zu senden, dann personalisiere dein Anschreiben, in dem du den Mittler mit seinem Namen ansprichst und richte auch das Schreiben direkt an ihn (außer er nennt dir einen alternativen Namen)

Statt: Meine Hoffnung-Verlag
         Zukunftststraße 119
         88888 Glückshaus

kannst du dann an:

> Meine Hoffnung-Verlag
> z. Hd. Herrn Alfred Allesles
> Zukunftstraße 119
> 88888 Glückshaus

schreiben.

Statt anonym:

> *„Sehr geehrte Damen und Herren"*

kannst du

> *„Sehr geehrter Herr Allesles,*
> *bezugnehmend auf unser Telefonat vom Sonntag, den 14.März, 11.15 Uhr,*
> *sende ich Ihnen wie besprochen ein Exposé nebst Textprobe ...“*

Ob aus deinem Fuß in der Tür jetzt eine Tür wird, die sich öffnet, liegt an deinem Angebot. Es sollte den Vermittler innerhalb weniger Augenblicke bis Minuten ansprechen. Seine Begeisterung, wenigstens aber seine Neugier sollte geweckt werden.

Mit Plattenlabels sieht es ähnlich wie mit den Verlagen aus, wenngleich es manchmal schwieriger sein dürfte, jemanden an den Hörer zu bekommen, der die Auswahl trifft. Versuch es dennoch auf diesem Weg. *Verschick bloß keine Demos, wenn das nicht ausdrücklich gefordert wird.* Das Geld kannst du besser in eine eigene kleine Produktion investieren, mit der du auf Tour gehst.

Führt dich die Tour am Büro eines Plattenlabels vorbei, ruf doch mal an und lade die Leute ein. Biete ihnen Freikarten und Backstage-Ausweise. Schick ihnen Kopien von Zeitungsartikeln über deine Auftritte mit der Briefpost, die wird noch geöffnet.

Aber frage vorher telefonisch durch, wie genau die Person heißt, die die Vorauswahl trifft und bei großen Häusern: In welcher Abteilung diese Person sitzt.

Du willst dich bei einer Galerie bewerben?

Ein Vielzahl von Bewerbungsmappen, Skripts und Demos passen einfach nicht zum Programm des Hauses oder die Galerie nimmt gar keine neuen Künstler mehr an. Schick nicht einfach deine Mappe. So blamierst du dich nur und machst klar: Du bist ein Blindversender. Nimm vorher Kontakt auf!

Ein möglicher Ablauf für eine Bewerbung

- Definiere für dich, welchem Genre genau deine Arbeit angehört.

- Fasse die Botschaft deines Werkes in zwei bis fünf Sätze. Auf keinen Fall mehr!

- Finde heraus, was die Galerie, der Verlag, das Plattenlabel überhaupt für ein Programm hat. Warum sollte sich ein Pizzabudenbäcker als Küchenchef in einem Sterne-Hotel bewerben?

- Ruf die betreffende Firma an.

- Laß dich mit der zuständigen Person verbinden, die sich um Neukontakte kümmert.

- Notiere genau den Namen dieser Person. Solltest du ihn nicht genau verstehen, hake nach. Ich will ja auch keine Post für Daniel Liedner bekommen.

- Jetzt bist du dran: Sei doch mal freundlich und begeistert und gehe davon aus: Du bist der König. Der Freigeist. Du schöpfst aus der Mitte deines Seins. Dein Gegenüber ist ein Angestellter. Er macht mehr oder weniger begeistert, was sein Job ist. Also hast du alles Recht, etwas feuriger zu klingen als er oder sie! Du brauchst nicht cool sein. Cool sind Teenager, die Bammel vor Gefühlen haben. Sachlichkeit ist in Ordnung, aber tu bloß nicht so, als wärst du der Meister der Welt.

Wenn du deinen Gesprächspartner mit deiner Begeisterung, sei sie sachlich oder temperamentvoll vorgetragen, erreichen konntest, wird er sich am nächsten Tag oder später an das Telefonat erinnern.

Also hast du ein bis vier Tage, um dein Angebot vorzulegen. Möglich ist es auch, einen Termin für die Abgabe des Angebots abzusprechen.

Gratulation! Wenn du soweit bist, daß der Mensch am anderen Ende ein wenn auch noch so vages Interesse an deinem Vorschlag bekundet, dann bist du schon weiter als die meisten Mitbewerber. Jetzt sollte dein Angebot etwas hermachen.

Kontaktaufnahme per Fon oder eMail lohnt sich übrigens. Den Kosten von 200 bis 2.000 Euro für das Anfertigen und Versenden von 100 Blindmappen stehen 100 Telefonate mit Billigvorwahl gegenüber und das zielgenaue Versenden von schließlich noch 3-10 Mappen. Das spart Geld.

Warum ist ein Telefonat oder ein direkter Besuch noch so wichtig?
Weil am anderen Ende ein Mensch arbeitet und weil im Leben fast alles über persönliche Kontakte besser läuft. Wenn mir ein Mensch am Telefon sympathisch ist, dann öffne ich seine Post mit einem Gefühl des Interesses anstatt mit dem Routine-Gefühl, da schon wieder so eine Blindsendung zu bekommen.

Andere Künstler stellen sich direkt beim Vermittler vor. Das ist fast immer gut, denn dann bekommt man sehr häufig noch Tips - auch und trotz und wegen einer Absage. Denn wenn du ein netter freundlicher Mensch bist, dein Angebot liebevoll aufgemacht ist, dann tut es vielen Vermittlern leid, wenn sie nichts für dich tun können. Nutze ihre Sympathie. Frage nach:
„Was gefällt Ihnen nicht an meinem Angebot, ich möchte dazulernen!"
„Sie sind ein Profi, geben Sie mir einen Tip, wie ich meine Chancen Ihrer Meinung nach verbessere!"
„Sie haben Erfahrung, an wen könnte ich mich mit meiner Arbeit wenden?"

Oder oder oder ...

Der Weg zu einem Geschäftskontakt ist fast immer der Mensch. Du bist es und dein Gegenüber. Stimmt die Chemie, wird deine Arbeit mit anderen Augen begutachtet. Chemie aber kommt nur per Telefon und besser noch per persönlichem Kontakt zustande.

Die schwarzen Schafe der Zunft
Da ich nun über so viele Seiten für ein gegenseitiges Verständnis geworben habe, muß ich hier doch auch noch eine klare Warnung loswerden: Es gibt nicht wenige schwarze Schafe in den vermittelnden Zünften. Meiner Erfahrung und Beobachtung nach ist besonders die Musikbranche überdurchschnittlich hoch (im Vergleich zur Galeristenszene und weniger noch im Verlagsbereich) mit Halunken durchwirkt. Keine Ahnung warum. Vielleicht bestehen hier die besten Optionen, schnell viel Geld zu verdienen. So etwas zieht windige Gesellen an.

Ich bin auch schon häufiger auf Schurkereien reingefallen. Das passiert halt und meistens lag es daran, daß ich meinem Gefühl nicht getraut habe, wenn es mir sagte: An dem Vermittler ist irgend etwas nicht koscher. Dennoch würde ich aus schlechten Erfahrungen nie ein generell mißtrauisches Verhalten erwachsen lassen. Das verbaut Möglichkeiten. Vorsicht und Achtsamkeit sind zu empfehlen, Mißtrauen vergiftet die Welt. Davon haben wir schon genug.

Verträge und Vereinbarungen
Ich erachte es für sinnvoll, schriftliche Vereinbarungen und Verträge miteinander zu schließen. Ein Vertrag ist *kein* Zeichen des Mißtrauens. Der größte Fehlerfaktor in geschäftlichen Beziehungen ist immer die Kommunikation. Ich gebe meinen Partnern gegenüber freimütig zu: „Was ich heute verspreche, habe ich in einem halben Jahr ohne böse Absicht vergessen. Besser wir schreiben es auf."
Eine formlose Vereinbarung, die beide Geschäftspartner unterzeichnen,

sorgt im Zweifelsfalle dafür, daß Fehler in der Kommunikation („Was, ich bekomme nur 45%, wir hatten doch 50% ausgemacht?!" - „Wie? Das Konzert ist nächsten Samstag, wir hatten doch gesagt, nächsten Monat der erste Samstag!")

Hat dein zukünftiger Partner keinen Vertragsentwurf zur Hand, dann schreibst du alle wichtigen Punkte eurer mündlich besprochenen Vereinbarungen nieder. Sollte dein Gegenüber den Vertrag nicht unterzeichnen wollen, so bitte ihn einfach, Korrekturen vorzuschlagen.

Sollte dein zukünftiger Partner es verweigern, jeglichen Vertrag, ja noch nicht einmal eine Vereinbarung zu unterzeichnen, noch einen eigenen Entwurf einzubringen, dann hast du ein sicheres Indiz, daß diese Person nicht seriös ist! **Beende die Beziehung freundlich, bestimmt und schnell. UNBEDINGT.** Seriöse Profis schätzen Verträge und schriftliche Vereinbarungen. Sie klären für beide Seiten definitiv die Rechte und Pflichten innerhalb der Geschäftsbeziehung. So kann optimalerweise eine Partnerschaft entstehen.

Ein guter Vertrag muß selten mehr als ein, maximal zwei Seiten Umfang haben. Ein Vertrag kann dynamische Komponenten enthalten und neuen Erfordernissen angepaßt werden. Ein Profi verweigert niemals generell einen Vertrag, er wird nur darauf achten, daß er für ihn stimmig ist.

Sollte es um mehr als 10.000-20.000 Euro Umsatz gehen, dann besorge dir Musterverträge oder investiere in einen Anwalt, der einen Vertrag mit euch erstellt. Die Kosten teilen sich beide Seiten. Ein Anwalt sollte neutral sein und nicht der Firma ergeben, sonst legt er den Vertrag womöglich zu deinen Ungunsten an.

In Zeiten des Überflusses oder des Übermuts werden viele Vereinbarungen per Handschlag gemacht. Das ist ein edler Anfang, doch ein Blatt Papier mit mindestens den wenigen wichtigsten Fakten sollte folgen.
Wenn es nämlich am Ende finanziell eng wird, neigen Menschen dazu, die

Pflichten beim Partner zu sehen und die Rechte bei sich. Geht es plötzlich um viel mehr Geld, ist es Vermittlern wie Kreativen zuzutrauen, daß sie dann der Meinung sind, ihnen steht mehr zu. Ich habe da schon Stories gehört, dir würden die Ohren abfallen.

Ein übler Charakter kennt keine Gnade. Er betrügt dich rotzfrech und wähnt sich dabei meistens noch im Recht. Moral ist eine individuelle Eigenschaft.

Ich kenne keinen Fall von Betrug und Geschäftspleite, der sich nicht irgendwie diffus schon vorher angekündigt hat. Man neigt dazu, die Zeichen nicht wahrzunehmen. Selbstkritik ist auch hier angebracht. Die eigene Gier auf den großen Deal ist Mitverursacher vieler Desaster dieser Art.

Kreative nennen es gerne „Vertrauen", wenn sie ohne Vertrag arbeiten, aber meist sind sie einfach zu schlampig, einen Vertrag anzulegen oder auszuhandeln.

Seriöse Unternehmer arbeiten gerne mit Verträgen!

Wir brauchen Vermittler - aber nicht nur

Nochmals: Vermittler stellen oft das Bindeglied zwischen den Kunden, dir und deinem Werk her. Kunden sorgen dafür, daß du weitermachen kannst, denn sie geben Aufmerksamkeit und Geld für dich. Also sorgen Vermittler für dein Fortkommen als Kreativer.

Zudem halten dir Vermittler rein zeittechnisch den Rücken frei. Der Zeiteinsatz, um ein beliebiges Werk zu verkaufen, kann gewaltig sein. Oft ist er weit größer als der Zeiteinsatz, um das Werk zu erschaffen. Je weniger du selbst verkaufen mußt, desto mehr kannst du erschaffen oder die Füße hochlegen und Sekt oder Tee schlürfen.

Viele junge Kreative glauben, ohne Vermittler läuft nichts. Ihre mentale Ausrichtung ist fetischistisch auf Galeristen, Verleger, Musikproduzenten und andere Vermittler ausgerichtet.

Kommen die jungen Hoffnungsvollen nicht an diese Vermittler dran, werden sie nicht von einer Galerie, einem Verlag oder einer Plattenfirma unter Vertrag genommen, lassen sie ihre Karriere zugunsten eines „normalen" Berufes sausen.

Wenn der Ruf der Kunst in einem Menschen so schwächlich ist, daß er meint, unbedingt einen Führer, einen Ausbilder, einen Vermittler zu brauchen, um seine Kunst zu leben, dann fehlt ihm Berufung. Die Kraft und Liebe zur Kunst in ihm ist nicht groß genug oder sie ist nicht bereit, sich zu entfalten.

Wenn die Kunst in dir groß und mächtig ist, dann pfeift sie auf den Vermittler! Versteh mich nicht falsch: Natürlich schätzt gerade auch diese große und mächtige Gefühlswelt in dir die Hilfe der Vermittler. *Aber er ist eben nicht die Voraussetzung für die Kunst, sondern nur ein Hilfsmittel, ein Katalysator.*

Wenn die Bilder in dir überborden, brauchst du keine Kunstakademie, um Maler zu werden.

Wenn du tanzen mußt, nicht die Tanzschule.

Wenn du heilen willst, nicht das Medizinstudium und wenn du kochen willst, mußt du nicht unbedingt eine Lehre machen.

Also brauchst du für die Bilder auch keine Galerie, für deine Tanzkunst keine staatliche Bühne, für deine Heilkunst keine Klinik, für deine Kochkunst kein Restaurant, das dich beschäftigt.

Sehr viele Künstler vermarkten sich selbst und verzichten weitgehend auf Vermittler. Teils aus Überzeugung, teils, weil sie nicht die passenden Vermittler finden oder kein Vermittler das Werk des Kreativen so schätzt, daß er es seinen Kunden empfehlen möchte. Als Merksatz kann hier gelten:

Je mehr Selbstvermarktung, desto mehr Arbeit, die nicht direkt mit deiner Profession zu tun hat.

Das geht auch und es geht auch ganz gut. Wenn du mit den Grundlagen des Marketing vertrauter bist und bereit, an dir zu arbeiten, dann geht es besser. Die meisten Kreativen arbeiten mit einem Mix, zum Beispiel 75%

Umsatz durch Direktmarketing, 25% über Vermittler. Es kommt auf die Branche an. Ich kenne zum Beispiel einige Instrumentenbauer, die verkaufen ausschließlich an Endkunden und fahren damit gut.

Wenn du deine Vermarktung selbst in die Hand nehmen willst, dann mußt du realistisch davon ausgehen, daß du ungefähr 25-90 Prozent deiner Arbeitszeit mit Managementaufgaben verbringst!
Mindestens die Hälfte deiner Arbeitszeit (und damit meist auch Arbeitskraft) wird die totale Freiheit und Unabhängigkeit dich zu Beginn deiner Karriere kosten, wenn du erfolgreich sein möchtest. Mindestens!

Dieses Buch ist eine gute Hilfe, die Dinge in die Hand zu nehmen. Je mehr du über das Thema Vermarktung weißt, desto besser. Auch wenn du mit Vermittlern zusammenarbeitest.
Die Schwierigkeiten für Selbstvermarkter entspringen meistens ihrem Unwissen: Sie verbrauchen viel Zeit, Geld und Energie, weil sie gar nicht wissen, wie Vermarktung läuft. Das Buch kann hier helfen.

Ich finde es heilsam, wenn sich Kreative über einen gewissen Zeitraum selbst vermarkten. Es heilt das Unverständnis für die vermittelnden Berufe. Wenn du selbst diese Arbeit getan hast, weißt du deine möglichen Partner sehr zu schätzen. Und du kannst ihre Qualität oder ihr Unvermögen besser einschätzen.

Über Gedeih und Verderb der meisten jungen Kreativen entscheidet jedoch ihre Fähigkeit, *sich selbst* zu vermarkten. Du mußt dich auf *jeden Fall* selbst vermarkten. Entweder direkt an den Endkunden oder gegenüber den Vermittlern, die dich dann wiederum an die Endkunden vermarkten.
Ohne Selbstvermarktung wirst du es nicht schaffen! Ob du Vermittler brauchst oder nicht, hängt auch von der Branche ab, in der du arbeitest.
Verlaß dich darauf, daß du nach einigen Jahren im Umgang mit deiner Selbstvermarktung professioneller wirst, wenn du dich nur bemühst. Jeder fängt bei Null an, mit mehr oder weniger Talent zur Organisation, Selbstre-

flexion und der Freude am Geschäft. Ich war eine Niete auf dem Gebiet. Inzwischen habe ich weit mehr Know-how zum Thema Marketing als die meisten Firmen, die ich häufig in Feng Shui-Fragen berate (Feng Shui einzusetzen ist übrigens auch eine Marketing-Maßnahme).

Alles braucht seine Zeit. Sei geduldig. Wo es klappt, nutze die Hilfe von Vermittlern. Wo es nicht klappt, arbeite an dir und deiner Kunst, damit es klappt. Während du das tust, vermarkte dich selbst. Verbinde dein kreatives Schicksal nicht ausschließlich mit der Gunst der Vermittler.

Konkurrenz, Ängste und soziale Mathematik

Umdenken eröffnet neue Möglichkeiten

Zu einem guten Marketing gehört auch der Umgang mit deinen Kollegen, im Volksglauben auch gerne als „Konkurrenz" bezeichnet.

Konkurrenz ist ein historisch und kulturell gezogenes psychologisches Phänomen. Ein Phänomen, weil sogenanntes Konkurrenzdenken innerhalb unserer Kultur für weit mehr Schaden sorgt, als sie Nutzen bringt. Eigentlich bringt es gar keinen Nutzen. Es wird aus Angst und Sorgen geboren und diese beiden haben nur Sinn, wenn es um angreifende Bären oder ausbrechende Vulkane geht. Willst du von Kunst leben, helfen Angst und Sorgen nicht weit.

Konkurrenz kennt man von einem schon lange in Frage gestellten Sozialdarwinismus, der besagt, daß nur der Stärkste an den Futtertrog kommt. Wir wollen besser sein als unser Bruder, besser als unser Vater und besser als der Nachbar schon sowieso. Frauen wollen noch dazu besser sein als andere Frauen, sie haben es noch schwerer. Männer neigen dazu, Frauen zu unterschätzen und haben es dann oft auch schwerer. Nämlich dann, wenn die pfiffigen Damen links an ihnen vorbei ins Ziel ziehen.

Angst vor der Konkurrenz hat man, weil man Angst hat, nicht genug vom großen Kuchen abzubekommen. Wir, die wir in einem der reichsten Länder der Erde wohnen, wo die Armen nicht hungern und frieren müssen, wir haben besonders viel Angst, nicht genug vom Kuchen abzubekommen. Das liegt wohl auch daran, daß wir ständig auf größere Kuchen starren, als wir gerade selbst essen. Ein großer Kuchen schmeckt zwar nicht unbedingt besser als ein kleiner Kuchen, aber wir wollen den großen trotzdem für uns. Und große Kuchen machen dick. Dick zu sein ist ungesund. Ungesund ist schlechtes Marketing. Ergo ist Konkurrenzdenken schlechtes Marketing. Es darf geschmunzelt werden.

Aber wenn 100.000 Menschen Künstler sein wollen, so mag deine berechtigte Frage lauten, wie soll da genug für alle übrigbleiben?
Ich habe eine beruhigende Beobachtung gemacht: Künstler, die dem Leben vertrauen, werden immer genährt. Es mag magere und fette Jahre geben, doch sie leben. Menschen, die dem Leben zutrauen, daß es ihnen nicht feindlich gesonnen ist, sondern ein intimes Interesse daran hat, sie als Bestandteil der Evolution fortzuentwickeln, jene können nicht untergehen.

Ein kleine Geschichte dazu: Es fand in Australien mal ein spannendes Experiment statt. Man ließ einen volltrainierten Marathonläufer, einen bekannten Survivalexperten und einen alten Ureinwohner durch die australische Wildnis laufen, um ein Ziel zu erreichen.

Der Marathonläufer kapitulierte ob der widrigen Umstände (Hitze, Bodenbeschaffenheit, Verletzungen durch Dorne, was auch immer) innerhalb von 24 Stunden. Der Survivalexperte kämpfte sich unter dramatischen Bedingungen und unglaublichem Streß zum Ziel durch. Dort brach er dann mental und körperlich zusammen. Der alte Aborigine aber erreichte das Ziel in der gleichen Gemütsverfassung, wie er losgegangen war. Er schien von einem Spaziergang zu kommen.
Die alten Menschen seiner Kultur betrachten das Land nicht als Gegner, den es zu bezwingen gilt, sondern als Teil ihres Selbst. Sie laufen über ihr Land, ihre Geschichte, einen Teil ihres Körpers. Es schien dem Alten völlig fremd, Angst oder Hast zu empfinden. Wovor? Wozu?
In der australischen Natur geht es härter zu als in der deutschen Zivilisation. Wir aber hasten von Angst zu Angst. Wir sind ganz schön dämlich, wir Konkurrenten.

Tatsächlich ist nämlich genug für alle da. Nicht genug, damit alle Millionäre werden, aber das können und wollen ja auch nicht alle. Aber um satt zu werden, die Miete zu zahlen und sich schöne Bücher zu kaufen, dafür ist allemal genug da.

Das ist so sicher wie die Tatsache, daß es kein Welternährungsproblem gibt, sondern „nur" ein Verteilungsproblem.

Hast du schon mal gehungert? Mußtest du dich schon mal vor der Kälte oder Regen gefürchtet, weil du keine Bleibe hattest? Ich meine: zu Tode gefürchtet? Wenn dich jemand mit einer Axt bedroht und du dich mit dem Schwert wehrst, dann seid ihr Konkurrenten. Alles andere ist unrealistisch.

Es gibt Millionen Menschen, die Milliarden und Abermilliarden Euros, Dollar, Pfund, Yen und was auch immer ausgeben, so wie du es auch tust. Das Leben nährt uns in einem Kreis des Überflusses. Nur wer mehr essen will, als er verdauen kann, kommt auf so einsilbige Erfindungen wie „Künstler haben einen harten Konkurrenzkampf".

Konkurrenz hat nur der, der sie sich erfindet. Ich lerne mit jedem Jahr mehr und tiefer, daß meine vermeintlichen Konkurrenten meine wunderbarsten Lehrer sind. So wie ich für dich auch kein Konkurrent bin, weil ich dir mein Wissen weitergebe, so werde ich von dir lernen, wenn wir uns begegnen.

Ein paar Beispiele: Dein Kollege Michael Maler verkauft dreimal so viele Bilder wie du. Denkst du: „Der melkt den ganzen Markt, da kann ja nichts mehr für mich übrigbleiben!"

Malt er denn bei dir ab? Oder malst du das gleiche wie er? Wieso gehst du nicht auf seine Ausstellungen und schaust, was an seinen Bildern so toll ist, daß die Menschen so viele davon kaufen? Schau dir seine Einladungen an, seine Presse. Irgendwo liegt sein Geheimnis verborgen, warum die Menschen seine Bilder kaufen. Höre genau zu, wenn die Menschen über ihn reden. In ihren Worten liegen die Gründe für seinen Erfolg verborgen.

Und schau auch bei Künstlern rein, bei denen es nicht so gut läuft. Achte darauf, was dir bei ihnen nicht gefällt. Wie geben sie sich, wie vermarkten sie sich? Ganz oft machst du nämlich genau die gleichen Fehler. Es ist eine Kunst, sich in dem erkennen zu können, was man nicht mag.

Es gibt keine Konkurrenz, wenn du es mit dieser Einstellung angehst. Überall laufen nur Lehrer herum. Es ist ein offenes Geheimnis zahlreicher Kreativer, die es geschafft haben: Sie alle erzählen davon, wie sie die erfolgreichen Kollegen beobachtet haben und von ihnen lernten. Weltstars lernen so und sie geben es offen zu: Wenn du besser sein willst, schau wie es die bisher Besten geschafft haben.

Nimm Kontakt zu deiner Angst auf

Es gibt eine vortreffliche Methode, die Angst vor den anderen zu besiegen: Nimm Kontakt zu ihnen auf. Sprich die Leute an, die dir Angst machen. Angst, weil sie auf dem gleichen Territorium wie du eine ähnliche oder fast gleiche kreative Leistung anbieten. Vielleicht erwächst aus diesem Kontakt sogar eine fruchtbare Kooperation. Es gibt da einen schönen Merksatz: „Angst klopft an der Tür. Mut macht auf. Keiner da!"

Nutze deine Ängste. Schau genau hin, was dir Angst macht. Sich der Angst zu stellen, heißt dazuzulernen. Schließlich wirst du sehen, es lohnt sich, zur Angst hinzugehen und ihr die Hand zum Gruße zu bieten. So wird Mut geboren. Das ist gutes Marketing.

Mache es dir zur Angewohnheit, mit Menschen, die du auf irgendeine Weise fürchtest, ins Gespräch zu kommen. Benutze sie als deine Lehrer. Ich habe das früher mehrfach in der Disko geschafft, wenn mich Typen in eine Schlägerei verwickeln wollten: Ich habe sie einfach wie ein hilfsbedürftiger, freundlicher Mensch nach etwas sehr persönlichem gefragt. Die Kerle waren gleich immer ganz nett zu mir.

Mit Menschen, vor denen ich mich geschäftlich fürchte, mache ich es ähnlich: Ich sage guten Tag und schaue mal, ob ich nicht gemeinsam mit ihnen was auf die Beine stellen kann. Das macht Spaß. Jeder lernt da von jedem. Und wenn dein Gegenüber auf deine Offerte nicht oder gar ablehnend reagiert, dann ist das schade. Doch du wirst sehen, deine Angst ist weg und du weißt, der andere hat Angst vor dir. Damit lebt es sich besser, als selbst die Illusion Angst zu leben.

Rede nicht schlecht oder wertend über andere

Es fällt mir immer wieder unangenehm auf: Kreative aller Sparten neigen dazu, über Kollegen schlecht zu reden. Untereinander und mit ihren Kunden. Sie neigen dazu, über die Menschen, die ihre Kunst nicht wertschätzen, abfällig zu reden. Manche reden gar schlecht von den eigenen Kunden.
Unter „schlecht reden" verstehe ich auch, daß man sagt, dieser oder jener Künstler ist nicht gut, ist ein Amateur, guckt bei dem oder dem ab, macht das oder jenes falsch.

Ein echter Profi, ein integrer Mensch hat es nicht nötig, über andere Menschen in einer Art zu reden, die sie in Mißkredit bringen kann oder soll. Über andere schlecht zu reden, ihre Arbeit zu bemängeln, zeugt von mangelndem Selbstbewußtsein. Wenn du dir deiner Qualitäten bewußt bist, hast du es nicht nötig, über andere Menschen in irgendeiner Weise verzerrend zu reden.

Profis machen das, was sie für richtig halten und reden nicht über das, was sie bei anderen für falsch erachten! In diesem Sinne gibt es nicht allzuviele Profis. Dieter Bohlen ist zum Beispiel kein Profi. Ein beruflich so erfolgreicher Mensch, der ein ganzes Buch darüber schreibt, was er schlecht an anderen findet, ist menschlich gesehen ein echter Verlierer. Sehr schade, er könnte sich doch so über seine Qualitäten als Produzent freuen, doch tatsächlich dürften tiefe Zweifel an ihm nagen, was er wirklich wert ist, ich meine als Mensch.

Die Tatsache, daß fast alle Menschen zu üblem Tratsch neigen, täuscht nicht darüber hinweg, daß es eine ganze Menge Kunden gibt, die sich ein eigenes Urteil zutrauen. Sie sind nicht darauf angewiesen, deine Informationen über Dritte ins Ohr geträufelt zu bekommen. Ich bin wahrlich auch nicht frei davon, zu tratschen, natürlich nicht. Doch ich genieße die Übung, mich mit meinen Ängsten und Minderwertigkeitsgefühlen in der Mißgunst wiederzuerkennen und zu üben, diese überflüssigen Wesenszüge in mir zu überwinden. Das Ding ist nämlich folgendes: Wenn ich genau überlege, dann rede ich nur mies über Leute, die mir nicht in den Kram passen. Doch eine Grundlage des Erfolges heißt:

Beschäftige dich nicht mit Menschen, die dir nicht passen. Jeder Gedanke über einen Kollegen, dessen Werk oder Erfolg du mißachtest, ist ein verlorener Gedanke. Gedanken kosten Zeit und Kalorien. Siegertypen denken über jene nach, die sie bewundern, deren Vorbild sie nacheifern. Das ist eine viel bessere Investition.

Wenn du mies über andere berichtest, wird irgendwo irgendwann jemand mies über dich reden. Willst du das? Wohl kaum. Besinne dich lieber auf deine Qualitäten und arbeite an deinen Schwächen. Wer die Zeit hat, über andere schlecht zu reden, hat zuviel Zeit.

Die Schöpfung hat die Welt mit herrlicher Vielfalt angelegt. Die Komplexität dieser Schöpfung verstehen wir recht selten. Es ist ja schon die höchste Kunst, sich selbst zu verstehen. Wie soll man da noch die anderen 6.000 Millionen Menschen verstehen können? Wenn ich sie nicht verstehe, brauche ich auch nicht schlecht über sie reden. Sollten dir andere sehr gegen den Strich gehen, dann suche das offene Gespräch mit ihnen. Vielleicht lernst du, zu verstehen.

„Reden Sie gut über Ihre Konkurrenz, es könnte ihr schaden", ist der Titel (oder so ähnlich) eines Buches, das ich in einer Werbung sah. Wenn ein Kollege schlecht über dich redet und du redest gut über ihn, macht das einen integren Eindruck. Wenn ein Kunde bei zwei attraktiven Künstlern nicht weiß, wem er etwas abkaufen soll, dann wählt er den integren Künstler.

Wer will, daß schlecht über ihn geredet wird, rede schlecht über andere. Das ist der sichere Weg, sich Feinde zu machen und zu beweisen, daß man in der Tiefe nicht von sich selbst überzeugt ist.

Es ist schnurzegal, was andere machen! Zeige was du drauf hast. Rede gut über die Welt oder rede gar nicht über sie.

Eine weitere hervorragende Methode, Kontakt zu deiner Angst aufzunehmen, ist in einem kreativen und praktischen Modell enthalten, das meiner Erfahrung nach wunderbar funktioniert.

Das Nash-Prinzip

Ganz sicher erinnerst du dich an den Biologieunterricht in der Schule: Wir haben dort gelernt, daß sich in der Natur der Stärkere durchsetzt. Der starke Fuchs verscheucht den schwachen Fuchs. Und noch etwas gab es da zu lernen: Der Fuchs jagt den Hasen so lange, bis die Population der Hasen abnimmt. Fortan hat die Fuchspopulation nicht mehr genug zu essen und schrumpft. Daraufhin erholt sich die Hasenpopulation. Das führt zu mehr Nahrungsangebot für Füchse und die Fuchspopulation steigt wieder an. Fressen bis zum Exzeß und dann darben oder ein anderes Gebiet mit Angebot aufsuchen. Stark sein wie um jeden Preis oder man kriegt eins drauf.

Ich weiß nicht, ob das noch auf den Lehrplänen steht, aber es ist, wie so vieles in unseren Schulen, hoffnungslos veraltet. Beschämenderweise kam ein nicht unbeträchtlicher Anteil dieses alten „Wissens" aus der Beobachtung von Tieren in Wildgehegen!!! Yo, kein Witz!

In der Gegenwart gibt es Wissenschaftler, die nennen sich Systembiologen und die gehen raus in die Natur, manche leben jahrelang in der absoluten Wildnis, manche gar unter den Tieren.

Die Systembiologie hat herausgefunden, daß ein sehr zartes Geflecht von Beziehungen zwischen den Spezies und innerhalb einzelner Spezies besteht. Tatsächlich helfen sich bisweilen Stärkere und Schwächere! Und tatsächlich hat die „Fuchspopulation" ein Bewußtsein für die Ökosysteme, die sein Überleben sichern (hier die Hasen). Die Spezies betreiben eine Art Bestandspflege und fangen an, weniger zu essen, bevor die Population der Nahrungsquelle sich zu stark minimiert, und: Sie betreiben offenbar Geburtenkontrolle. Wenn das Futter knapp zu werden droht, dann setzen sie, bevor dies geschieht, weniger Nachwuchs in die Welt.

Das heißt nicht, daß erstgenannte Prinzipien in der Natur nicht vorkomm-men. Aber sie sind eben nicht das ausschließliche Prinzip. Es gibt For-schungen, die behaupten, das Prinzip von „Raubbau" und „Der Stärkere gewinnt" kommt nur dort vor, wo ein Ökosystem NICHT stabil ist oder wo eine Spezies unter außergewöhnlich starkem Streß steht.

Was hat das in einem Buch über das Leben als Künstler zu suchen, wirst du dich fragen.
Unsere Kultur und unsere Gesellschaft sind stark von dem Prinzip „Der Starke gewinnt" geprägt. Dieses Prinzip scheint jedoch falsch zu sein, so-bald man zyklisch oder in längeren Zeiträumen denkt. Die chinesischen Wissenschaften integrieren das zyklische Denken schon seit Jahrtausenden, und gerade im letzten Jahrhundert hat ein Mensch namens Nash mathema-tisch bewiesen, daß unsere Art des Denkens nicht wirklich zum Erfolg führt (mit Russel Crowe in „*A Beautiful Mind - Genie und Wahnsinn*" verfilmt).

Wirklicher Erfolg ist der Erfolg der Gruppe, der Gemeinde, des Staates, der Menschheit als Spezies, des Planeten als System. Wirklicher Erfolg setzt vor-aus, daß *es möglichst vielen Menschen möglichst gut und nicht nur einem sehr gut geht.* Wirklicher Erfolg heißt: Auch morgen noch geht es uns gut und nicht nur heute sehr gut. Auch den Afrikanern geht es gut und nicht nur uns Weißen. Nicht nur der Manager ist gut drauf, sondern auch seine Frau, seine Kinder, seine Angestellten, seine Kunden und seine Geschäftspartner.

Dieses Prinzip, das Nash mathematisch bewiesen hat (man kann es sich kaum vorstellen, wie so vieles, was die Mathematik schafft), ist in unserer Kultur noch nicht sonderlich bekannt: Wir denken linear. Wir denken erst an uns und dann an uns und schließlich immer noch an uns und dann viel-leicht daran, daß es andere gibt und wie sie uns was Gutes tun können.

Es gibt jedoch ein langfristig effektiveres System und das fordert immer eines: Wenn du etwas tust, achte darauf, daß es **sowohl** dir **als auch** der Gemeinschaft gut dabei geht. Wenn man mit Geschäftsleuten über dieses Prinzip redet, finden das alle gut und richtig. Sie sagen dann, „Ja, genauso denken wir." Doch wenn es darum geht, neue innovative Projekte zu initiieren, dann ist plötzlich kaum einer mehr bereit, den ersten Schritt zu wagen und denkt doch lieber nur an den eigenen Geldbeutel.

Die zentrale Frage des integralen Wirtschaftsdenkens ist: Wie kann ich mit meinem Wirken dafür sorgen, daß möglichst vielen Menschen oder mindestens einigen bestimmten ein Vorteil aus meinem Schaffen entsteht und dieser Vorteil wiederum dazu führt, daß ich mein Wirken erfolgreich fortführen kann?

Das „Wir" ist der Weg, um das „Ich" erfolgreich zu befriedigen.

Versuche bei deinen Projekten, darüber nachzusinnen, wie du anderen einen Vorteil aus deiner Arbeit verschaffst, so daß du wiederum einen Vorteil aus ihrem Vorteil erhältst. Dieser Vorteil für die anderen kann und sollte ruhig darin bestehen, daß du kurzfristig vielleicht weniger verdienst, langfristig kann es sich auszahlen. Der Traumzeit-Verlag ist auf diesem Prinzip aufgebaut. Ich habe mit fast allen Projekten versucht, anderen Menschen direkt und indirekt Vorteile zu verschaffen, und die Vision ist gut aufgegangen. Zwar verdiene ich erheblich weniger, als man es bei der Qualität der Angebote vermuten würde, aber dafür bin ich ja auch in der Lage, unabhängig und kreativ frei zu arbeiten. Nebenbei gibt es eine Menge Menschen, die sich darüber freuen, mit mir zusammenzuarbeiten beziehungsweise Bücher und CDs aus dem Verlag gekauft zu haben.

Für dieses Buch habe ich mir zum Beispiel überlegt, daß es ein Vorteil für dich wäre, möglichst viele Informationen für dein Geld zu bekommen. Während also die bisherigen Bücher irgendwo zwischen 100 und 200 Seiten pendeln, viele davon sehr raumgreifend layoutet, wollte ich dir für weniger Geld mehr Infos zukommen lassen. Weiter dachte ich mir, daß es aber fair ist, dir nicht nur die technischen Marketingtricks zu servieren, sondern auch eindringlich darauf hinzuweisen, daß Erfolg mit der Entwicklung der Persönlichkeit einhergehen sollte, um langfristig und besonders auch qualitativ zu wirken.

Die Idee dahinter ist einfach: Wenn du mit diesem Buch zufrieden bist,
- empfiehlst du es weiter
- kaufst du vielleicht auch mal ein anderes Buch von mir
- kannst du die Tips nutzen und als erfolgreicher Künstler die Welt, in der ich ja auch lebe, bereichern. Ich trage vielleicht ein Quentchen zu deinem Glück bei. Nur ein Sandkorn in der Düne deiner Geschichte, aber das ist doch schon was, oder?

Zusätzlich gebe ich dem Buchhandel überdurchschnittlich hohe Rabatte. Dadurch sinkt zwar mein Gewinn, aber der Buchhändler verkauft den Titel gerne, denn er verdient gut daran. Wenn er gerne verkauft, verkauft er mehr. Beiden ist gedient.

Es zahlt sich langfristig aus, bei Projekten Kreativität und Ressourcen aufzuwenden, um anderen Menschen Vorteile zu verschaffen!

Nicht selten kann es vorkommen, daß deine Umwelt dieses Denken und Handeln als gewiefte Geschäftstätigkeit wahrnimmt und eine „Falle" wittert. Angst ist der zweite Vorname unserer Wirtschaftskultur, gleich neben der Gier. Wenn du Projekte ohne Angst und Gier initiierst, können viele Menschen das nicht sogleich wahrnehmen. Mach dir nichts draus. Wenn dein Herz das Prinzip lebt, dann ist das schon guter Lohn. Langfristig wirst du integer überleben. Es hat noch nie geschadet, anderen Gutes zu tun.

Gemeinsam stark

Gruppen bringen dich weiter

Gerade am Anfang einer Künstlerkarriere, egal in welchem Fachbereich, ist es schwierig, Fuß zu fassen, Kontakte zu knüpfen, Events zu planen und so weiter. Eine wirklich tolle Option bieten dir hier Gruppen oder Gemeinschaften. Es gibt nahezu überall Menschen, die sich unter einem gewissen Thema als Gruppe oder Gemeinschaft zusammentun.

Gruppen und Gemeinschaften haben verschiedene Ausrichtungen oder alle Ausrichtungen zusammen. Zu einem geht es oft einfach nur darum, sich mit Gleichgesinnten zu treffen und gemütlich über Gott und die Welt und natürlich über den gemeinsamen Beruf zu plaudern. Dabei werden viele wichtige Informationen ausgetauscht. Das sind dann zum Beispiel Künstlerstammtische oder Literaten- oder Designerstammtische.

Dann gibt es Arbeitskreise oder Ateliergemeinschaften. Da trifft man sich dann, um gemeinsam zu arbeiten. Das kann entweder jeder für sich tun, oder alle arbeiten an einem Themenfeld oder sogar an einer konkreten Aufgabe. Das macht einfach sehr viel Freude und ist wirklich inspirierend.

Viele Gruppen nutzen die Vielfalt und die Arbeitskraft der Gruppe, um in der Öffentlichkeit aufzutreten: Events können einfacher durchgeführt werden, weil ja fünf oder fünfzehn Leute daran mitplanen und arbeiten und nicht nur einer alleine. Auch bekommt man gerade von offiziellen Stellen häufiger die Möglichkeit, sich zu präsentieren, wenn man als Gruppe auftritt. Die Pressearbeit ist einfacher, denn wenn ein Artikel gleich über zehn Kreative berichtet, so ist es leichter, Raum in der Zeitung zu bekommen, als wenn man alleine anrückt.
Zudem ist es für Besucher immer attraktiver, ein Event aufzusuchen, auf dem mehrere verschiedene Kreative sich präsentieren. Die Chance, daß

etwas dabei ist, was jedem gefällt, ist viel größer, wenn das Angebot breiter ist.

Wie finde ich eine Gruppe oder Gemeinschaft?

Es ist wirklich einfach, mit Gleichgesinnten zusammenzukommen, wenn du wirklich willst. Es gibt in jeder Ecke der Republik in fast jedem Fachbereich viele Kreative, die eine Gemeinschaft suchen.

Zum einen kannst du versuchen, zu bereits bestehenden Gruppen hinzuzustoßen. Wenn du aufmerksam die Tageszeitungen und Veranstaltungsblätter durchschaust oder in regionalen Monatsjournalen in den Kleinanzeigen suchst, dann findest du meist über kurz oder lang eine Gruppe. Du kannst auch einfach beim Rathaus oder den Kulturvereinen deiner Stadt oder Nachbarstädte anrufen und dich nach bestehenden Gruppen erkundigen, dort gibt man dir gerne Auskunft.

Wer angibt, keine Gruppe zu finden, dem glaube ich nicht! Wenn du nicht etwas recht Exotisches anbietest, dann sind im Umkreis von fünfzig Kilometern um deinen Wohnort immer Gruppen vorhanden. Künstler, die bei diesem Angebot alleine bleiben, verschulden das in der Regel selbst. Da gibt es kein Murren, es gibt ein Überangebot an Gruppen und Gemeinschaften.

Selbst eine Gruppe gründen

Sollte es keine Gruppe in deiner Nähe geben, dann gründest du selbst eine. Ich habe schon mehrfach durch eine oder zwei Kleinanzeigen in regionalen Magazinen wahre Telefonstürme entfacht. Die Kulturvereine oder Stadtverwaltungen hängen vielleicht auch ein Plakat für dich aus; wenn du schon einen oder zwei Partner hast, dann hilft dir die regionale Presse, wenn du ihr dein Projekt vorschlägst. Sie ruft dein Angebot aus! Wie ich schon geschrieben habe, die Regionalmedien sind meist die Freunde der Kreativen. Eine eigene Gruppe zu gründen, ist natürlich erst mal mit einer größeren Portion Mühe und Zeiteinsatz verbunden, als zu einer bestehenden Gemeinschaft hinzuzustoßen. Doch dafür kannst du dann auch festlegen, wie die Gruppe ausgerichtet sein soll.

Es gibt Kreativgruppen, wo einfach alle Kreativen mitmachen dürfen.

Es gibt Gruppen, wo es nur Maler sind oder nur Bildhauer.

Es gibt Gruppen, wo nur eine gewisse Stilrichtung zugelassen ist.

Es gibt Gruppen, die gemeinsame Ausstellungen suchen und Gruppen, die in verschiedenen Stilrichtungen zu einem Thema arbeiten und ausstellen.

Es gibt Gruppen mit Amateuren und Vollprofis, nur mit Amateuren und nur mit Profis.

Es gibt Gruppen, die sind sehr zielgerichtet aufs Geldverdienen aus (meistens Profis) und solche, wo es viele Hobbykreative gibt, die ihre Arbeit just for fun machen.

Wenn du wirklich eine Gruppe willst, dann springe über deinen eigenen Schatten. Suche Events auf, bei denen Kollegen auftreten, die dir gefallen, und sprich sie direkt an: „Hast du Lust, eine Gruppe oder eine Gemeinschaft mit der und der Ausrichtung zu gründen oder bei einer mitzumachen?"

Grundsätzlich kann ich dir nur empfehlen, Gruppen mit Menschen zu bilden, die beruflich ähnlich ausgerichtet sind, wie du es bist. Wenn du als einziger Vollprofi mit einer Gruppe von Hobbykreativen arbeitest, so kann dich das mehr Kraft kosten, als es deinem Erfolgsweg zuarbeitet. Eine schlagkräftige, motivierte und arbeitswillige Gemeinschaft kann sehr effektiv sein. Ich habe Ateliergemeinschaften mit einigen Dutzend Mitgliedern erlebt, die haben riesige Häuser gemietet und Events mit mehreren tausend Besuchern veranstaltet.

Finde Menschen, die deine Motivation teilen, und ihr könntet euch in guten wie in schlechten Zeiten beistehen und vieles auf die Beine stellen, was dir alleine nie gelingen würde.

Niederlagen sind nicht wirklich

... und Kritik macht glücklich

Ein echtes Problem unserer Zeit ist eine furchtbare, tiefsitzende und völlig irrationale Angst vor Kritik und dem Nichterreichen gesetzter Ziele, auch oft Niederlage genannt. Dabei ist es nicht das Übelste, was einem passieren kann, wenn man Kritik bekommt oder ein gesetztes Ziel nicht erreicht. Denn sowohl Kritik als auch vermeintliche Niederlagen erzählen uns sehr viel über unsere Arbeit und uns selbst.

Das Streben nach Vervollkommnung ist ein edles Ziel. Vollkommenheit aber drückt sich *nicht* in der Abwesenheit von Entwicklungen aus, die einen nachvollziehbaren Effekt erzielen. Die Evolution bringt neue Spezies nur hervor, weil sie sich zigmillionen Entwicklungen gönnt, die langfristig nicht bestehen. Beides bedingt einander. Erfolge sind das Resultat von zahllosen Wegen und Entwicklungen, die nicht in direkter Verbindung mit dem Erfolg stehen.

Aber uns wurde zu Hause und besonders in der Schule beigebracht: Gesetzte Ziele nicht zu erreichen ist ein Fehler. Fehler sind falsch. Und richtig ist das, was alle gut finden. Richtig ist, was ein Vorgesetzter (Eltern, Lehrer, Offizier, Professor, Ausbilder, Staat, Medien) gut findet.
Wer hat diese Regeln denn aufgestellt? Wenn dir irgendwer vorschreibt, es sei Sünde, Wege zu gehen, die nicht zum Erfolg führen und Sachen auszuprobieren, die weder Ruhm noch Ehre noch Geld einbringen, ist das hilfreich? Es gibt keine dezidierte Kulturkritik für so was. Solche Regeln wurden gebaut, um unsere Lebenslust und Kreativität einzudämmen und für Ziele anderer nutzbar zu machen.

Fehler machen! Das ist nicht die wahre Natur des Universums. Es gibt kein Richtig und kein Falsch. Das sind Erfindungen der Menschheit, vorangetrieben auch durch die Institution Kirche und schließlich durch die Wirtschaft: Was falsch ist, ist Sünde. Was keinen wirtschaftlichen Erfolg nach sich zieht, ist wohl falsch gelaufen. Wer sündigt, wird aus dem Paradies verstoßen. Wer nicht rentabel arbeitet, wird wegrationalisiert. Das mag ja für eine Firma mit Angestellten wichtig sein, aber für den einzelnen Menschen? Was für ein jämmerlicher Schabernack, von dem wir uns da geißeln lassen.

Ich meine, du kannst keine Fehler machen. Der Weg, den du gehst, ist einmalig, wunderbar und inspiriert vom göttlichen Funken (oder, wer es lieber mag: vom Urknall). Du hast eine Vision und vielleicht wird sich in einigen Monaten oder Jahren zeigen: Das war nichts mit der Vision.
Das ist doch nicht schlecht oder falsch. Du kannst doch nur sein, was du bist. Wenn du ein sanftmütiger, zögerlicher Mensch bist, dann kannst du mit viel Ehrgeiz und Übung lernen, über deinen Schatten zu springen und auch mal forsch aufzutreten und laut zu werden. Aber du wirst doch kein Spitzenverkäufer.
Unsere Welt ist voller sanftherziger Menschen, die sich den Krieger übergestülpt haben. Im harten Business und der Politik wimmelt es von Kerlen, die tagsüber hart auftreten, aber abends noch zur Domina gehen, um ein wenig rumwimmern zu dürfen. Es ist nicht falsch, was sie tun, aber es trägt nicht zur Entwicklung der eigenen Persönlichkeit bei, wenn man sich in eine Rolle trainiert, die nicht dem eigenen Wesen entspricht.

Wenn du einen Auftrag versiebst, weil dir dein Gegenüber total zuwider ist, was soll's! Du lebst. Du bist Künstler. Solange du für dich sorgen kannst, bist zu frei, *deine* Fehler zu machen und dann sind es auch *deine* Triumphe, die du feierst. Die Zusammenarbeit mit unmöglichen Menschen zu verweigern ist ein Triumph. Diesen Luxus leisten sich nur echte Lebenskünstler!

Ich habe die Erfahrung gemacht, daß Niederlagen nur möglich sind, wo die Menschen, denen etwas nicht so gelingt, wie sie es sich wünschen, ihren Mißerfolg negativ interpretieren. Wenn man das Ereignis nutzt, um aus seinem Verlauf Erfahrungen für weitere neue Projekte zu gewinnen, dann sind diese erfolglosen Ereignisse ja nicht mehr erfolglos. Sie sind die Voraussetzung für den späteren Erfolg. Wissenschaft arbeitet ganz oft genau so: Sie hat eine Idee und prüft ihre Idee in zahllosen Varianten durch, bis eine funktioniert. Jede nicht funktionierende Variante aber wird genutzt, um den nächsten Versuch zu optimieren.

Nur wenn einer sein Leben lang immer wieder die gleichen Wege geht und nie da ankommt, wo er eigentlich hinwollte, erst dann ist er ein Verlierer. Also hat jeder Mensch die Chance, nicht zu den Verlierern zu gehören. Er muß sich nur intensiv und selbstkritisch mit dem auseinandersetzen, was ihm da nicht so gut gelungen ist. Und dann probiert er es in Variation neu, bis es gelingt.

Wenn du mit deiner Kreativität abgelehnt wirst, dann ist in deinem Werk etwas enthalten, was den Erfolg blockiert. Wenn du Erfolg haben willst, dann solltest du erforschen, was da am Blockieren ist. Das ist Lernen. Das ist Transzendenz. Das ist Kreativität.

Solange du Ablehnungen und Verluste und Nichterreichen von Zielen als Chance nutzt, an dir zu arbeiten und danach zu forschen, was die Ursache für die nicht befriedigende Wirkung war, solange ist es vollkommen unmöglich, eine Niederlage zu erleben. Diese Option besteht einfach nicht in diesem Wahrnehmungskontext.

Ich habe in den zwölf Jahren meines Lebens als Kreativer wohl über 60.000 Euro für Maßnahmen in den Teich gesetzt, die nicht zu dem führten, was ich mir von ihnen erhofft hatte. Doch ich kenne keine Niederlagen. Die Verluste haben dazu geführt, daß ich mich gefragt habe, warum die Dinge so liefen wie sie liefen. Und so lernte ich, wie ich arbeiten und denken muß, wenn alles erfolgreich laufen soll.

Ohne diese Verluste hätte ich nie das Wissen erarbeitet, das in diesem Buch steht. Ich habe die Fehler, die ich hier beschreibe, ebenso ausprobiert, wie die Erfolge.

Auch habe ich mich in Bereichen der Kreativität versucht, in denen ich nicht so übermäßig erfolgreich war. Bin ich deshalb gescheitert? Nein, ich habe dort Menschen und Vorgänge kennengelernt, dich mich und meine Erfahrung bereichert haben und sei es damit, nun zu wissen, daß sie nichts für mich sind. All das prägt meine Arbeit als Autor und Forscher. Jeder geglückte und mißlungene Plan in meinem Leben war eine Forschung. Ich probiere alles aus. Ich bin noch nie gescheitert, ohne aus dem Scheitern Wissen zu machen.

Wenn du an dich glaubst und an den Weg, dann wirst du nie Niederlagen erleiden.

Die Botschaft in der Kritik

Mit der Kritik ist es ganz ähnlich: In jeder Kritik ist eine Botschaft verborgen. Ein Mensch tut kund, daß ihm etwas an deiner Arbeit nicht gefällt.

Dein Kritiker ist ein Mensch, der sein subjektives Urteil fällt. Seine Kritik betrifft nicht die wahre Natur deines Werkes. Kritik spiegelt nie die Realität, sondern nur einen individuellen Eindruck von ihr.

Da sagt dir jemand „Das Bild ist aber häßlich" und meint eigentlich „*Ich finde* das Bild häßlich."
Wenn du Zeit und Lust hast, kannst du den Menschen fragen: „Was finden Sie häßlich?"
Das lieben viele Menschen. Sie werden nicht oft gefragt und sind gerne bereit, sich auszutauschen. Dann hast du die Chance, über die Wahrnehmung und Gefühle dieses Menschen etwas zu erfahren. Du lernst, was dieses besondere Bild in einem Menschen auslösen kann. Eine tolle Sache.

Die Menschen in unserer Kultur sagen auch meistens „Das IST häßlich", oder „Da HABEN Sie aber eine negative Botschaft gemalt", sie versuchen ihrer Meinung die Aura der Allgemeingültigkeit zu verschaffen. Tatsächlich meint der Mensch immer „Das *finde ich* häßlich", „Da kommt *bei mir* eine negative Botschaft an."

Also fühle dich frei, dir entspannt Kritik anzuhören. Sie ist nicht Gottes Wort, sondern eines Menschen Meinung. Auch wenn er sie hinter göttlichen Formulierungen verbirgt.

Wenn du dir Kritik offen und interessiert anhörst, betreibst du bestes Marketing in Form von Feldforschungen. Du bekommst aus erster Quelle etwas über die Wirkung deiner Arbeit zu hören.

Kritik ist Gold wert.

Kritik an deiner Arbeit oder auch an deiner Art lehrt dich sehr viel über die Wahrnehmung der Menschen und über das, was da von dir und deiner Arbeit tatsächlich ankommt. Nimm dir die Kritik zu Herzen, aber nimm sie nicht zu persönlich.

In Kritik ist nämlich auch immer ein Stück individueller Wirklichkeit verborgen. Gerade vor zwei Wochen sagte mir eine nette Frau auf einer Messe, ein Bild von mir bereite ihr Depressionen und die Farbwahl erinnere sie sehr an Blut. Nun, mich erinnert das Bild weder an Blut, noch bekomme ich trübe Gefühle beim Betrachten, doch vielleicht geht es vielen anderen Betrachtern auch so?! Vielleicht habe ich einen aufbauenden Strich nicht genug betont, vielleicht das Rot zu mächtig gemacht.

Es muß nicht so sein, aber es könnte! Ich werde einen Teufel tun und die Kritik der Frau als ignorantes Unverständnis meiner glorreichen Kunst abtun. Ich breche auch nicht gleich in Panik aus, weil die Frau das Bild nicht mag, ist ja ihr bestes Recht.

Doch ich werde da ein wenig drüber meditieren. Ich möchte nämlich, daß die Bildkomposition ankommt. Vielleicht braucht es nur eine Nuance hier, einen Strich dort und schon gefällt mir das Bild selbst noch besser. Wer weiß.

Prüfe, wer dich warum kritisiert

Es gibt allerdings eine Kritik, die würde ich nach kurzer Prüfung in den Mülleimer deiner Wahrnehmung werfen: Kritik, die aus Neid erwachsen ist oder die einer tiefen, oft unbewußten Betroffenheit über die eigene Unzulänglichkeit des Kritikers entspringt. Wenn neidische oder unsichere Menschen dich scharf kritisieren, dann gibt es da nichts dran zu deuten oder zu interpretieren. Vergiß sie! Sie tun keinem gut, ihre Kritik birgt nur dunkle, zersetzende Dummheit und Angst.

Je wohler dir ein Mensch gesonnen ist, desto hilfreicher ist seine Kritik. Wenn Kritik nicht verletzen möchte, wenn sie nicht verpönen oder Hass säen möchte, dann ist sie konstruktiv und ein wahrer Segen.

Kunden, die an deinem Werk Interesse zeigen, liefern ganz oft Impulse für dein Weiterkommen, indem sie sich hier und dort kritisch äußern. Es kann lange dauern, diese Impulse zu integrieren und ihren Ballast zu entsorgen, um ihren wahren Kern nutzen zu können. Doch nutze diese einmalige Chance: Wenn du Kritik zu hören bekommst, nimm sie heimlich oder ganz offen als Lehrer wahr.

Gib deinen Kunden und den Kritikern dann auch das Gefühl, daß ihre Meinung willkommen ist. Sie werden dann oft viel sanfter und konstruktiver im Äußern ihrer persönlichen Eindrücke.

Der kreative Umgang mit Kritik kann dir im Marketing sehr weit helfen.

Perfektionismus und Kritik

Es gibt Völker, bei denen gilt der Versuch, ein Ding perfekt zu machen, als Gotteslästerung. Sie sind der Meinung, nur die Schöpfung ist perfekt und der Versuch des Menschen, Gott so sehr nachzueifern, sei Blasphemie.

Eine Grundregel der Erfolgreichen: *Verzichte auf Perfektion.*

Viele Zeitmanagement-Systeme empfehlen, Projekte mit 85, 90 oder 95% Perfektion zu beenden, da die restlichen 5-15% dich zu viel Zeit kosten. Oder: Um ein Werk zu 90% perfekt zu machen, brauchst du 10% deiner Projektzeit. Um die letzten 10% zu erreichen, brauchst du 90% der Projektzeit. In genau dieser Zeit wird jemand anderes dir zuvorkommen und deine Kollegen mit weniger Ehrgeiz heimsen den Erfolg ein. Und dein Werk, vertraue darauf, wird trotz all der Mühe dennoch nicht perfekt! Es ist eine Illusion, etwas perfekt erschaffen zu wollen. Denn ob etwas gut oder schlecht ist, kommt immer auf den Betrachter an. Jeder von uns kennt Kunst, die er für grottenschlecht hält, die aber bekannt und berühmt ist, oder?!

Der Anspruch, etwas perfekt zu machen, rührt häufig von einer unbewußten Angst her, für ein nicht perfektes Werk Kritik zu erfahren. Es ist sinnvoll, sich dieser Angst zu stellen, denn sie ist eine Illusion ähnlich wie die Idee des Perfekten. Denn es gibt für jeden Kreativen, und sei er noch so berühmt, und sei er noch so gut, immer jemanden, der sein Werk kritisieren wird.

Es wird immer Kritiker für alles geben, denn viel Kritik wird aus Unverständnis und Neid geäußert. Je besser du bist, desto schärfer wird die Kritik sein, die du erfahren wirst. Von diesem menschlichen Makel vieler Kritik mal ganz abgesehen, wird es immer andere Sichtweisen, immer Wissen, Fakten, Gefühle, Gedanken geben, die du bei Abschluß deines Werkes nicht kanntest und die geholfen hätten, dein Werk noch besser zu machen. Karl

Valentin soll einmal (sinngemäß) gesagt haben: „Wenn einer sein Handwerk perfekt beherrscht, dann ist es keine Kunst mehr. Wenn er es nicht perfekt beherrscht, dann ist es auch keine Kunst."

Kleine Geschenke erhalten die Freundschaft

Mit wenig Aufwand Kunden eine Freude machen

Guten Kunden kannst du zu Weihnachten oder zu ihrem Geburtstag ruhig ein kleines Geschenk schicken. Und sei es nur eine schöne Grußkarte mit einem individuellen handschriftlichen Text darauf.

Der Wert möglicher Aufmerksamkeiten sollte sich daran orientieren, wieviel du mit deinem Kunden verdienst. Wenn er dich dreimal im Jahr für ein Konzert bucht, bei dem du jeweils 1.500 Euro Umsatz machst, dann kannst du ihm durchaus einen Gutschein für eine Wellness-Massage in einem Entspannungs-Center in seinem Ort schenken.

Kauft er für 400 Euro im Jahr Waren bei dir ein, dann ist eine Flasche Wein in Ordnung. Deshalb bekommen Konzernmanager von Ölscheichs auch schon mal ein Haus auf den Bahamas geschenkt, wenn sie genug Öl einkaufen oder gar illegalerweise Panzer an den Scheich verkaufen. Auch große Geschenke erhalten die Freundschaft … na ja.

Das Argument sehr vieler Kleinstunternehmen lautet: Das kann ich mir nicht leisten, meine Kunden zu pflegen, ihnen Geschenke zu machen. Interessanterweise gibt der gleiche Unternehmer aber Geld für Anzeigen im Lokalblatt aus.

Oder mit anderen Worten: Wenn ein Händler es sich nicht leisten kann, mich zu pflegen, warum soll ich es mir leisten, ihn zu pflegen?

Es geht ja hier nicht um eine Reise auf die Malediven, die verschenkt wird. Es geht um eine Blume, eine schöne Postkarte, ein nette Süßigkeit, einen kleinen Gutschein, eine Verlosung, eine Einladung zu einer kostenlosen Lesung.

Du findest in deinem Briefkasten sicher auch immer wieder Blindwerbung von Händlern, bei denen du Kunde bist. Ich meine solche Werbung, die an alle Haushalte geht. Die verschlingt reichlich Druck- und Versandkosten. Wäre es nicht schöner, du bekämst ein persönliches Anschreiben? Du hast vielleicht schon einige zehn, hundert oder mehr Euro bei diesem Händler gelassen. Aber er pflegt dich nicht mehr als alle anderen Menschen in der Stadt. Wenn es zwei Händler in deinem Ort gibt, die das gleiche Angebot zum gleichen Preis haben, kaufst du dann bei dem ein, der dich nicht kennt oder bei dem, der dir zu Weihnachten eine kleine Aufmerksamkeit geschickt hat?

Kleine Aufmerksamkeiten erhalten die Freundschaft. Billiger geht es kaum. Und wenn das Geschenk auch noch kreativ ist oder mit deinem Angebot zu tun hat, ist es perfektes Marketing.

Der Kunde ist dein König

Service über den Verkauf hinaus

Man sagt, Deutschland sei eine Servicewüste. Ich finde, das stimmt nicht ganz. Meiner Erfahrung nach ist Europa eine Servicewüste und Deutschland schneidet in vielerlei Hinsicht oft gar nicht zu übel ab. Dennoch: Echter Dienst am Kunden ist hier weitgehend ein Fremdwort, und bestürzenderweise zeichnen sich gerade kleine Unternehmen oft durch einen miserablen Service aus.

Statt Service könnte man auch Marketing schreiben. Gutes Marketing beinhaltet stets guten Service. Guter Service heißt, daß du dir Gedanken darüber machst, was deinen Kunden vor, während und nach dem Erwerb deines Angebotes helfen und gefallen könnte. Gemeinhin denken viele nur darüber nach, was während des Kaufes gut laufen kann. Wie der Käufer zu einem hingelangt, wie er sich dabei fühlt und wie er schließlich das Produkt nutzt, das ist vielen ganz offensichtlich egal. Deshalb habe ich an anderer Stelle geschrieben, daß eine gute Bedienungsanleitung gutes Marketing ist. Kaufe ich ein Gerät und die Anleitung ist unverständlich, so bin ich, noch bevor ich das Gerät benutze, stocksauer auf das Unternehmen. Die wollen ganz offensichtlich nur mein Geld. Sobald sie es haben, fangen sie an, mich zu vergessen.

Es gibt da einen guten Satz, der sagt: „Der Kunde ist der König." Was beinhaltet diese Idee?

Ich gebe dem König das Gefühl, daß er mir wichtig ist.

Ich nehme den König in seiner Gesamtheit wahr. Ich bin zuvorkommend, freundlich und hilfreich zu ihm.

Ich versuche zu erraten, was der König braucht, um sich bei mir königlich zu fühlen. Wenn der König schlecht gelaunt ist, dann reagiere ich nicht ebenfalls mit schlechter Laune. Schlechte Laune ist in diesem Zusammenhang das Privileg des Königs.

Wenn der König etwas anderes will, als ich es will, dann versuche ich, im Rahmen meiner ethischen und moralischen Vorstellungen dem König entgegenzukommen.

Wenn der König meine Behausung verlassen hat und vielleicht etwas bei mir erwarb, dann vergesse ich den König nicht sogleich, sondern sende ihm gelegentlich Grüsse oder Einladungen, und mit Sicherheit informiere ich ihn über alles, was mit seinem Erwerb zu tun hat.

Wenn der König kurz nach seinem Kauf bei mir feststellt, daß die Sache, die er da erworben hat, nicht seinen Vorstellungen entspricht, dann versuche ich nach Leibeskräften, die Ware auszutauschen oder nachzubessern und dem König seine Zweifel zu zerstreuen.

Niemals würde ich dem König das Gefühl vermitteln, er sei ein unrechter oder falscher Mensch, oder er sei gar nicht in der Lage, ein Urteil über meine Arbeit zu fällen, außer natürlich es ist ganz offensichtlich, daß der König mich betrügen möchte. Aber dann ist es nicht mehr mein König.

Kurz: Für den König darf ich mich biegen wie die Weide im Wind. Keiner sollte sich verbiegen, das ist klar. Die eigene Integrität muß gewahrt bleiben.

Ob der Kunde dein König ist, zeigt sich besonders dort, wo du über deinen eigenen Schatten springst und dem Kunden einen Wunsch erfüllst, der über den eigentlichen Verkaufsprozeß hinausgeht. Ein besonderes Serviceangebot wie Probenutzungen, Rückgaberecht, Lieferdienst, Produktberatung auch nach dem Kauf, das sind feine Zugaben.

Ganz besonders zeigt es sich dort, wo der König unleidlich oder gar frech zu dir wird. Kommst du ihm mit Sanftmut und Verständnis entgegen, dann beruhigt sich sein königliches Gemüt und am Ende werden alle glücklich sein. Wunderbare Welt des Marketings.

An hundert Stellen im Buch weise ich darauf hin: Denke über die Bedürfnisse deiner Kunden nach und erst dann über deine Bedürfnisse. Das hilft dir, beide zu befriedigen.

Schlechten Königsservice kennt eigentlich jeder Mensch, der gerne und oft essen geht. Eine typische Situation kann so aussehen: Dein Essen hat wirklich nicht gut geschmeckt, vielleicht hast du es sogar stehenlassen.

Die Bedienung kommt und fragt, wie das Essen war.

„Es hat überhaupt nicht geschmeckt!" sagst du.

Wie reagiert die Bedienung?

„Oh, das tut mir sehr leid!" ist schon eine nette Reaktion.

„Das tut mir sehr leid, darf ich Ihnen einen Schnaps oder Kaffee anbieten?" ist schon weniger oft zu hören.

Nicht selten gibt es solche Klopse:

„Das kann nicht sein!"

„Das schmeckt aber allen anderen Gästen gut so!"

Und natürlich muß man das Gericht immer bezahlen.

Wer so etwas mehr als einmal in einem Restaurant erlebt und dennoch hingeht, ist ein Masochist.

Jetzt ein perfektes Marketing, von dem mir ein Freund berichtete, geschehen in den USA.

Mein Freund war mit seiner Frau in einem guten Restaurant essen. Das Haus war bekannt für feinste Küche. Der Gattin schmeckte es, doch das Gericht meines Freundes war schlecht gewürzt.

Die Bedienung nahm wahr, daß mein Freund nicht aufaß. Sie kam an seinen Tisch und fragte, ob etwas mit dem Essen nicht stimme. Mein Freund klagte ihr seine Unzufriedenheit. Die Bedienung bat kurz um Entschuldigung und jetzt kommt es: Keine Minute später stand der Chef des Hauses am Tisch. Er entschuldigte sich und sagte, daß das Essen selbstverständlich nicht bezahlt werden müsse. Dann überreichte er meinem Freund einen Gutschein über ein Abendessen für zwei Personen mit den Worten: „Unsere Küche genießt nicht umsonst einen hervorragenden Ruf. Doch natürlich kann auch einem guten Koch einmal etwas mißlingen. Wir sind überzeugt davon, unsere Kunden zufriedenstellen zu können, und weil wir uns für dieses unangenehme Erlebnis entschuldigen wollen, laden wir Sie zu einem weiteren Abendessen ein. Ich bin mir sicher, Sie werden dann von unserer Küche begeistert sein!"

Ist das nicht der Hammer?! Das ist perfektes Marketing. Mein Freund hat es Dutzenden Menschen erzählt und sie alle waren dort und haben die gute Küche genossen. Für zwei Abendessen hat das Restaurant einige Neukunden gewonnen, billiger und eindrucksvoller kann man nicht werben.

Der Einwand gegen eine so großzügige, aber im Grunde nur logische Reaktion ist fast immer: Na, dann kommen ja ständig Leute, die behaupten, es schmecke nicht, um sich ein weiteres Essen zu ergaunern. Zu diesem Thema gibt es Tests: Je hochwertiger und edler, jeder authentischer der Rahmen ist, in dem ein solcher Service angeboten wird, desto seltener versuchen Kunden, ganz offensichtlich zu betrügen. Zudem kann jeder geübte Selbständige nach kurzer Zeit einschätzen, ob er es mit einem Schmarotzer oder einem ehrbaren Gast zu tun hat. Und zu guter Letzt: Wenn jeder zweite Gast, der nun so reagiert, ein Schmarotzer wäre, dann wäre es immer noch eine günstige Werbemaßnahme!

5 zu 95

Es ist eine einfache Rechnung: Will ich meinen Kunden mit Mißtrauen oder eingeschränktem Service begegnen, weil ein Teil von ihnen moralisch fragwürdig ist? Will ich hundert Kunden ein besonderes Entgegenkommen verweigern, weil fünf von ihnen das Angebot unehrenhaft ausnutzen werden? Wir Kreativen kennen nicht selten unsere Kunden von Angesicht zu Angesicht, wenn wir den Verdacht haben, es mit Schurken zu tun zu haben, kann man sich ja zurückhalten.

Aber wollen wir dem Menschengeschlecht mißtrauen, weil es Adolf Hitlers und Stalins gibt? Wollen wir den Ghandis und Martin Luther Kings unseren Service versagen, weil es kaputte Menschen gibt?

Die Antwort des Marketings auf diese Frage kennst du …

Der Künstler als Marke

Dein Angebot trägt deine Aura

Eine Marke steht für gewisse Attribute, die der Kunde zu Recht oder Unrecht mit dem Markenprodukt verbindet. Eine Marke kann so etwas wie ein Aushängeschild einer Firma und ihres Angebotes sein, eine Art Qualitätssiegel. So hoffe ich zum Beispiel, daß du nach dem Lesen dieses Buches mit der Marke Traumzeit-Verlag ein Buch verbindest, das einen recht großen Umfang hat und dabei für ein Fachbuch einen vergleichsweise geringen Preis. Für die Marke Sachbuchautor David Lindner erhoffe ich mir, daß du den Eindruck mitnimmst, hier schreibt einer mit Herz und dem Bemühen, dir etwas Gutes zu tun, dir zu helfen, deinen Weg zu gehen. Dir Wissen und Erfahrungen mitzugeben, die dich bereichern. Und das Ganze nicht auf sture und trockene Weise, sondern nett vor sich hinplaudernd, zu lesen wie ein Buch und nicht wie eine Bedienungsanleitung.

Warum hoffe ich darauf?
Wenn du das nächste Mal auf ein Buch des Verlages triffst, dann hoffe ich, daß du dich an das Preis-Leistungsverhältnis erinnerst. Denn alle Traumzeitbücher versuchen mehr anzubieten, als es bei den vergleichbaren Titeln der Fall ist. Du sollst ein gewisses Vertrauen in die Marke Traumzeit entwickeln, daß du etwas für dein Geld bekommst.
Die Marke Sachbuchautor Lindner soll dir einfallen, wenn du einmal ein anderes Buch von mir in den Händen hältst. Du erinnerst dich vielleicht nicht mehr an Details aus diesem Buch, aber hoffentlich daran, daß es ein ehrliches Buch war, das dich bereichert hat. Dann wirst du vielleicht eher zu meinem Buch greifen und es kaufen, als wenn dir die beiden Marken nicht bekannt wären.
Man könnte eine Marke auch als Kurzzeichen oder Symbol bezeichnen. Als Identifikationszeichen. Über Marken versucht man, ein spezielles Image zu verkaufen, ein Bild, das die Kunden von einem haben sollen.

Das Image sollte zum Angebot passen und es ergänzen.

Wenn du verführerische Poesie schreibst, dann wäre es gut, deine Lesungen als sinnliche Ereignisse zu inszenieren, in denen du nicht wie ein staubtrockener Schreibtischtäter auftrittst, sondern wie ein Don Juan de Marco.

Dann wirst du zu einem Synonym für dein Werk. Benjamin von Stuckrad-Barre tritt als Popliterat auf, als Medien-Cowboy. Ich kenne sein Werk nicht, aber ich bin sehr daran interessiert, mal etwas von ihm zu lesen, denn er geistert ja wirklich als verwegenes Literaturgenie durch die Medienwelt. Ich kenne die Marke Stuckrad-Barre, bevor ich sein Werk kenne. Die Marke macht mich neugierig. Ein Medien-Cowboy, der tolle Bücher schreibt! Toll wäre es natürlich, wenn die Marke hielte, was sie verspricht. Viele Marken tun das nicht.

Die „Marke" Künstler, die du bist, ist maßgeblich durch deine Corporate Identity und deine PR mitbestimmt. Die Art, wie du öffentlich auftrittst und wie du dich zu welchen Anlässen gibst, das bestimmt dein Image in der Wahrnehmung der Menschen. Wenn dein Image mit deinem Weg eine fruchtbare Symbiose eingeht, wenn sie halten, was sie versprechen, dann wirst du zur Marke.

Die Menschen kaufen dann nur noch zum Teil, weil dein Angebot gut ist. Sie kaufen auch, weil das Angebot von dir kommt.

Nicht alle Menschen, die sich einen Original Picasso kaufen, haben auch Ahnung davon, was Picasso in diesem Werk ausdrücken wollte. Sie kaufen einen Picasso - was das Werk zeigt, ist ihnen egal. Sie wollen vom Nimbus, von der Aura Picassos, von seinem Ruhm, seiner Legende profitieren.
Ob jemand eine Mercedeslimousine oder einen Porsche kauft, das liegt oft nicht an den Leistungsmerkmalen dieser Wagen. Die sind ja oft zum Verwechseln ähnlich. Sie kaufen das Image, die Marke. Ein schönes Beispiel lieferte mir eine gute Freundin. Sie fuhr einen besseren Mercedes und stieg auf

einen Porsche um. Warum sie das tat? Nun, der Porsche war in der Anschaffung und im Unterhalt günstiger und … ihre Geschäftskunden und Lieferanten zeigten sich respektvoll darüber, daß sie ja nun wirklich erfolgreich sein müsse. Jetzt, wo sie sich einen Porsche leisten könne.

Ist das nicht lustig? Der Porsche hat das Image, ein Luxuswagen zu sein, und obwohl er billiger ist als sein Mercedesvorgänger, hat meine Freundin durch die Marke Porsche an Image hinzugewonnen.

Wenn du es schaffst, daß die Menschen dir und deinem Namen eine gewisse Qualität zuschreiben, dann wirken deine Aura, dein Wesen und dein Angebot in vielen Kaufentscheidungen mit.

Bei den Großen der Branche treibt das schließlich schwachsinnige Stilblüten. So interessiert sich die Medienwelt (also die Menschen, die sie konsumieren) inzwischen dafür, daß Benjamin Stuckrad-Barre, nach vier Jahren Beziehung mit Anke Engelke nun getrennt, so sehr leidet. Seine literarische Arbeit ist weniger von Interesse. Jede Marke hat ihre Kehrseite. Wenn das Werk schließlich weniger taugt als die Marke vorgibt, dann geht der Schuß schon mittelfristig nach hinten los. Die Marke wird wertlos und trägt einen Negativimage.

Ein Künstler als Marke kann dort entstehen, wo du ein Symbol für dein Werk wirst. Ernest Hemingway mit seinen abenteuerlichen Romanen war eine Marke, denn sein Leben war noch abenteuerlicher als seine Bücher. Der große Schauspieler Anthony Quinn war eine Marke, den er war eben der Lebenskünstler, den er so oft spielte. Brad Pitt ist eine Marke. Der Kerl bringt die Frauenherzen zum Schlagen, da kann er sogar so schlecht spielen wie in seinem letzten Streifen Troja. Was soll's, der Mann gefällt vielen Frauen und Männern. Richard Gere macht es ebenso.

Pink Floyd ist eine so erfolgreiche Marke, daß Volkswagen doch tatsächlich ein Auto „Golf Pink Floyd" nennen, verrückt aber wahr. Santana und ich glaube, die Stones gab es auch als Golf.

Die Vorstellung, daß Menschen dein Angebot wegen deiner Marke und nicht wegen seines künstlerischen Wertes nutzen, sollte dich nicht befremden. Wenn dein Angebot gut ist, wird sich seine Wirkung entfalten und die Menschen werden es über kurz oder lang bemerken. Eben das macht ja eine Qualitätsmarke aus: Daß sie hält, was sie verspricht.

Das liebe Geld

Die Zeiten, zu denen es zum Standard eines echten Künstlers gehört hat, daß er nicht richtig mit Geld umgehen konnte, sind so passé wie die brotlose Kunst.

Kreative aller Sparten und aller Qualitäts- und Erfolgsstufen zeigen sich als sehr erfolgreiche Selbstvermarkter und ebenso erfolgreiche Unternehmer. Vor Geld Scheu zu haben, es als schnöde oder unkreativ zu empfinden, behindert die Chancen auf Erfolg.

Geld ist eine besondere Form der Energie und ein Stoff, der völlig wertneutral ist. Geld stinkt nicht und es ist nicht heroisch, arm zu sein. Natürlich ist es auch nichts Schlimmes. Es lohnt sich, über Geldfragen regelmäßig nachzudenken und die eigenen Finanzen stets auf ihre Substanz zu prüfen. Es lohnt sich nicht etwa, weil es hilft, reich zu werden. Geld verhilft dir zur Unabhängigkeit in deiner Kreativität. Hier nun eine ganze Reihe Inspirationen für den Einsteiger, wie mit dem Thema Geld im weitesten Sinne umgegangen werden kann.

Geld ist eine Zeiteinheit

Geld läßt sich in Lebenskunst umrechnen und das ganz einfach.

Mit Geld läßt sich Zeit erkaufen, in der man seine Kreativität leben kann.

Dazu eine Übung. Du brauchst dein Kontoauszugsbuch, einen Stift und einen Schreibblock. Die Übung solltest du mindestens einmal im Jahr wiederholen. Sie hilft dir auf dem Weg zum Erfolg weiter.

Jetzt rechne einmal zusammen, was du so im Monat an Geld benötigst.

Die ganz regelmäßigen Kosten sind die Miete mit Nebenkosten, Kosten für Lebensmittel, Kranken-, Haftpflicht- und eventuell Autoversicherung. Kosten fürs Telefon, für Mitgliedschaften in Vereinen und so fort. Einfach ALLES, was monatlich so anfällt.

Dann schätze mal großzügig, was du sporadisch an Kosten hast: Klamotten kaufen, essen gehen, Kosten für Arbeitsmaterialien, alles, was du kaufst, kommt hier mit rein. Die Jahreskontoauszüge helfen dir, dich auch wirklich mal an alle Ausgaben, die du so tätigst, zu erinnern.

Wenn du alles zusammengerechnet hast, dann teile die Summe durch zwölf für die zwölf Monate.

Die Zahl, die du erhältst, kannst du zu den monatlichen Fixkosten addieren.

Somit hast du den Geldbetrag, den dich ein Monat kostet. Wahrscheinlich und üblich ist es jedoch, daß man sich bei einer solchen Rechnung ein wenig vertut. Unvorhersehbare Ereignisse wie eine anfallende Autoreparatur, Kosten für Medikamente bei Krankheit oder besondere Anschaffungen sind ja noch nicht enthalten. Du mußt dich und deine Art, mit Geld umzugehen, selbst einschätzen. Ich würde den Monatsbetrag jedoch mindestens um 25% aufstocken, denn es passiert sehr viel im Leben, was man nicht berechnen kann.

Wenn du nun Geld verdienst, zum Beispiel durch den Verkauf eines Kunstwerkes, eine Dienstleistung, durch ein Konzert, für das es Honorar gibt, dann läßt sich sehr einfach feststellen, wieviel das Kunstwerk oder das Konzert wert war. Du rechnest einfach um, wie lange du von dem verdienten Geld leben kannst. Leben aber heißt für einen Künstler: Wie lange kann ich mit dem Geld kreativ und unabhängig arbeiten?

Ich habe noch nie ein Bild für Geld verkauft, noch nie ein Buch noch ein Konzert gegen Geld getauscht. Für ein großes Bild bekomme ich nach meiner Währung eineinhalb Monate Künstlerleben getauscht. Für hundert Bücher kann ich fünf bis sieben Tage schreiben, für ein Konzert kann ich zehn Tage Musik machen.

Wie hoch der Wert meiner Bezahlung in der Währung freien kreativen Lebens ist, bestimme ich durch meinen Lebenswandel. Bin ich bescheiden, so kann ich aus einem Konzert vielleicht zwanzig Tage leben. Verbringe ich meine Tage und Nächte in Saus und Braus, hält ein Konzerthonorar nur vier Tage vor.

Wenn mir ein Kunde Geld gibt für meine Leistungen, dann gibt er mir die Möglichkeit, als Künstler zu leben. Nichts anderes ist Geld. Es ist die Energieform, die mich befähigt, meiner Kreativität zu folgen.

Verstehst du, was ich meine? Wenn wir in Geld rechnen, dann vergleichen wir unsere Einkommen mit dem Einkommen von Leuten, die einfach irgendeinen Job machen, der ihnen womöglich gar nicht gefällt. Ist es aber sinnvoll, das Honorar eines Musikers mit dem Einkommen zum Beispiel eines Klinikarztes zu vergleichen? Der hat acht Jahre Ausbildung hinter sich, eine Arbeitswoche mit siebzig bis achtzig Stunden und er muß jeden Menschen behandeln, egal ob es nun ein mieser Kinderprügler oder ein barmherziger Samariter ist. Macht es Sinn, das Einkommen eines Müllwerkers mit dem eines Autors zu vergleichen? Es bringt einen nicht wirklich weiter und birgt die Gefahr erheblicher Frustration, denn ein Müllmann verdient bisweilen mehr als ein Autor und die meisten Ärzte mehr als viele Künstler.

Das Ermitteln deines Monatsbedarfs ist eine zentrale Übung dieses Buches. Denn wenn du nicht weißt, was dein kreatives Leben kostet, dann weißt du auch nicht, was es wert ist.
Wenn du nicht weißt, was es wert ist, dann kannst du es auch nicht schätzen und erst recht nicht vermarkten.

Wie finanziere ich meinen Berufsstart?

Wenn du als junger Kreativer starten willst, dann gibt es meistens eine ganz entscheidende Hürde zu nehmen: In den ersten Monaten oder Jahren deiner kreativen Aktivität brauchst du Geld. Kreative Tätigkeiten bringen meistens erst nach einer Weile Einnahmen. Bücher müssen geschrieben und Bilder gemalt werden, bevor du sie verkaufen kannst. In dieser Produktionszeit mußt du jedoch auch von etwas leben.
Für die meisten freien kreativen Berufe ist es illusorisch, zu erhoffen, daß der Kreative innerhalb weniger Wochen genug verdient, um sich selbst finanzieren zu können. Das ist in fast allen Berufen so! Hier gilt es also nicht

das künstlerische Jammertal der Hoffnungslosigkeit zu beweinen, sondern ganz realistisch zu sehen, daß ein Mensch, der Hemden verkauft, genau die gleichen Startbedingungen hat wie einer, der Kunst verkauft: Die ersten Monate und Jahre müssen finanziert werden.

Der Unterschied zwischen dem Hemdenverkäufer und dem Künstler bestand bisher darin, daß der mit den Hemden von der Bank schneller einen Kredit bekommen kann als der Künstler. Heute geht das auch nicht mehr so einfach, zu viele Hemdenverkäufer gehen pleite.

Mit einem Kredit zu starten, halte ich für einen jungen Kreativen für ein sehr großes Wagnis, gerade zu Beginn der Selbständigkeit kann zuviel zu schief laufen und ruckzuck sitzt der hoffnungsvolle Kreative mit einem Haufen Schulden da.

Der Löwenanteil aller Kreativen beginnt seinen Beruf als Hobby, während er noch einem Hauptberuf nachgeht. Schließlich wird das Hobby nebenberuflich ausgeübt oder es konnte genug aus dem Beruf angespart werden, um direkt den Sprung zu wagen und sich mit seiner Kreativität selbständig zu machen. Für viele Kreative sieht es jedoch so aus, daß sie neben ihrer kreativen Berufung einen oder mehrere Jobs haben, um sich zu finanzieren. Das kann man durchaus als so üblich bezeichnen. Es stellt kein Manko dar, wenn man nicht von Anbeginn von seiner Kunst leben kann. Es ist die Regel. Beinahe erscheint es wie eine Art Prüfung: Nur wer bereit ist, auch Jobs nachzugehen, um die eigene Berufung voranzutreiben, wird es auch schaffen.

Natürlich gibt es auch Eltern, Stipendien und Mäzene, die junge Kreative fördern. Wer in den ersten Jahren das Privileg genießt, mit Unterstützung der Familie, staatlicher oder privater Subventionen zu arbeiten, kann sich glücklich schätzen. Doch diese Unterstützung muß nicht die Voraussetzung sein, damit du loslegen kannst. Die Malerin, die tagsüber malt und abends in einer Kneipe kellnert, der Bildhauer, der unter der Woche auf dem Bau arbeitet und an Wochenenden an seinen Skulpturen arbeitet, der

Buchautor, der vier Monate im Jahr Akkord arbeitet, um die übrigen acht Monate in Ruhe zu schreiben, das ist ganz normal.

Es gibt auch keine Richtlinien, wie lange es dauert, bis du voll und ganz von deiner Kunst existieren kannst. Das kommt auf die Rahmenbedingungen an. Ich habe in meinen ersten Jahren meiner Künstlerzeit keine Miete zahlen müssen und ich brauchte kein eigenes Auto. Ich trug die Klamotten meines Vaters auf und in den Urlaub fuhr ich per Anhalter. Die Sparsamkeit hat mir geholfen, in wenigen Jahren unabhängig zu werden und genug Rücklagen zu bilden, um den Verlag zu gründen. Ich habe jedoch Kreative in anderen Bereichen erlebt, die innerhalb weniger Monate finanziell völlig autark gearbeitet haben. Es kommt auch immer auf die Branche an und auf die Arbeit, die du anbieten kannst. Wenn es eine große Nachfrage nach deinem Angebot gibt, wirst du es schneller schaffen, als wenn die Nachfrage gerin-ger ist, oder du schwer an neue Kunden kommst.

Viele Künstler schätzen es sogar sehr, immer mal wieder einen lukrativen Job annehmen zu können, bei dem sie ordentlich Geld verdienen. Das verschafft ihnen die Freiheit, ihre Kunst nach Lust und Laune zu leben und sich nicht so sehr an den Bedürfnissen des Marktes zu orientieren, sondern der eigenen kreativen Vision zu folgen.

Die Wahrheit über das Geld der Kreativen

Die Wahrheit über das tatsächliche Einkommen der Kreativen kennt wahrscheinlich kein Mensch so genau. Die statistischen Werte, die man hier und dort liest, dürften, je nach Branche, als von recht präzise bis hoffnungslos daneben gelten.

Das Ding ist nämlich, daß kaum ein Mensch in irgendeinem freien Beruf freiwillig sagt, was er tatsächlich verdient. Viele Menschen führen nämlich mehr oder weniger Geld am Finanzamt vorbei. Dieses Geld taucht natürlich in keiner Einkommensstatistik auf. Der Betrag, den Kreative illegalerweise nicht beim Finanzamt angeben, dürfte sehr stark variieren.

So kann zum Beispiel ein Autor so gut wie kein Schwarzgeld machen. Autorenhonorare laufen grundsätzlich übers Konto. Sie werden per Regelsatz oder Stückhonorar gezahlt. Schummeln unmöglich.

Bildende Künstler dagegen können wohl hundert Bilder im Jahr verkaufen. Aber daß sie dem Finanzamt tatsächlich die gesamte Verkaufssumme melden, ist nicht anzunehmen. Wenn ein bildender Künstler also von 10.000 Euro im Jahr rein statistisch vor sich hindarbt, dann kann er durchaus schon mal 15.000 Euro verdienen. Meine Beobachtung ist allerdings, daß die Kollegen mit sehr geringem Einkommen so gut wie gar nicht beim Steuerbescheid mogeln - sie haben einfach nicht genug Einnahmen, um zu mogeln. Wenn ein Künstler dagegen für 200.000 Euro im Jahr Bilder verkauft, dann hat er sehr wohl Mogelmasse.

Damit wir uns hier nicht falsch verstehen: Mogeln heißt sich strafbar machen! Wenn du dem Finanzamt nicht alle Einnahmen meldest, dann beschwere dich auch nicht, wenn es dich bei einer Steuerprüfung über die Klinge springen läßt. Die finden alles heraus, glaub mir. Wir einfachen kleinen Künstler sind gar nicht gewieft genug, um die Profis vom Finanzamt zu täuschen. Ehrlichkeit zahlt sich mit Angstfreiheit aus.

Es gibt einen weiteren Grund, warum die Angaben von Künstlern über ihr Einkommen oft nicht stimmen: Viele Künstler haben gar keinen genauen Überblick darüber, was sie eigentlich so genau an Umsatz machen, was sie an Ausgaben haben und wieviel Gewinn sie schließlich gemacht haben. Das liegt jedoch nur zum Teil an den Künstlern selbst. Während Arbeitnehmer ihre Lohnsteuer und die Sozialabgaben direkt abgezogen bekommen und nur die Summe auf ihrem Konto sehen, die sie tatsächlich behalten dürfen, zahlt der Künstler ja seine Sozialbeiträge extra und seine Steuern einmal im Jahr. Im Grunde kann man immer erst nach seinem Steuerbescheid genau errechnen, was man im besteuerten Jahr verdient hat und das ist dann schon viele Monate vorbei.

Willst du immer genug Geld haben? Dann bezahle deine Rechnungen!

In den letzten Jahren bemerkt man immer häufiger, daß viele Firmen und Privatpersonen unbezahlte Rechnungen nicht nur als Kavaliersdelikt, Vergeßlichkeit oder Schlamperei entschuldigen, sondern daß sie sich etwas darauf einbilden, Rechnungen nicht passend, nur nach der letzten Mahnung oder gar nicht zu bezahlen.

Eine wissentlich und bewußt nicht bezahlte Rechnung sagt über einen Zahlungspflichtigen jedoch nur eines aus: Daß bei ihm etwas nicht ganz richtig stimmt. Eine Rechnung nicht pünktlich zu zahlen, ist das denkbar schlechteste Marketing, das es gibt.

Es gibt sehr viele wohlhabende Menschen, die geizig sind. Das finde ich beruhigend, denn es zeigt, daß Geld nicht wirklich glücklich macht. Innere Befriedigung daraus zu ziehen, knauserig zu sein, macht dich zum Sklaven des Geldes. Geld will, wie jede Energieform, in Bewegung bleiben und fließen. Knauserigkeit will Stagnation trotz Überfluß.

Sende klare Signale: Bezahle deine Rechnungen vor der Frist, am besten wenige Tage, nachdem du sie bekommen hast. Nimm keine Leistungen in Anspruch, wenn du weißt, daß du sie womöglich nicht bezahlen kannst. Egal, was die Konzerne und die Reichen machen. Es ist das falsche Signal für ein Leben in innerem und äußerem Reichtum, wenn du Rechnungen nicht bezahlst oder erst nachdem du eine Mahnung erhältst.

Wer die Leistung anderer wertzuschätzen pflegt, kann auch seine eigene Leistung wertschätzen und dies von anderen einfordern. Vertraue auf das Gesetz der Resonanz. Wenn du stets korrekt bezahlst, werden dir selbst weniger Menschen und Firmen begegnen, die dich nicht korrekt bezahlen.

Mal ganz davon abgesehen kannst du nie genau wissen, ob die Firma, deren Rechnung du nicht oder stark zeitverzögert bezahlst, ob diese Firma nicht irgendwann einmal zu deiner Kundschaft zählen wird. Wenn du überall deine Rechnungen zügig zahlst, bist du immer ein gerngesehener Kunde. Gerne gesehen zu werden ist bestes Marketing. Deine Lieferanten sollten immer wissen, wer du bist und was du machst! Dann wird deine bezahlte Rechnung zur Visitenkarte.

Es ist eine sehr einfache Rechnung: Solange du nur soviel Geld ausgibst, wie du auch hast, kannst du nie ins Minus geraten.

Wie muß eine Rechnung aussehen?

Wenn du selbst Rechnungen stellst, dann wird dir schnell klar, wie schön es ist, deinen Kunden nicht an die Zahlung erinnern zu müssen, sondern das Geld einfach zu bekommen. Damit das schnell klappt, muß eine Rechnung bindend folgende Daten enthalten:

- Deine volle Anschrift, mit Telefon, Telfax und eMail im Briefkopf (letztere Daten sind wichtig für Rückfragen des Kunden).
- Die Überschrift „Rechnung".
- Eine fortlaufende Rechnungsnummer, die du vergibst.
- Den Namen des Zahlungspflichtigen und/oder seinen Firmennamen.
- Die volle Anschrift des Zahlungspflichtigen.
- Das Datum der Rechnungsstellung.
- Das Datum der Leistungserbringung. Du kannst zum Beispiel heute eine Rechnung ausstellen für ein Konzert, das du vor zwei Wochen bei einem Veranstalter gegeben hast.
- Der berechnete Posten, ruhig so detailliert wie möglich.
- Die End- bzw. Rechnungssumme.
- Falls du mehrwertsteuerpflichtig bist, muß die Mehrwertsteuer angegeben sein! Wenn du nicht mehrwertsteuerpflichtig bist, gib um Himmels Willen nicht „inklusive Mehrwertsteuer" auf der Rechnung an, das bringt dir sonst bei einer Steuerprüfung Nachzahlungen ein! Dein Kunde, wenn er deine Ware oder Leistung für sein Geschäft verwendet, holt sich die Mehrwertsteuer vom Staat zurück und der Staat wiederum holt sie sich dann bei dir!
- Inklusive 16 oder 7% USt schreibst du also nur dazu, wenn du auch tatsächlich Umsatzsteuern zahlen mußt! Das machen viele Kreative falsch.
- Die Umsatzsteuer muß als Prozentsatz und in absoluten Zahlen sichtbar sein - wenn du sie zahlen mußt!
- Seit dem 01. Juli 2004 müssen auf Rechnungen die Steuernummern des Rechnungsstellers angegeben sein. Das ist entweder die Nummer, die auf

deinem Steuerbescheid steht oder, wenn du mehrwertsteuerpflichtig bist, deine Umsatzsteuer-Identnummer (UID). Wenn du als Künstler gerade startest, dann erhältst du auf Anfrage vom Finanzamt eine neue Nummer zugeteilt.

- Dann noch das Zahlungsziel: „Um Begleichung des Betrages bis zum soundsovielten wird gebeten."
Oder: „Betrag dankend erhalten in bar am Soundsovielten."

Schließlich und ganz wichtig:
Deine Bankverbindung nicht vergessen. Wenn du „Rainer´s Kunstatelier" heißt, dein Bankkonto aber auf Rainer Rust lautet, bekommt der Kunde sein überwiesenes Geld zurück. Also besser immer so:

Bankverbindung:
Kontoinhaber Rainer Rust
Konto: 02020202020202
BLZ: 299 122 00
Name der Bank

Bitte auf *jeder* Rechnung deine Bankverbindung angeben.

Am besten legst du auf dem Computer ein Rechnungsformular an, auf dem alle Daten stehen, dann mußt du nur noch die Adresse, das Datum, die Rechnungsnummer, den Betrag und den Rechnungsgegenstand (das, was du verkauft hast) eintragen.

Eine Rechnung, auf der dein Kunde alles findet ist bestes Marketing, denn sie signalisiert: Du bemühst dich, es deinem Kunden so einfach wie möglich zu machen.

Die Umsatzsteuerpflicht
Kreative Neulinge machen oft einen teuren Fehler (jaja, ich habe es auch so gemacht...). Sie geben auf ihrer Rechnung an: Inklusive Mehrwertsteu-

er/Umsatzsteuer (beide meinen dasselbe, Umsatzsteuer ist jedoch der aktuellere Begriff) obwohl sie gar nicht umsatzsteuerpflichtig sind.

Als Einsteiger im Kreativbereich giltst du meist als Kleinunternehmer und kannst von einer sogenannten Nullbesteuerung Gebrauch machen. Dein Jahresumsatz (also nicht der Gewinn, sondern alles Geld, was du eingenommen hast) darf dann im Vorjahr 16.620 Euro nicht übersteigen und im laufenden Geschäftsjahr voraussichtlich nicht mehr als 50.000 Euro betragen. Das gilt für die Mehrzahl der kreativen Einsteiger.

Wenn du auf eine Rechnung „inklusive Umsatzsteuer" draufschreibst, dann mußt du diese erhobene Umsatzsteuer ans Finanzamt abführen! Also vorsichtig - wenn du im ersten Jahr nicht gleich ein Vermögen zu verdienen gedenkst, gib den Satz „Ich bin nicht umsatzsteuerpflichtig" auf allen Rechnungen an.

Wenn deine Umsätze sich erfreulich entwickeln, dann wirst du umsatzsteuerpflichtig. Das ist recht unangenehm, denn es bürdet dir eine Menge Rechenarbeit auf.

Die Berechnung der Umsatzsteuer ist im Grunde sehr einfach, wenn man sie einmal verinnerlicht hat. Am Anfang wirkt sie jedoch sehr unübersichtlich und verwirrend. Ich verzichte hier auch völlig auf Rechenbeispiele und *empfehle dir dringend, sobald du im letzten Geschäftsjahr mehr als 16.620 Euro Umsatz gemacht hast und im aktuellen Jahr über 50.000 Euro Umsatz erwartest, einen Steuerberater oder einen erfahrenen Kollegen zu Hilfe zu nehmen. Ein Buch kann diese Arbeit nicht wirklich leisten.* Wenn dir ein geübter Helfer ein oder zwei Jahre lang gezeigt hat, wie es geht, dann kannst du die Umsatzsteuer leicht selber abführen. *Ich würde mich jedoch nie auf ein Buch verlassen.* Bei einem Buch merkst du einfach nicht, ob du Fehler machst. Das Finanzamt jedoch merkt die Fehler mit Sicherheit, und dann darfst du nachzahlen.

Zahlungen bleiben aus. Was tun?

Du hast eine Skulptur verkauft oder einen Konzertabend bestritten, eine ordentliche Rechnung verschickt und das Geld kommt nicht auf deinem Konto an. Da du wahrlich knapp rechnen mußt, bist du nun stinksauer. Ich kenne das gut. Am liebsten würde ich mit dem Hammer losziehen aber ... tief Luft holen! Unbezahlte Rechnungen sind eine Topmöglichkeit für perfektes Marketing - und es funktioniert!

Warte je nach Fall vier bis fünf Tage lang nach Ablauf der auf der Rechnung angegebenen Zahlungsfrist - wenn der Kunde am letzten Tag bezahlt, benötigen die Banken schon mal drei, vier Tage.
Dann schicke deinem säumigen Kunden eine sehr freundliche Erinnerung. Bitte sehr freundlich. Es gibt nämlich nachvollziehbare Gründe für Verzögerungen:

- Die Rechnung ist gar nicht oder verzögert angekommen.
- Krankheit, Unfall, Trauerfall in der Familie des Zahlungspflichtigen
- Umzug
- Schließlich passiert es auch korrekten und ehrlichen Menschen, daß sie mal eine Rechnung verlieren, vergessen, verschlampen.

Also keine Aufregung. Eine Zahlungserinnerung kann so klingen:

Lieber Herr Blablabla
Sicher ist es Ihnen entfallen, die offene Rechnung Nr. XY vom Soundsovielten zu begleichen? Kein Problem, das passiert mir auch manchmal. Bitte überweisen Sie den fälligen Betrag von X Euro innerhalb von 8 Tagen auf u.g. Konto.

Danke und mit freundlichem Gruß
    -Deine Unterschrift-

PS: Haben Sie schon meine neuesten Arbeiten auf der Webseite gesehen? Viel Spaß beim Reinschauen: www.deineInternetadresse.de

Lege eine Kopie der Originalrechnung bei. Wenn du den Zahlungspflichtigen persönlich oder näher kennst, dann lohnt es sich, ein paar nette persönliche Worte dazuzuschreiben.

Eine Alternative zur Zahlungserinnerung ist auch ein Anruf. Klingle bei deinem Kunden mal durch und horche ganz freundlich, ob sie mit der Ware oder der Dienstleistung zufrieden sind. Erst dann hakst du nach: „Leider konnte ich noch keinen Geldeingang verbuchen, ob Sie da bitte umgehend dran denken könnten ...?!"

Wenn nach sieben weiteren Tagen noch kein Geld da ist, solltest du mißtrauisch werden, jedoch mit allerliebster Wortwahl arbeiten. Denke immer daran, dein Kunde ist vielleicht eine Zahlungsschlampe aber er kann trotzdem nett sein und schon bald wieder bei dir einkaufen wollen ...

1. Rufe deinen Schuldner an und frage nach, was denn falsch gelaufen sei, weil du dein Geld noch nicht bekommen hast?
2. Weise sehr freundlich aber bestimmt darauf hin, daß du mahnen mußt, wenn das Geld nicht innerhalb der nächsten paar Tage auf deinem Konto ankommt.
3. Ist das Geld nach fünf Tagen noch nicht da, gibt es dafür *außer dem Todesfall deines Schuldners* keine Rechtfertigung. Du mußt zumindest theoretisch davon ausgehen, daß dein Gegenüber zahlungsunwillig ist. **Versende umgehend eine Mahnung. Versende sie schnell!** Dein Ton sollte dennoch freundlich bleiben. Schreib, daß du es bedauerst, mahnen zu müssen, daß du aber Anrecht darauf hast, für erbrachte Leistungen wie abgemacht bezahlt zu werden. Räume dem Kunden acht Tage bis zum Eingang des Geldes auf deinem Konto ein. Weise ihn darauf hin:
   - Daß bei nicht erfolgender Zahlung sofort Verzugszinsen von 5% über dem Normsatz anfallen. Es gilt das Datum dieser ersten Mahnung.
   - Daß die Mahngebühren mitbezahlt werden müssen. Acht bis zehn Euro pro Mahnung.

- Daß nach Ablauf der Fristen ein Mahnverfahren von dir eingeleitet werden muß, durch das dem Zahlungspflichtigen weitere Kosten entstehen.

4. Ist die Rechnung nach weiteren acht Tagen nicht bezahlt, solltest du am neunten Tag die **zweite Mahnung per Einschreiben mit Rückschein** verschicken. Von nun an darfst du die Mahngebühren zur Rechnung hinzuaddieren sowie den Zinsverlust.

5. Jetzt halt dich ran. Dein Schuldner scheint ein unzuverlässiger oder kleinkrimineller Geselle zu sein. Du solltest ganz zügig einen **Mahnbescheid** erwirken. Manchmal hat ein Geschäftsmann nur einen Engpaß und kann deshalb nicht zahlen. Es besteht aber die Gefahr, daß dein Schuldner pleite geht und vor dem Amtsgericht „die Finger hebt". Das heißt, er schwört kein Geld mehr zu haben, und dann ist alles zu spät. Das passiert zur Zeit in unserer Republik *ein paar zehntausend Mal* im Jahr!

Ein Formular für einen Mahnbescheid bekommst du in jedem besseren Schreibwarenladen. Dieses Formular mußt du ausfüllen und an dein zuständiges Amtsgericht verschicken.

Vom Amtsgericht bekommst du eine Rechnung. Schnell bezahlen, damit alles zügig seine Wege geht. Nach einer Weile bekommst du einen sogenannten „Titel", deinem Schuldner wird parallel vom Amtsgericht ein Mahnbescheid zugestellt.

Jetzt beschreibe ich dir den dann üblichen Weg, der aber selten etwas taugt: Deinen Titel sende ganz fix an einen Gerichtsvollzieher im Wohnort deines Schuldners, Telefonnummern und Adressen findest du im Telefonbuch oder auf Anfrage beim Amtsgericht des Wohnortes deines Schuldners.

Der von dir beauftragte Gerichtsvollzieher geht dann bei deinem Schuldner vorbei und sollte hier entweder dein Geld bekommen oder er pfändet Gegenstände und verkauft diese zu deinen Gunsten.

Das hört sich ganz prima an und man denkt sich: „Ja super, der Staat hilft mir, mein Geld zu bekommen!" Zumindest theoretisch stimmt das auch. In der Praxis versagt dieses System fast total.

Wenn ein Zahlungspflichtiger die zweite Mahnung mit Mahnbescheidsdrohung unbeantwortet läßt, dann macht er sich auch nichts aus dem Besuch des Gerichtsvollziehers.

Mir hat der Gerichtsvollzieher noch nie etwas gebracht außer Kosten und ich kenne zahllose Kollegen in allen Branchen, denen es ähnlich geht.

Das deutsche Schuldnerrecht ist ein Jammertal und begünstigt auf infame Weise die Menschen, die mutwillig Schulden gemacht haben. Es fordert Menschen mit einem Fingerhut voll krimineller Energie geradezu heraus, eine Insolvenz zu ihren Gunsten durchzuziehen. Wenn sie mit ein paar Hunderttausend oder Millionen Euro Konkurs anmelden - also vielen Menschen, deren Leistung sie in Anspruch genommen haben, kein Geld für ihre Dienste geben können, dann ist das ein bitteres Brot für diese Menschen. Ich habe viele mittelständische und kleine Firmen pleite gehen sehen, weil ihre Kunden nicht zahlen konnten.

Nach sieben schlappen Jahren ist der Inhaber einer Pleitefirma von allen Schulden freigesprochen! Er hat viele Leute um Hunderttausende oder gar um ihre Existenz gebracht und nach sieben Jahren macht er weiter, als wäre nichts geschehen. Und während dieser sieben Jahre kann er es sich mit List und Tücke auch gutgehen lassen.

Die Chance, als kleiner Kreativer an dein Geld zu kommen, ist sehr gering. Das Rechtssystem versagt weitgehend.

Wenn dein Schuldner nicht pleite ist, sondern zahlungsunwillig, mußt du dir ebenfalls einen Anwalt nehmen und es wird teuer. Anwälte mußt du bezahlen, egal ob sie gute Arbeit liefern oder nicht. Sie versprechen einem immer gute Chancen in einem Prozeß. Sie verdienen ja auch immer daran, egal ob du den Prozeß gewinnst oder nicht.

Sollte dein Schuldner nur ein frecher oder sehr lahmer Mensch sein, also ohne feste Absicht, dich wirklich zu betrügen, dann ist meiner Erfahrung nach eine Mahnung mit folgenden freundlichen Hinweisen wirkungsvoll:

> *Sollten Sie dieser Zahlungsaufforderung nicht innerhalb von acht Tagen nachkommen, muß ich zu meinem großen Bedauern einen Mahnbescheid gegen Sie erwirken.*
>
> *- Die Kosten für den Mahnbescheid und den dann folgenden Besuch eines Gerichtsvollziehers gehen zur Ihren Lasten.*
>
> *- Mit dem Mahnbescheid erfolgt automatisch ein Eintrag bei der Schufa.*
>
> *- Ich mache mit dem Mahnbescheid von der Option Gebrauch, Ihre zukünftigen Rentenansprüche zu pfänden.*
>
> *Es ist mir sehr unangenehm, Ihnen diesen Brief zu schreiben, denn sicher haben Sie doch nur vergessen, die Rechnung zu bezahlen. Ich bitte um Ihr Verständnis, daß ich von hier aus nicht beurteilen kann, ob ein Versehen, ein Engpaß oder mutwilliger Zahlungsverzug vorliegen und ich den Amtsweg androhen muß.*
>
> *Mit freundlichen Grüssen*
> *Ihr Künstler* Knappheikass

Wenn ein Schuldner auf diese Drohungen nicht reagiert, dann hat er ein dickes Fell, und die Kosten, dein Geld einzutreiben, übersteigen schnell die einzufordernde Rechnungssumme. Du hast verloren!

Vorkasse

Das einfachste aber ist: Du gibst keine Ware ohne Vorkasse an Endkunden raus. Selbst wenn er die Ware nur zur Probe nutzen möchte, sollte die Vorkasse kein Problem darstellen.

Vorkasse ist inzwischen absolut üblich und kein Zeichen von Mißtrauen.

Bei Zehntausenden von Firmen- und Privatpleiten gehört es in vielen Branchen zum normalen Geschäftsgebaren, Vorkasse zu verlangen. Je höher der Betrag für eine Ware, desto eher wird Vorkasse verlangt. Ein Kunde, der sich dagegen verwehrt, dem solltest du nicht hinterherweinen. Du kannst natürlich auch pokern. Aber sei hier eindringlich gewarnt: man sieht Halunken nicht an, daß sie welche sind!

Bei Dienstleistungen ist Vorkasse eher unüblich, da gilt in fast allen Branchen: erst die Leistung, dann die Bezahlung.

Einem Galeristen, bei dem du ausstellst, kannst du natürlich auch keine Vorkasse abverlangen.

Wenn du mehr als eine Mahnung im Jahr zu verschicken hast, dann nutze bitte den Buchtip zu diesem Kapitel. Dort stehen die genauen Abläufe für das Mahnwesen wie auch die Möglichkeiten, ohne Gerichtsvollzieher an dein Geld zu kommen.

Freundlich hilft oft weiter

Doch zurück zum Anfang: Wieso können Zahlungserinnerungen und Mahnbescheide ein Mittel des Marketings sein? Weil die meisten Schreiben dieser Art unfreundlich bis frech und bedrohlich formuliert sind. Es will aber kein Mensch mies angemacht werden, nur weil er mal etwas vergessen hat. Als Miniunternehmer habe ich gemerkt, daß freche Mahnungen meine Kunden sehr verärgern. Inzwischen mahne ich so, daß ein Drittel aller Angemahnten etwas Neues bei mir bestellen oder mich anrufen und ich ein nettes Pläuschchen mit ihnen halte.

Das geht ganz einfach und macht Spaß: Ich schreibe meine Mahnungen sehr persönlich und äußere erstmal viel Verständnis für meinen Kunden und seine Belange, weise aber auf die allgemeinen Gepflogenheiten hin, für erbrachte Leistungen auch wie abgesprochen zu bezahlen. Dann biete ich in einem Begleitschreiben ein neues Produkt an, natürlich verbunden mit der Bitte, vor der Bestellung doch zu zahlen, da sonst eine Bearbeitung nicht möglich ist.

Meistens zahlt der Kunde dann zügig.

Merke: Unfreundlichkeit bringt dich in keinem Fall weiter. Freundlichkeit ist bestes Marketing. Aufklärung über mögliche finanzielle und rechtliche Folgen einer nicht stattfindenden Zahlung freundlich ummanteln. Es soll nicht wie eine Drohung aussehen, sondern wie ein Bedauern!

Auch wenn 5% meiner Kunden ihre Rechnungen nicht zahlen, ist das kein Grund, den anderen 95% gegenüber beim ersten Anlaß unfreundlich zu begegnen.

Nicht auf Pump arbeiten oder leben

Das Leben hält allerlei Erfahrungen für jeden von uns bereit. Einige davon sind üble Überraschungen. Wenn so eine üble Überraschung dich erwischt, während du einen Kredit am laufen hast, dann kann das dein berufliches Ende bedeuten. Auf jeden Fall aber schränkt das Abzahlen eines Kredites, den du für ein fehlgeschlagenes Projekt aufgenommen hast, deine Freiheit ganz ungemein ein.

Die Bank gewinnt immer. Deshalb vergibt sie gerne Kredite. Wenn du einem Bankangestellten eine neue Geschäftsidee vorstellst, dann wird er dir vielleicht einen Kredit bewilligen. Doch das heißt nicht, daß deine Geschäftsidee gut ist. Banken irren immer wieder gewaltig und verlieren Unsummen Geld, weil sie Kredite falsch vergeben haben.

Wenn du für deinen Beruf einen Kredit aufnimmst, dann kann dich eine Lebens- oder Wirtschaftskrise kleinsten Ausmaßes ans Messer liefern.
Diese Krisen kommen! Wenn du nur mit Geld operierst, das dir gehört, hat eine Krise kaum eine Chance, dich und deinen Beruf auszulöschen oder deine Freiheit einzuschränken.
Gerade junge Unternehmen neigen dazu, sich maßlos zu überschätzen, gerade wir Kreativen sind ja stets so sehr von uns und unseren Visionen begeistert, daß wir gerne und regelmäßig in unseren Hoffnungen fehlgehen. Das ist nicht weiter schlimm - solange man eben durch das Fehlgehen keine Schulden machen muß.

Es gibt sicher Situationen, da geht es nicht ohne Kredit. Und ganz bestimmt gibt es zahllose Fälle sehr erfolgreicher Firmengründungen, die ohne Bankkredit gar nicht stattgefunden hätten.

Die meisten erfolgreichen Unternehmen geben jedoch immer nur Geld aus, wenn sie Geld haben. Eigenes Geld. Alle Bücher im Bereich Marketing und Unternehmensberatung, die ich gelesen habe, raten rundheraus von der Aufnahme von Krediten ab.

Wenn du keine Schulden hast, bist du frei

Schulden bezahlst du mit Sorgen. Geliehenes Geld ist die Kugel in der Trommel des Revolvers beim russischen Roulette. Fünf Chancen, daß sie dich nicht erwischt. Wenn sie dich erwischt, war es das!

Beginne deine Geschäftsideen lieber Schritt für Schritt. Bau dich langsam auf. Genieße es, sparsam und bescheiden zu beginnen, ohne Zinslast, ohne Schulden.

Ebenfalls beliebt sind Käufe per Ratenzahlung. Laß die Finger lieber davon! *Kaum ein Finanzprofi kauft auf Raten.* Ratenkauf ist immer teurer. Wenn du bar und auf einmal zahlst, kannst du fast immer den Preis runterhandeln und sei es, um nur 2-3% Skonto zu erhalten (Abzug vom Gesamtbetrag, falls du bar oder Vorkasse zahlst).

Zwischen Geld und seelischem Befinden besteht eine Verbindung. Nicht umsonst hängen zig Millionen Menschen in einem Teufelskreis der Schulden fest: Sie fühlen sich auch innerlich nicht wert, ohne Schulden und Schuldstreß zu leben. *Ein Mensch mit einem unausgeglichenen Konto ist so gut wie nie in seiner Persönlichkeit ausgeglichen.*
In vielen Gesprächen mit verschuldeten Menschen, mit Menschen ohne Schulden und mit solchen, die es geschafft haben, sich von ihren Schulden zu befreien, haben sich diese Tatsachen für mich herausgestellt. Letztere erleben durch die Befreiung von ihren Schulden immer einen erheblichen

Schub in ihrer Kreativität und in ihrer Lebensqualität. Fast immer beginnen Menschen, die es geschafft haben, sich systematisch zu entschulden, anschließend damit, in ihrem Beruf erfolgreicher zu werden!

Vermeide _unbedingt_, Schulden zu machen!

Wenn du nun doch dein Konto per Dispokredit schon überzogen hast, dann rede mit deiner Bank. Es ist sinnvoller, die Disposchulden in einen Kleinkredit umzuwandeln. Für 5.000 Euro Dispo zahlst du bei 12% Zinsen im Jahr 600 Euro Zinsen. Wenn du einen Kredit über 5.000 Euro abzahlst, dann zahlst du bei 5% gerade mal noch 250 Euro, also 350 Euro weniger. Jede gute Bank hilft dir hier gerne weiter.

Projektkalkulationen

Egal was du planst, egal was du kreativ machst: Wenn du Geld einsetzt, solltest du genau planen, was deine Vision kosten wird. Wenn du alle Ausgaben für ein Projekt genau berechnet hast, dann schlage noch einmal zwischen 20-100% deiner berechneten Kosten drauf. Je komplexer dein Vorhaben wird, desto mehr solltest du auf deine präzise Kalkulation draufschlagen. Das heißt, wenn du zum Beispiel eine CD produzieren willst und hier zehn Kostenpunkte (Preßkosten, Graphiker, Studio, etc) zusammenkommen, dann kommst du vielleicht mit 20% Sicherheitszuschlag gut hin. Wenn du ein großes Bühnenevent planst, bei dem alleine zwanzig Firmen und hundert Künstler beteiligt sind, dann sind 50% Projektzuschlag schon dringend zu empfehlen.

Wenn du drei bis vier Projekte erfolgreich abgeschlossen hast, dann findest du einen eigenen Schlüssel zur Einschätzung der möglichen Kosten. Doch vertraue darauf, es wird teurer als du planst. Wenn es dann nicht teurer wird oder gar billiger, gibt es Grund zu feiern!

Geübte Unternehmer kalkulieren präzise. Und schlagen dann ordentlich drauf. Wenn nämlich irgend etwas schiefgeht (und bei großen Vorhaben geht immer irgendwas schief bzw. es läuft nicht so, wie es geplant war) dann kann einen die Kalkulation nicht durcheinanderbringen.

Zahlreiche junge Unternehmen und Freiberufler scheitern, weil sie der Meinung waren, sie haben den totalen Überblick. Viele Pleiten kommen zustande, weil die Firmeninhaber sich verrechnen. Die Pleitegeier machen dann gerne die Widrigkeiten des Marktes für ihr Scheitern verantwortlich, doch ein guter Unternehmer kalkuliert eben diese Widrigkeiten ein. Mit 20 bis 100%.

Für dein nächstes Projekt kalkuliere 20-100% mehr Kosten, mehr Zeit, weniger Gewinn ein, als du berechnet hast. Es hilft dir immer, am Ende gut dazustehen. Wenn deine Berechnungen doch gestimmt haben, dann hast du Geld gespart, oder in der Währung der Kreativen: Du hast Zeit für neue, unabhängige Projekte zur Verfügung.

Die Mär vom bösen Finanzamt. Über Steuern und Lügen.

In der Regel erzählen einem alle, wie gräßlich man vom Staat ausgepreßt wird, und jeder kennt jemanden, der bei einer Steuerprüfung ganz schrecklich vom Finanzamt übers Ohr gehauen wurde. Doch vor dem Finanzamt Angst zu haben oder über die hohen Steuern zu jammern, hilft uns nicht weiter. Es zieht uns Kraft ab. Kraft, die wir fürs Marketing brauchen. Die Angst vor dem Finanzamt behindert unseren Weg zum Erfolg.

Die Gewinn-Verlust-Rechnung

Bevor das Finanzamt etwas von dir bekommt, hast du eine Menge Möglichkeiten, innerhalb der sogenannten **Gewinn-Verlust-Rechnung kreativ und legal** dafür zu sorgen, daß die Ansprüche des Finanzamtes nicht zu hoch ausfallen.

Dann läßt dir das Finanzamt einige Freibeträge, das sind Gewinneinnahmen, die du nicht versteuern mußt. Diese Beträge sind nicht gerade hoch, aber sie helfen.

Steuerprüfung: Geschichten über Willkür und Bosheit der Finanzämter gibt es weit mehr als es Finanzämter gibt. In der Regel tun die Damen und Herren ihren Job und haben keine Lust, jemanden zu betrügen oder übers Ohr zu hauen. Machen sie dennoch einen Fehler, kann man dagegen Einspruch erheben. Die ganze Angst vor dem Finanzamt streßt doch nur. Es gibt tausend Möglichkeiten, seine Steuerlast auf legalem Wege zu mindern. Leider steigen diese Möglichkeiten mit der Höhe des Einkommens, das ist ein Fehler der Gesetzgebung. Aber auch wir einfachen Künstler haben nicht wenige Chancen, konkret etwas aus dem Steuerrecht für uns herauszuschlagen.

Grundsätzlich gilt mein Tip: Betrüge besser nicht! Führe deine **Steuerunterlagen ordentlich und penibel.** Halte in Zweifelsfällen mit einem Finanzbeamten oder einem Steuerberater Rücksprache.

Aber Schritt für Schritt:
Du kannst dem Finanzamt einen formlosen Brief schreiben, in dem steht, daß du jetzt als freischaffender Künstler, welcher Couleur auch immer, arbeitest. Du giltst dann als Freiberufler.
Als Freiberufler machst du eine Gewinn-Verlust-Rechnung für jedes Kalenderjahr. Du solltest dann unbedingt das ganze Jahr über auch jede noch so kleine Rechnung und Quittung, die mit deinen **Ausgaben** zu tun hat, ordentlich sammeln. Bitte nicht in einem Schuhkarton, sondern chronologisch geordnet in einem Büroordner. So findest du Belege bei Bedarf schnell wieder.

Mit **Ausgaben** sind all jene Kosten gemeint, die dir entstehen, damit du deinen Beruf als freischaffender Künstler ausüben kannst. Und das sind sehr viele. Sagen wir einmal du bist Maler. Dann gelten als Ausgaben:
- All deine Malmaterialien wie Farben, Pinsel, Leinwände, Papier.
- Hast du ein Atelier? Dann ist das eine Ausgabe. Hast du innerhalb deiner Wohnung einen Raum oder mehrere, die du ausschließlich als Atelier benutzt? Sagen wir mal deine 60qm-Wohnung hat einen 20qm-Raum, in dem du ausschließlich künstlerisch arbeitest, dann kannst du

ein Drittel der Miete, der Nebenkosten, des Stromes und der Heizkosten als Ausgabe verbuchen.

- Hast du ein Telefon? Dann kannst du einen Teil der Telefonkosten als Ausgaben verbuchen, denn du mußt ja Kontakte mit Galerien und Kunden knüpfen, dich mit Kollegen zu Aktionen verabreden, mit der Presse telefonieren etc. pp. Das sind Ausgaben.
- Hast du dir einen Computer für deine Büroarbeit angeschafft? Das ist eine Ausgabe, wenn du den Computer nachweislich für deine Arbeit brauchst.
- Du läßt Einladungskarten für deine Ateliereröffnung drucken? Das sind Ausgaben.
- Du holst mit deinem Auto die gedruckten Einladungen bei der Druckerei ab? Dann kannst du die Autofahrt als Ausgabe verbuchen. Und auch das Parkticket vom Parkplatz vor der Druckerei: eine Ausgabe.
- Der Sekt und die Knabbereien für deine Vernissage-Gäste? Ausgaben!

Für alle diese Ausgaben mußt du Quittungen beziehungsweise Rechnungen sammeln. Achte zum Beispiel gerade bei kleinen Quittungen wie dem Parkticket darauf, eine Notiz hinten auf die Quittung zu schreiben, warum das Parken für deinen Beruf Kunst wichtig war: Weil du bei der Druckerei die Einladungen abholen mußtest.

Am Jahresende enthält der Ausgabenordner dann Belege für folgende Ausgaben:

Verluste (oder auch Kosten):

Künstlermaterialien	2.415,34 EUR
Ateliermiete und Nebenkosten	
12 x 1/3 von 480,- EUR	1.920,00 EUR
Telefonkosten	
Im Jahr 464,- EUR davon 2/3	309,34 EUR
Computeranlage	
Anschaffung 1.200 EUR, dieser	

Betrag wird über 3 Jahre abge-schrieben, also dieses Jahr	400,00 EUR
Einladungskarten drucken	380,00 EUR
250 Einladungskarten verschicken	
Porto, Briefumschläge	300,00 EUR
Fahrtkosten	800,00 EUR
Bewirtung im Atelier	250,00 EUR
Bewirtung außerhalb	165,00 EUR
Ausgaben für das laufende Jahr	**6.939,68 EUR**

So. Auf der anderen Seite solltest du genauso minutiös all deine Einnahmen verbuchen. Zum Beispiel für den Verkauf deiner Bilder. Aber auch wenn du einen Malkurs veranstaltet und dafür ein Honorar kassiert hast, ist das eine Einnahme. Wenn du einen Katalog drucken läßt und diesen mit 10 Euro pro Stück verkaufst: Einnahme. (Die Kosten für den Druck sind ja auch Ausgaben).

Zur Jahresabrechnung:

18 Bilder verkauft,	
Gesamtwert	21.800,00 EUR
3 Malkurse	600,00 EUR
87 Kataloge verkauft	870,00 EUR
Einnahmen	**23.270,00 EUR**

Jetzt kommt es zur Gewinn-Verlust-Rechnung: Dabei wird der Verlust vom Gewinn abgezogen:

Gewinn sind deine Einnahmen	23.270,00 EUR
Verlust sind deine Ausgaben	- 6.939,68 EUR
	16.330,32 EUR

Von diesem Betrag darfst du dann aber noch deine Kranken- und Renten-versicherung bezahlen. Das sind 33% von diesem Betrag, also 5.443,44 EUR. Gehen wir davon aus, daß du in der Künstlersozialkasse versichert bist und diese die Hälfte der Kosten übernimmt, bleiben 2.721,72 EUR.

Die darfst du von den 16.330,32 EUR abziehen. Bleiben 13.608,60 EUR.

Von diesem Betrag wird dann der Steuerfreibetrag abgezogen. Das ist der Minimalbetrag, den dir der Staat gönnt, damit du nicht verhungern mußt. Der genaue Wert variiert, es finden ja alle naselang Steuerreformen statt in diesen Tagen. Der hier angegebene Wert ist also nur theoretisch, sagen wir mal 600 EUR im Monat also 7.200 EUR im Jahr. Der geht wieder von den 13.608.60 Euro runter.

Es bleiben 6.408,60 EUR.

Und erst dieser letzte Betrag wird versteuert! Das heißt von unseren 23.270 EUR Einnahmen müssen wir 6.408,60 EUR versteuern. Dann kommt es auf die gültigen Steuersätze an, wieviel du zahlen mußt. Sagen wir mal 25%, dann mußt du 1.602, 15 Euro Steuern zahlen.

Nun gibt es eine schöne Methode, um die Steuerlast zu mindern: Investiere in dein Herzblut. Investiere in deine Kreativität. Investiere in deine Weiterbildung. Investiere ins Marketing. Je mehr du ausgibst, je mehr Kosten du für deinen Beruf machst, desto weniger Gewinn bleibt zwar, desto weniger Steuern mußt du dann aber auch zahlen.

Das kann zum Beispiel so ablaufen: Im November bemerkst du, das Jahr ist gut für dich gelaufen, du hast besagte 6.408,60 Euro Überschuß. Dann überlege genau, was es noch für sinnvolle Investitionen gäbe, die du tätigen könntest: Kauf noch Künstlermaterialien. Nimm noch an einer Weiterbildung in deiner Kunst teil. Verschicke zu Weihnachten noch ein Mailing an deine Kunden. Gib noch mal 2.000 Euro aus und du hast nur noch 4.400,00 Überschuß. Dadurch rutschst du in eine günstigere Steuerklasse und mußt nur noch etwa 19% zahlen (Achtung: nur Beispielwerte!). Es bleibt eine Steuerlast von 836,00 Euro - doch wie gesagt, die Werte sind theoretisch. Wahrscheinlich zahlst du weniger …

Die ganze Rechnerei hier soll dir nur als Beispiel dienen und dir ein wenig die Angst vor dem Finanzamt nehmen. Ich empfehle, bei deinen ersten

Jahresabrechnungen unbedingt eine Steuerfachkraft hinzuziehen oder dir von erfahrenen Kollegen helfen lassen.

Das Finanzamt gestattet dir, in deinen Beruf zu investieren. Du liebst deinen Beruf als Kreativer. Also macht es auch Spaß zu investieren, zumal ja bei gutem Marketing Investitionen zu mehr Umsatz führen (und damit wieder zu mehr Einnahmen, die du investieren kannst oder versteuern mußt). Die ganze Angelegenheit ist nicht ein halb so schlimmes Drama, wie immer alle tun. Sammle nur ordentlich alle Belege: Eine Abteilung für deine Ausgaben, eine für deine Einnahmen. Wenn du schummelst, dann fliegt das bei einer Prüfung auf. Das Finanzamt schaut auf deine Konten, guckt hinter deine Bilder und fragt sich, womit du den Ferrari vor der Tür bezahlt hast. Wenn du nicht betrügst, mußt du nichts befürchten. Ich für meinen Teil lebe gerne ohne Angst vor dem Finanzamt. Und ich liebe es, in meinen Beruf zu investieren.

Die Kritik am Staat bleibt dennoch berechtigt. Wenn man 13.600 Euro netto verdient, ist es schon ganz schön schräg von diesem wirklich spärlichen Betrag noch Steuern einzufordern. Der Steuerfreibetrag ist einfach zu niedrig angesetzt.

Meine Empfehlung für die Erstellung deines Einkommenssteuerbescheids: Nimm als Einsteiger die Hilfe einer Steuerfachfrau oder eines geübten Kollegen in Anspruch. Nach einem oder zwei Jahren weißt du dann, wie es geht und kannst, wenn du es wünschst, die kommenden Steuerbescheide selbst erstellen. Für einen selbständigen Freiberufler reichen hier zu Beginn der Karriere weder Bücher noch Steuersoftware. Diese machen nur Sinn, wenn du in den Grundlagen Bescheid weißt.

Rücklagen bilden

Jedes gesunde Unternehmen bildet, sobald es ihm möglich ist, finanzielle Rücklagen. Für einen Kreativen ist das ebenfalls zu empfehlen. Mit Rücklagen verschaffst du dir die Freiheit, „Nein!" zu sagen.

Ein Beispiel: Wenn du 5.000 Euro verdienst, davon 1.500 Euro sofort ver-
brauchst, um zu feiern, deine Kleiderkammer und den Vorrat zu füllen und
dann noch 1.000 Euro in dein Unternehmen zu investieren, indem du neue
Materialien kaufst oder schöne Visitenkarten druckst, so bleiben dir 2.500
Euro. Je nach Lebenswandel kannst du davon vielleicht ein bis zwei Monate
leben und arbeiten. In dieser Zeit kannst du dich unabhängig kreativ entfalten. Du kannst Jobs ablehnen, die dir nicht passen. Du kannst dich voll und
ganz deinem kreativen Thema widmen. Weil du dich deinem Thema widmest und weil du das unabhängig tun kannst, wird sich sowohl die Qualität
deiner Arbeit wie auch deines Marketings durch diesen Freiraum verbessern. Das wiederum verbessert deine Erfolgsaussichten auch und besonders
in qualitativer Hinsicht.

Wenn du deine Kunst liebst und dich unabhängig fortentwickeln willst,
dann ist es meistens sinnvoller, erst einmal Rücklagen zu bilden, bevor du
dir einen neuen DVD-Player kaufst, eine teure Party steigen läßt oder einen
Linienflug nach Haiti buchst.

Bilde Rücklagen und mit ihnen wirst du freier. Gehe achtsam und kalkuliert
mit Geldzeit um. Denn Geldzeit verschafft Freiheit. Freiheit hilft, erfolgreich zu leben und zu arbeiten.

Das tiefe Tal des Geldgejammers

In einigen Kunstmarketing-Büchern wird gerne über die miesen finanziellen Bedingungen für junge Künstler geschrieben. Höre nicht darauf. Jammern verbraucht zuviel Kraft. Es ist die Regel, daß junge Unternehmer in
den ersten Jahren nach ihrer Firmengründung kaum Geld verdienen und
jeden Cent wieder in die Firma stecken. Das ist der Weg zum Erfolg. Aus
diesem Grunde darfst du auch über fünf Jahre keinen Gewinn machen,
bevor das Finanzamt mal nachhakt, was du so treibst. Wenn es für eine
beliebige Firma normal ist, kaum zu verdienen, woher kommt dann die
Unkerei, weil kreative Neulinge am Anfang so wenig verdienen? Das scha-
det der Motivation! Einige Jahre von der Hand in den Mund zu leben ist

nichts Besonderes für jeden Jungunternehmer, zumal für einen, der so etwas Schönes tun darf, wie wir: von Kreativität leben.

Sollte es bei dir von Anfang an besser oder sogar sehr gut laufen: Super, mein Kompliment. Damit liegst du über dem Durchschnitt.

Solange du in Freude deine Arbeit tust, bist du reicher als die Mehrheit der Menschheit. Gegen all das Gejammer hisse diese Flagge: Du bist einer der reichsten Menschen der Welt, denn du liebst es, deiner Berufung zu folgen und folgen zu können. Was du die Stunde verdienst? Du verdienst jede Stunde das Lachen der Freiheit, den Wind der Unabhängigkeit.
Wer hat das schon?
Und schließlich hast du die Chance, aufzusteigen. Dann verdienst du tausend Euro am Tag und immer noch bist du glücklich und frei. Wer hat diese Chancen schon?
Nennt es jemand entbehrungsreich, weil du ein altes Auto fährst und in einer günstigen Wohnung lebst? Du nennst es Armut, nur Geld zu verdienen, aber seinen Traum nicht zu kennen.

Die Künstlersozialkasse (KSK)
Eine ganz tolle Sache, die uns Kreative vor den anderen Selbständigen enorm privilegiert, ist die Künstlersozialkasse. Sie hilft Geld sparen. Und zwar enorm viel Geld. Die Künstlersozialkasse übernimmt nämlich die Hälfte unserer Beiträge für Kranken- Pflege und Rentenversicherung. In meinem Rechenbeispiel oben hast du gesehen, daß es hier schon bei einem niedrigen Einkommen schnell um einige hundert bis tausend Euro gehen kann, die du durch die KSK sparen kannst.

Ich möchte hier nicht den Raum verschwenden, die Aufnahmekriterien für die KSK zu beschreiben. Auf deine Anfrage versendet diese Institution einfach verständliches und recht übersichtliches Infomaterial an dich. Auch die Internetseite der KSK hilft gut weiter.

Die Mitarbeiterinnen und Mitarbeiter bei der KSK sind - meiner Erfahrung nach - ausgesprochen höflich, hilfreich und geduldig. Wenn du Fragen zu deinem Antrag hast, bekommst du hier Hilfe.

Der Ablauf:

1. Fordere formlos ein Antragsformular für die Zulassung zur KSK an:
   Postadresse:
   Künstlersozialkasse
   26380 Wilhelmshaven
   Telefon: (0 44 21) 75 43 - 9
   Internet: www.kuenstlersozialkasse.de
2. Du füllst diesen Antrag aus und schickst ihn an die KSK.
3. Die KSK entscheidet über deinen Antrag. Es kann hier durchaus vorkommen, daß Rückfragen gestellt werden. Nimm das als Qualitätsmerkmal: Man bemüht sich darum, den künftigen Weizen von der Spreu zu trennen.
4. Nach Aufnahme in die KSK zahlst du deinen halben Sozialbeitrag direkt an die KSK und diese leitet dann den Gesamtbeitrag an die Krankenkasse deiner Wahl, sowie die Renten- und die Pflegeversicherung weiter.

Verlasse deinen Geburtsort

Künstler werden nicht zu Hause bekannt

Die meisten Künstler kommen erst zu Ruhm und Ehren, wenn sie ihren Geburtsort verlassen. Das hat vielschichtige psychologische Gründe sowohl in dir als auch bei den Menschen, die in deinem Umfeld leben, doch es ist üblich, daß der Erfolg im Heimatort sich eher selten einstellt. Wenn man in seiner Geburtsgegend als Erfolgreich akzeptiert wird, dann weil man es in „der Fremde" geschafft hat.

In deinem Ort kennen dich alle noch aus der Zeit, als du die Windeln vollgedrückt hast. Sie kennen dich, wie du zur Schule kamst und wie du beim Äpfelklauen erwischt wurdest. Sie kennen deine Eltern und womöglich deine Großeltern, in der Regel alles keine Künstler.
Von Künstlern wird erwartet, daß sie einen Weg gewandert sind. Diesen Weg müssen sie nicht nur in ihrem beruflichen Werdegang, sondern auch in der Welt zurückgelegt haben.
Ausländische Künstler haben da durchaus einen nicht zu unterschätzenden Vorteil, egal in welchem Land. Von Künstlern erwarten die meisten Menschen ein gewisses Maß an Exotik und Fremdartigkeit. Wenn sie sich an deine Windelfarbe erinnern können, dann bist wirst du es kaum schaffen, exotisch zu wirken.
Künstler muß ein Geheimnis umgeben. Nachbarn umgibt kein Geheimnis.

Wenn dir dieser Tip schrullig vorkommt, dann bitte ich dich doch einfach mal zu gucken, wo bekannte Künstler so leben. Wenn sie mal in ihrem Heimatort leben, dann sind sie meist von einer langen Reise zurückgekehrt. Eine Ausnahme bilden hier eventuell die größeren Städte ab einigen hunderttausend Einwohnern: Doch auch als gebürtiger Großstädter wirst du zu Beginn deiner Karrieren in anderen Städten erfolgreicher sein.

Das Fortziehen von deinem Geburtsort unterstützt dich zudem dabei, dich von deinen Ursprüngen zu lösen. Das ermöglicht in der Regel eine freiere Selbstfindung. Jeder Mensch wird sehr stark von seinem Elternhaus und seinem sozialen Umfeld geprägt. Solange diese Nabelschnur nicht gekappt wird, bleiben dir wichtige Lebenserkenntnisse verborgen. Wenn du erkennen willst, wer du wirklich bist, dann verlasse deine Heimat. Niemand hindert dich daran, einmal wiederzukehren. Doch erst mußt du hinausgehen.

In einigen Handwerksberufen ist es noch heute Tradition, daß sich der Geselle auf die Walz begibt. Er zieht durch die Welt und arbeitet und lernt allerorten in den verschiedensten Berufen und natürlich auch in seinem eigenen. Erst wenn er seine Reise beendet hat, darf er Meister werden.

Es gibt auch keine Märchen, in der der Held nicht ausziehen muß, um in der Fremde Abenteuer zu bestehen, bevor er dann zurückkehren darf und als Held gefeiert wird. Märchen sind ein Spiegelbild der Seele eines Volkes.

Glaub mir, wenn deine Berufung ein freier kreativer Beruf ist, werden sich die Menschen in der Fremde mehr für dich und dein Werk interessieren, als die zu Hause. Die Fremde hilft einem, sich innerlich neu zu sortieren und zu definieren und wie gesagt: Kreative sollte ein Hauch von Abenteuer umgeben.

Besser mit der Zeit zurechtkommen

Zeitmanagement ist Selbstmanagement

Einer der vielen Gründe, warum viele Künstler den Weg zum Erfolg gar nicht erst beschreiten, ist ihre absolut chaotische Beziehung zur Zeit.

Sie kommen häufig einfach nicht mit Terminen und Verbindlichkeiten zurecht. Planen scheint für viele ein Fremdwort. Oft ist es eine regelrechte Abneigung gegen jegliches Zeitmanagement, so daß man fast meinen könnte, nicht die Tätigkeit an sich ist das zentrale Motiv mancher Künstler, ihren Beruf zu wählen, sondern vielmehr ihre Abneigung gegen Uhren und hier insbesondere gegen Wecker.

Ich kenne viele nur mäßig erfolgreiche Kreative, die hauptsächlich eins tun: Rumgrübeln und nie, absolut nie länger planen als bis zur nächsten Ausstellung. Wenn überhaupt. Ganz besonders häufig entspringt eine solch laxe Haltung zum Thema Zeit einer fehlenden Zieldefinition. Wenn ich kein klares Ziel vor Augen habe, dann habe ich auch keine Idee eines der wichtigsten Parameters der Zielerreichung: Den Zeitplan.

Ich wälze mich seit fast zehn Jahren durch die Literatur zum Thema „Zeitmanagement" und konnte trotz bester Vorsätze nie länger als ein, zwei Wochen mit den meisten Empfehlungen in diesen beim ersten Lesen so klug erscheinenden Büchern leben. Einige wenige Zeittips fand ich jedoch mehr als hilfreich (die stehen auch in fast jedem Zeit-Buch drin).

Ein gekonnter Umgang mit Zeit ist für viele eine Voraussetzung für gutes Marketing. Erfolgreich sein braucht viel Zeiteinsatz. Gut zu wissen, wo und wie man ihn verbessern kann.

Zeit-Tip Eins: Definiere dein Ziel

Wenn du dein Ziel kennst und es klar mit allen Begleitumständen definierst, so wie im ersten Teil des Buches beschrieben wurde, dann kommst du auch besser mit der Planung deines Lebensstils zurecht.

Je klarer du weißt, was genau du willst, desto besser kannst du es in deinem Leben ohne Druck und Streß realisieren.

Wer nicht erkannt hat, was genau er im Leben will, treibt so dahin, geschüttelt und gewogen von den Wellen des Daseins. Manch einem ist das sein erklärtes Ziel: Sich dahintreiben lassen. Doch die meisten von uns wollen etwas im Leben erreichen. Finde heraus, was deine Ziele sind und du wirst weniger Zeit benötigen, weil du eher Dinge tust, die dich deinem Ziel näherbringen. Du kannst dir langfristige Ziele setzen, so für dein ganzes Leben oder fünf bis zehn Jahre, aber auch Monats-, Wochen- und Tagesziele helfen einem sehr, die vorhandene Zeit sinnvoll und strukturiert zu nutzen.

Zeit-Tip Zwei: Die Prioritätenliste

Diesen Tip halte ich für den Hit unter den Zeittips: Schreibe morgens früh oder abends vor dem Zubettgehen alle Dinge auf, die du heute bzw. morgen erledigen willst.

Dann gehe diese Liste durch und numeriere die Dinge danach, was am dringendsten und wichtigsten ist.

Erledige zuerst die drei wichtigsten und dringendsten Dinge.

Dann schreibe entweder eine neue Liste und wähle wieder die drei wichtigsten Dinge.

Der Trick ist simpel und sehr effektiv.

Fast alle Menschen und besonders Künstler neigen nämlich dazu, die dringenden und wichtigen Dinge vor sich herzuschieben. Entweder man verpaßt sie dann oder man gerät knapp vor Torschluß in Panik und die Erledigung bringt Tempostreß mit sich.

Ein Riesennachteil dieser „Verschiebe-Methode" ist unter anderem, daß man diese Dinge, die man da vor sich herschiebt, ständig im Hinterkopf bewegt, ganz nach dem Motto „Oh Mist, das und das muß ja noch getan werden, na, das mache ich nachher" und schon erledigt man etwas anderes, etwas, das eigentlich Spaß machen könnte, aber weil da noch der dunkle Schatten des „Ich muß ja noch" über einem schwebt, wird einem die schöne Tätigkeit ebenfalls zum Streß.

Zeit-Tip Drei: Erledige unangenehme Dinge zuerst!

Fast alle Menschen neigen dazu, unangenehme Dinge auf „die lange Bank zu schieben". Modern auch Schieberitis genannt. Mit dieser Krankheit schafft man es spielend, sich das halbe Leben zu versauen. Der Nachteil des Verschiebens ist nämlich:

a) Bis man das Unangenehme dann tut, sitzt es einem im Nacken und nervt da rum, frei nach dem Motto „Du mußt aber noch unbedingt ..."

b) Meist schiebt man das Unangenehme so lange auf, daß man es schließlich unter Druck erledigt oder gar nicht passend getan bekommt. So wird es noch unangenehmer!

Die Lösung: Führe die unangenehmen Aufgaben des Tages gleich zu Beginn deines Arbeitstages durch.

Wenn du alle Dinge, die dir unangenehm erscheinen, über den ganzen Tag verschleppst, blockieren sie dir den Tag mit negativen Emotionen.

Wenn du die ein, zwei oder drei wichtigen, aber unangenehmen Dinge gleich zu Beginn des Tages erledigst, hast du in gewisser Weise danach frei. Ich jedenfalls fühle mich dann immer so. „Puh, das wäre getan! Jetzt habe ich nur noch angenehmere Aufgaben vor mir."

Zeit-Tip Vier: Schaffe Ordnung

Das ist ein blöder Tip, oder? Vor zehn Jahren hätte ich ein Buch, das mir Ordnung empfiehlt, glatt aus der Hand gelegt. Ich habe damals allerdings mindestens fünfzehn Minuten am Tag damit verbracht, irgendwas zu suchen, eher mehr. Ich pflegte die für Künstler recht typische Unordnung.

Doch irgendwann habe ich nachgerechnet:

Fünfzehn Minuten Suchen, das sind eine und eine dreiviertel Stunde pro Woche oder sieben Stunden im Monat, gar 84 Stunden im Jahr.

Vierundachtzig Stunden im Jahr verbrachte ich damit, etwas zu suchen. Das sind rund neun volle Arbeitstage. Ich habe neun Arbeitstage im Jahr damit verbracht, Schlüssel, Socken, Pinsel, Stifte, Bücher, Kontoauszüge, Farben, Geldbörsen, Jacken, Klopapierrollen oder was auch immer zu suchen.

Die fernöstliche Harmonielehre Feng Shui weiß, das mit Unordnung in der Wohnung oder dem Büro immer Unordnung in seinem Bewohner Hand in Hand geht. Das ist nicht an den Haaren herbeigezogen. Ich kann als Berater nicht selten sehr schwierige und verworrene Lebenssituationen klären, indem ich meine Kunden anleite, bestimmte Bereiche ihres Hauses, ihrer Wohnung oder ihrer Arbeitsstätte aufzuräumen.

Es ist völlig unmöglich, daß der Mensch etwas um sich herum erzeugt, was nicht aus seinem Selbst entspringt. Ordnung im Außen hilft Ordnung ins Innere zu bekommen. Das garantiere ich dir!

Wir sind, was wir essen. Wir sind, mit welchen Menschen wir uns umgeben. Wir sind, wie wir uns kleiden. Und ganz sicher sind wir, wie wir wohnen.

Zeit-Tip Fünf: Rechne mal nach!

Allgemein macht jeder Mensch viele Dinge über Jahre und Jahre mit täglicher Regelmäßigkeit, ohne sich zu fragen, ob es ihm überhaupt etwas bringt. Ich habe früher mindestens eine Stunde damit verbracht, im Fernsehen herumzuzappen, meine tägliche TV-Zeit lag in etwa beim deutschen Schnitt (!) von inzwischen drei Stunden pro Kopf und Tag!!!

365 Tage mit durchschnittlich drei Stunden TV sind 1095 Stunden oder 121 Arbeits- oder Urlaubstage (das ist der deutsche Schnitt!!!).

Als ich diese Zahlen sah, da war die Rechnung für mich einfach: Ich schaue kein Fernsehen mehr und nutze die 121 gewonnen Tage, um 60 Tage mehr kreativ schaffen zu können und 60 Tage mehr spazierenzugehen, mit Freunden Karten zu spielen, zu grillen, zu lieben, mich zu betrinken oder ins Kino zu gehen oder einfach gar nichts zu machen. Nebenbei spare ich im Jahr ein kleines Vermögen an Fernsehgebühren.

Ganz nebenbei: Viele sehr erfolgreiche Menschen gucken nicht oder so gut wie nicht Fernsehen, Forscher haben hier schon lange einen Trend ausgemacht, daß viele Menschen immer weniger Zeit am Fernsehen verbringen. Interessanterweise sind das fast immer Menschen, die ihre Zeit kreativ nutzen!

Aber nicht nur zuviel Fernsehen schluckt Lebensraum. Wenn du am Tag nur fünf Minuten der Werbung widmest (das ist sehr wenig), die du per Post bekommst oder in Zeitschriften liest, dann sind das im Jahr über dreißig Stunden oder auch: drei Arbeitstage

Profis schauen sich nur Werbung durch, die sie bestellt haben. Der Rest wandert direkt in den Müll. Drei Tage im Jahr gespart.

Wenn du dich einmal die Woche eine halbe Stunde so sehr über Kollegen, Familie, Konkurrenz, Politik oder was auch immer ärgerst, so daß du nicht klar denken kannst, sind das 26 Stunden im Jahr.
Drei Arbeitstage!

Rechne mal ein wenig rum, das macht Spaß! Dokumentiere mal eine Woche lang jeden Schritt, den du tust. Und dann rechne aufs Jahr oder gar auf dein Leben hoch. Diese Übung lohnt natürlich nur für Leute, die ihre Zeit sehr straff nutzen. Wenn du mit deiner Zeit auskommst, dann lohnt es sich dennoch, ist mal spannend zu sehen, wie wenig Zeit man mit der Liebe verbringt und wieviel, um Geschirr zu spülen.

Zeit-Tip Sechs: Reduziere!
Je weniger verschiedenen Tätigkeiten du nachgehst, desto weniger kannst du dich verzetteln. Je weniger du meinst erleben zu müssen, desto tiefer kannst du das Wenige erfahren. Wenn du auf Tun in der Vielfalt verzichtest, kannst du mehr sein in dem Wenigen was du tust. Je weniger du arbeitest, desto mehr Power kannst du in diese Arbeit legen.

Prüfe einfach immer wieder: Muß ich das tun, was ich da gerade tue? Ist es wirklich wichtig für mich oder ist es „nur" eine Gewohnheit („nur", weil es natürlich auch Gewohnheiten gibt, die sehr wichtig sind).

Reduziere auch immer mal wieder alles, was sich so in den Ecken, Regalen, Kellern und Dachspeichern deines Hauses angesammelt hat. Du wirst feststellen: Wenn du alte Dinge losläßt, lösen sich auch in dir oft alte Vorstellungen und Verhaltensweisen auf.

Eine Zeit-Inspiration: Die 20:80-Regel

Eng verwoben mit den bereits genannten Tricks ist die 20:80-Regel. Sie besagt, daß arbeitende Menschen in 20% ihrer Arbeitszeit die 80% wichtigsten und effektivsten Dinge tun. Die übrigen 80% ihrer Arbeitszeit werden sehr uneffektiv eingesetzt, um nur 20% des Effektivitätsvolumens zu schaffen. Oder: 20% der Arbeit bringen 80% Erfolg, Umsatz, Bekanntheit. Den überwiegenden Teil von 80% der Arbeit verschleudert der arbeitende Mensch für Tätigkeiten, die nur 20% zu seinem Umsatz, Erfolg oder Ruhm beitragen.

Bei erfolgreichen Menschen, Lebenskünstlern und Künstlern beobachte ich, daß sie intuitiv nur 40% Arbeitszeit einsetzen, um auf 160% Erfolg zu kommen. Die restliche Zeit nutzen sie zum Müßiggang und zur Inspiration oder um Zeit mit Familie oder Freunden zu verbringen.

Wie schafft man es, aus einem Minimum an Zeit ein Maximum an Effektivität zu ziehen?

- Indem man genau weiß, was man erreichen will.
- Indem man Prioritäten setzt.
- Indem man unangenehme und wichtige Dinge zuerst erledigt.
- Indem man Ordnung hält und sich klarmacht, wo Zeit unnütz verlorengeht, und diese Zeitlöcher eliminiert.
- Indem man sein Tun auf das Wesentliche reduziert.

Den Weg gehen

Ausdauer und Beweglichkeit

Die praktischen Tips und Ideen in diesem Buch werden dir weiterhelfen können, dein Traum vom Leben als Künstler zu folgen. Doch Zaubertricks findest du hier nicht. Ich möchte ehrlich mit dir sein: Selbst mit der Umsetzung guter Marketingtips, selbst mit beachtlicher Begabung in deiner Kunst ist es sehr wahrscheinlich, daß auch schwere Zeiten vor dir liegen.

Das Leben wird dir etliche Stöckchen zwischen die Beine werfen, um zu prüfen, ob du nach dem Fallen wieder aufstehst. Ganz ohne Schwierigkeiten aller Art wird so gut wie keiner groß. Genaugenommen kenne ich niemanden, der einen geraden Weg ohne Stolpern und Stürzen ging.
Wenn in den Medien von „Shooting Stars" die Rede ist, dann sind das in der Regel Künstler, die professionell gemanagt wurden und die hart, hart gearbeitet haben oder welche, die einen Eintagshit landeten. Von denen sind die Medien voll. Sie dienen allen als Traumvision. Doch man ist noch nicht ins Bett gegangen und die meisten aller „Superstars", die am Morgen noch gefeiert wurden, sind am Abend schon wieder in Vergessenheit geraten. Willst du einmal berühmt sein und dann untergehen oder willst du ein Leben für deine Kunst?

Schnell, reibungslos und gewaltig (reich und berühmt) ist eine Wunschbildlüge, der wir nur allzu gerne glauben. Die Medien machen eindimensionales Marketing, sie befriedigen das Bedürfnis der Menschen nach der Lieblingslüge vom Prinzen, der da kommt und einen küßt und schon wird man berühmt und reich.

Schmink dir das lieber ab - Prinzen- und Prinzessinnenküsse mußt du dir verdienen! Die knutschen nicht einfach wild in der Gegend herum.

Aber es gibt vier Voraussetzungen, die die Chance erhöhen, vom Erfolg geküßt zu werden:

1. Du solltest Geduld haben
2. Du solltest Geduld haben
3. Du solltest Geduld haben
4. Du solltest noch mehr Geduld haben ...

Gemeint ist jedoch die Geduld des beständig seiner Vision folgenden Kreativen. Es gibt wohl einige zehntausend Kreative, die malen ihre Bilder, die haben ihre Buchmanuskripte fertig in der Schublade liegen oder sie verfügen über andere bemerkenswerte Talente. Sie sind schon mal hier und dort in die Öffentlichkeit getreten, haben vielleicht schon etwas oder etwas mehr verkauft. Sie sind Mitglied in einer regionalen Kunstgruppe mit jährlicher Ausstellung. Und sie wundern sich, weil sie nicht weiterkommen.

Wenn was laufen soll, dann solltest du die Beine unter die Arme nehmen und schaffen, schaffen, schaffen. Du solltest deine Vision, dein Ziel konsequent verfolgen, das meine ich mit Geduld. Du solltest ständig lernen. Jede Gelegenheit nutzen, und jede Ablehnung sollte nur deinen Willen stärken und sich so in eine Lehreinheit verwandeln.

Sei nicht starr in deiner Geduld, sitze das Thema nicht aus. Zeige dich beweglich. Wer darauf besteht, daß seine Kunst perfekt ist und sich nicht bemüht, dazuzulernen, wer sich nicht um neue Sicht- und Arbeitsweisen erweitern möchte, der ist erstarrt. Erstarrte Menschen haben im dritten Jahrtausend wenige Chancen auf Erfolg.

Du solltest beharrlich sein. Dich nicht davon abbringen lassen, an dich zu glauben und dennoch ständig an dir arbeiten. Du solltest immer wieder rausgehen und vorsprechen. Dich vorstellen bei den Menschen. Kontakte knüpfen.

Du solltest Selbstzweifel und Frustration überstehen. Gehe durch diese oft unangenehmen Erlebnisse hindurch und du wirst durch sie reifen.

Wenn du dich von Selbstzweifeln und miesen Erlebnissen abbringen läßt, deinen Weg zu verfolgen, dann bist du nicht besessen genug. Auch das ist völlig in Ordnung. Man kann auch am Wochenende und feierabends sein Potential entfalten und als Künstler leben, während man tagsüber einen Job macht.

Künstler sein heißt, in kaltes Wasser zu springen.
Es heißt manchmal auch, daß man im Wasser ersäuft. Wer es schafft, sich wieder und wieder selbst zu gebären, hat bessere Chancen. Wer es schafft, aus jedem Untergang eine Lehre zu ziehen, für den gibt es keine echten Katastrophen.

Künstler sein heißt, ein Abenteurer zu sein. Ein Mantel- und Degenheld. Ein Draufgänger, im Innen und manchmal auch im Außen.

Bei manchen Künstlern dauert es zehn bis zwanzig Jahre, manchmal länger, bis sie von der Kunst leben können. Daß man erst Geld mit seiner Arbeit verdient, wenn man das Zeitliche gesegnet hat, ist allerdings Mumpitz und gehört zur Mythensammlung über das Künstlerleben. Wenn du bereit bist, alles zu geben, ist es je nach Talent und Konsequenz möglich, innerhalb von ein bis sechs Jahren hauptberuflich von der Kunst zu existieren. Das kommt auch auf die Branche an. Mit Dienstleistungen geht es meiner Beobachtung nach sehr viel schneller als mit Produkten.

Konsequent sein heißt, deinem Stil folgen und ihn beibehalten, ihn zu verbessern und zu vertiefen. Dich nicht von Rückschlägen einschüchtern lassen. Zu dir und deinem Werk und deiner Person mit ihren Werten und Visionen zu stehen.

Beharrlichkeit und Geduld im Umgang mit den Menschen, den Kunden, Vermittlern und Medien und vor allem mit dir und deinen Wünschen gehören zum A und O, wenn du von deiner Kunst leben willst.

Leiden hilft nicht wirklich

Freude und Begeisterung als Heerführer des Erfolgs

Künstler und Kreative leiden gerne. Am Undank der Welt, an den Schwierigkeiten, es als Kreativer zu schaffen, an sich und überhaupt. Leid ist für viele von uns ein Quell der Kreativität, das stimmt wohl. Aber es hindert meisten daran, sich beruflich zu entwickeln. Zumindest langfristig gesehen. Es scheint mir auch so, daß wir als Nation so eine Art leidendes Volk sind. Man lese nur mal die Zeitungen dieser Tage: Eines der reichsten Völker der Welt fällt im Ausland besonders auch durch sein hohes Jammerpotential auf: die Deutschen. Das hat schon was Paradoxes. Ein weiterer Hinweis darauf, daß Reichtum nicht glücklich macht. Alle scheinen immer nur auf die noch Reicheren zu schauen und sich mit ihnen zu vergleichen, anstatt sich an dem zu erfreuen, was sie selbst erreicht haben.

Ich persönlich halte Traurigkeit, Leid und Mißmut für emotionale Qualitäten, die gut und wichtig für den Menschen sind, doch sie sollten das Leben und Arbeiten nicht dominieren. Gerade bei uns Kreativen nicht. Wir arbeiten in den schönsten Berufen der Welt, sind mehr oder weniger frei und da tut es gut, das auch in Freude zu genießen.

Gutes Marketing (außer natürlich du bietest Dienste oder Waren an, die mit Mißmut und Traurigkeit verbunden sind) darf in Freude und Begeisterung gelebt werden. Es bringt energetisch nur etwas, sich zu bedauern, wenn man daraus die Kraft zieht, sich zu verbessern.

Dir selbst und deiner Arbeit, deinen Mitmenschen und Kunden in Freude, Frohsinn, Mut und offenherzigem Lebensstil zu begegnen, das ist sehr wichtig, wenn du es schaffen willst. Wenn du mißmutig, mißtrauisch oder mürrisch durch die Welt läufst, dann wird die Welt dir auch genau das antworten, ganz nach dem Gesetz der Resonanz.

Ich würde das beherzigen. Ganz viele Menschen sind auch und besonders erfolgreich, weil sie Begeisterung verströmen. Begeisterung über ihre Kunst, ihr Leben, das Leben im allgemeinen und natürlich: Begeisterung über jeden Kundenkontakt.

Selbst wenn du einmal entscheiden solltest, daß dir der Weg des Künstlers zu beschwerlich ist: Schau nicht mißmutig zurück. Jede Zeit ist ein gute Zeit, solange wir nicht an schweren körperlichen Gebrechen leiden (und vielleicht sogar dann, ich habe da keine Erfahrungen). Wir leben nur einmal, jedenfalls sollten wir davon ausgehen. Es gibt keine Erfahrung, die wir verneinen sollten, sie kommt ja nicht umsonst zu uns.

Denk mal: Ein guter Teil der Menschheit kann gar nicht lesen. Das ist doch Freude wert, wenn du das hier lesen kannst.
Viele Menschen können zwar lesen, halten es aber für überflüssig. Sie interessieren sich nicht für die Gedanken und Erfahrungen anderer Menschen. Das ist schon Freude wert, daß du so offen bist und mir und dir diese Aufmerksamkeit widmest.

Das Leben ist schön. Jeder Tag, jeder Sonnenschein, auch die verregneten Tage, denn sie erzählen uns ebenfalls, wer wir sind.

Leiden bringt nicht wirklich weiter. Freude kann ein Markenzeichen sein, meines ist sie. Und auf dem Banner, das du ins Feld Leben trägst, kann ruhig Begeisterung wehen.

Du ziehst mit dieser Haltung freundliche Menschen und Situationen an. Vertraue darauf. Das Leben gibt, was es bekommt.

Evolution

In Bewegung bleiben bringt immer Gewinn

Einen Bestandteil der fünften Stufe zum langfristigen Erfolg hältst du hier in den Händen: Ein Buch. Im letzten Jahrtausend mag es möglich gewesen sein, durch die Vermarktung einer einzigen guten Idee sein Leben lang überleben zu können. Doch in der Gegenwart und Zukunft werden die Menschen auf allen Märkten ständig herausgefordert sein, sich weiterzuentwickeln. Im dritten Jahrtausend sorgen die Vernetzung des Wissens und der Wille von Millionen Kreativen überall auf der Welt, sich frei zu entfalten und ihre Kunst zu leben, für neue Herausforderungen. So ist es erforderlich, daß man sich und seine Arbeit ständig verbessert, vertieft und zu erweitern sucht, will man langfristig erfolgreich bleiben.

Bücher sind eine hervorragende Methode, sich neues Wissen anzueigenen. Aus diesem Grunde findest du hier auch eine ganze Liste mit Buchtiteln rund um das Thema qualitativer und quantitativer Erfolg, die ich gelesen habe und dir mir hilfreich waren.

Die eigene Sicht zu erweitern, deine Werke auch mal selbstkritisch in Frage zu stellen, das hilft dir weiter, dich zu entwickeln. Den größten Einfluß auf den Erfolg hat nämlich dein inneres Wachstum. Die konstruktive Arbeit am „Ich" ist so eine Art Versicherung dagegen, daß man starrsinnig wird und der langfristige Erfolg verlorengeht oder er sich gar nicht erst einstellt. Hier hilft es, sich der Meinung und Kritik anderer Menschen zu stellen, sei es in Gruppen, auf Messen und Ausstellungen, in Gesprächskreisen oder Seminaren, die zur Selbstreflexion einladen. So kann das ganze Leben eine herrliche Therapie sein, in der man sich selbst näher kennenlernt und sich über die Notwendigkeit des reinen Überlebens hinaus zu einer Persönlichkeit entwickelt. Dieses ganze Buch handelt von der Kraft, die Marketing dadurch erfährt, daß es mit deiner inneren Einstellung verwoben ist bzw. daß es aus dieser entspringt.

Seminare, Aus- und Weiterbildungen

Es gibt immer noch etwas dazuzulernen! Nutze die Möglichkeiten, Fachseminare, Kongresse, Messen und Weiterbildungen zu deiner Berufung zu besuchen. Hier gelangst du nicht nur an Fachwissen zu deiner konkreten Arbeit, sondern bekommst in den Pausen auch Kontakt zu Kollegen und Kolleginnen. Nicht selten wird hier das wesentlichere Wissen kommuniziert.

Mein persönlicher Tip: Es lohnt sich auch, immer mal wieder eine Weiterbildung zu einem Thema wahrzunehmen, das nur indirekt dein Fachgebiet berührt. Als Holzbildhauer ein Seminar über Forstwirtschaft, als Maler eine Fortbildung in Wahrnehmungspsychologie, als Autor einen Vortrag über Betriebswirtschaft für Kleinstunternehmen, als Graphiker in Verkaufstechnik, als Schauspieler in Yoga. Lernen tut immer gut, erweitert die Sicht und schafft neue Perspektiven. Die internationalen Studien zu unserem Bildungssystem lassen Deutschland dumm dastehen und es wird um so deutlicher: Die Sieger in der Zukunft werden die Lernenden sein.

Buchempfehlungen

Die Preise für die hier genannten Fachbücher gehen schnell mal deutlich über 20 oder gar 30 Euro. Wer sparen möchte, dem empfehle ich bei Amazon die Marketplace-Kaufoption. Dort bekommst du die Bücher gebracht und oft viel billiger. Die Information bleibt dieselbe ....

Permission Marketing macht Kunden süchtig

von Torsten Schwarz

Gebundene Ausgabe - Max Schimmel Verlag , ISBN: 3920834887

Wenn du regelmäßig Werbebriefe an den immer gleichen Personenkreis versenden möchtest, solltest du dir, zumindest bei Privatpersonen, die Erlaubnis dafür holen. Bei Newslettern und eMail-Marketing ist das sogar gesetzlich vorgeschrieben. Dieses Buch beschreibt, mit welchen Tricks und Kniffen du deine Kunden für deine Werbung gewinnen kannst.

Wenn du es eilig hast, gehe langsam.

von Lothar J. Seiwert

Broschiert - 230 Seiten - Campus Fachbuch Verlag, ISBN: 3593373696

Ein gutes Buch zum Thema Zeitmanagement. Besonders gefallen haben mir hier die Testreihen, in denen man feststellen kann, ob man ein Links- oder Rechtshirnaktiver Mensch ist. Dieses Buch hat mich nach einem Jahrzehnt der Unzufriedenheit mit meinem Zeitmanagement mit mir versöhnt. Sehr zu empfehlen.

Dem Leben Richtung geben

von Jörg Knoblauch, Johannes Hüger, Marcus Mockler

Gebundene Ausgabe - 224 Seiten - Campus Verlag, ISBN: 3593373238

Auch ein tolles Buch von Campus, durch das man sich fein durcharbeiten kann, um herauszufinden, wohin man eigentlich genau will im Leben. Wenn dir die Anregungen und Übungen in meinem Buch nicht genügen und du dir gar nicht sicher bist, was eigentlich deine Berufung sein könnte, dann ist dieses Buch hilfreich.

Inkasso - So treiben Sie Außenstände ein, m. CD-ROM

von Peter David

Broschiert - 183 Seiten - Haufe, ISBN: 3448056642

Das Thema ist natürlich der Horror, doch dieses Buch hilft auf übersichtliche und nachvollziehbare Weise weiter und enthält sogar eine CD-ROM zum Bedrucken der amtlichen Formulare. Wenn du mehr als einmal im Jahr Mahnbescheide beantragen mußt, dann solltest du dir dieses Buch leisten.

Werbebriefe in Textbausteinen. Mailen. Anbieten. Nachfassen.

von Michael Brückner

Broschiert - 200 Seiten - Mod. Industrie, La., ISBN: 3636011294

Wenn du viele oder umfangreiche Werbemailings verschickst, dann lohnt es sich auf jeden Fall, mit weiteren Büchern zu lernen. Es sind zahllose kleine Details, die einem beim Planen und Verfassen von Werbebriefen nicht von selbst gelingen und womöglich die Wirkung des Mailings zunichte machen. Das Buch hilft kompakt und verständlich weiter.

Kundenorientiert korrespondieren
von Erhard Schätzlein, Ines Rothe
Broschiert - Cornelsen Lehrbuch, ISBN: 3464490459
Wenn du mehr auf Übungen als auf Fallbeispiele stehst, dann ist dieses Buch dem von Brückner vorzuziehen. Inhaltlich behandeln sie dasselbe Thema, wenn du sie gebraucht ergattern kannst, dann lohnen sich alle drei Bücher gemeinsam. Zwar wiederholt sich dann einiges, aber danach sitzt es dann ein für allemal.

99 Erfolgsregeln für Direktmarketing
von Siegfried Vögele
Gebundene Ausgabe - 263 Seiten - Moderne Industrie, ISBN: 3478255015
Wenn du viele Briefmailings oder auch in höheren Auflagen verschickst, dann lohnt es sich, mit diesem Buch tiefer einzusteigen. Der Autor ist wohl ein Pionier auf dem Gebiet der Mailingforschung. Im Buch selbst kannst du den ziemlich lächerlichen, aber womöglich funktionierenden Versuch sehen, den Autor als Marke zu installieren: Obwohl es ein Buch über Mailings ist, findest du immer wieder Portraits des Autoren im Text. Da der Mann viele 10.000 Seminarteilnehmer hatte, scheint er wohl fast so wichtig zu sein wie sein profundes Wissen. Sehr ulkig. Aber auf jeden Fall ein echt hilfreiches Buch.

Die sieben Wege zur Effektivität
von Stephen R. Covey
Broschiert - Heyne, ISBN: 3453180917
Tolles Buch zum Thema Zeitmanagement, das deutlich in den Bereich Lebenskunst und Wahrnehmung hineinreicht. Wer sich für den Umgang mit Zeit, langfristige Lebens- und Berufsplanung sowie die Fragen nach dem Sinn des eigenen Tuns fragt, der findet hier ein Buch, das die ganze Zeitmanagement-Branche in Bewegung versetzt hat.

Kreativität - Die Befreiung der inneren Kraft
von Osho, Bhagwan Shree Rajneesh
Broschiert - Ullstein Tb, ISBN: 3453180631
Man muß Osho und seinen eigenartigen Auftritt in der Welt nicht mögen, doch was der Mensch von sich gegeben hat und das noch dazu im freien Vortrag, das ist oft in höchstem Maße inspirierend.
Wenn du deine Kreativität voll entfalten möchtest, aber dich vielleicht hier und dort noch etwas gehemmt oder eingeengt fühlst durch deine Geschichte oder die Gesellschaft, dann lies dieses Buch. Es ist ein lustvolle und wort-gewaltige Reise in das Herz der Kreativität. Wirklich sehr zu empfehlen.

Anpacken statt aufschieben
von Alexander Jürries
Broschiert - 250 Seiten - Haufe, ISBN: 3448061905
Du läßt deine Arbeit gerne liegen, bis es zur Torschlußpanik kommt? Dich plagt die Aufschieberitis? Oder du weißt gar nicht so genau, was du genau vom Leben willst, wohin die Reise gehen soll, was dein Ziel sein könnte? Dann kannst du mit diesem „Trainingsbuch" an deinem Malheur hervorragend arbeiten. Auf dem Weg zum Erfolg auf jeden Fall ein hilfreicher Freund in bewährter Haufe-Qualität.

Werbung geplant und umgesetzt
von Jan O. Deiters
Gebundene Ausgabe - Max Schimmel Verlag, ISBN: 3920834666
Ein kompaktes, sehr übersichtliches und substantielles Buch zum Thema Werbung. Gut nachvollziehbar auf den Punkt gebracht. Die Bücher im Max Schimmel Verlag haben mir alle gefallen, sind leider nur vom Preis her etwas teuer angelegt.

Mit Pressearbeit zu mehr Bekanntheit
von Heinz-Dieter Claus
Gebundene Ausgabe - Max Schimmel Verlag, ISBN: 3920834798

Ein weiteres kompaktes und informatives Buch aus dem Max Schimmel Verlag. Ohne viel Schnickschnack, schnell in den wichtigsten Fragen zur Pressearbeit auf den Punkt gebracht. Verständlich, übersichtlich, gut. Die Suche im Modernen Antiquariat lohnt sich, das Buch ist für knappe 160 Seiten mit über dreißig Euro recht teuer.

Marketing leicht gemacht
von Fritz Scheuch
Broschiert - Ueberreuter Wirtschaftsverlag, ISBN: 3832309314
Dieses Buch fällt durch einen verhältnismäßig fairen Preis, großen Umfang und einen witzigen Erzählton aus der Reihe. Es ist detailliert und leicht zu verstehen. Wenn du in Marketingfragen mitreden willst und auch gerne mit mehr Fachbegriffen arbeiten würdest, als ich hier anbiete, dann ist das Buch ein tolles Standardwerk.

Kompendium für Künstler
von Dagmar Winkler
Broschiert - 400 Seiten - Westerweide, ISBN: 392800333X
Dieses Mammutwerk richtet sich vornehmlich an die reinen „Künstler": Maler, Bildhauer und so weiter. Es gibt Auskünfte zu Fragen des Urheberrechts, zu Steuern, Versicherungen, Kunsttransporten, Stipendien, Kunstpreisen und so weiter. Ein guter Teil des Buches besteht aus Adressen, Adressen, Adressen, die dem freien Künstler ein wichtiger Infopool sein können.

Inhaltlich überschneidet sich das Buch ein klein bißchen mit dem Werk von Goetz Buchholz, doch empfinde ich diese beiden Bücher gemeinsam mit dem von Fritz Scheuch und meinem als eine Art Standardpaket, mit dem sich 90% der wichtigsten Marketing- und Überlebensfragen abklären lassen.

Ratgeber Freie Kunst und Medien
von Goetz Buchholz
Taschenbuch - ver.di GmbH·Vertrieb und Dienstleistungen für Kommuni-

kationsmittel, ISBN: 3932349067

Ich habe ja schon darauf hingewiesen, daß ich die Honorarvorstellungen in diesem Buch für Einsteiger völlig daneben halte, doch das mindert nichts an der herausragenden Qualität dieses Buches. Vor vier Jahren hatte ich vor, „Von Kunst leben" genauso anzulegen, doch ich bin mehr als froh, das es jetzt dieses Buch gibt, so gut und ausführlich hätte ich es nie geschafft.

Das Buch gibt insbesondere zu rechtlichen Fragen, Versicherungen, Verträgen, Steuerfragen, Existenzgründungen für allerlei kreative Berufe sehr fundierte und hilfreiche Tips. Sehr umfassend. Kompliment!

Das 1x1 der PR
von Claudia Cornelsen, Stephanie Schwinn
Broschiert - Haufe, ISBN: 3448051225

PR für Existenzgründer
von Cornelia Kromminga, Anja Lindenberg
Broschiert - Ueberreuter Wirtschaft, ISBN: 3832306293
Zwei Bücher, die ich wie eines empfehlen kann, umfassend zum Thema PR (Public Relations). Beide reichen auch ausführlich in die Pressearbeit hinein. Detailliert, nachvollziehbar, schön geschrieben.

Marketing für Autoren - Der Weg zur erfolgreichen Veröffentlichung
von Bjoern Jagnow
Broschiert - Federwelt, ISBN: 3934488137
Feines Buch für Autoren, die es schaffen wollen, von ihrer Arbeit zu leben. Von der Grundidee her stimmt Bjoern Jagnow mit meinem Buch überein: Du mußt es dir verdienen, Erfolg ist kein Zufall, sondern die Folge deiner Arbeit. Durch die Spezialisierung auf die Autorenwelt kann das Buch zu meinen deutlich ergänzen und erweitern.

Direktmarketing, so geht's!
von Christina Ewald
Broschiert - Verlag WRS
ISBN: 3809214051

Werbung für Einsteiger
von Christina Ewald
Broschiert - Haufe Verlag
ISBN: 3448039098

Die beiden Bücher von Christina Ewald fand ich sehr hilfreich, nachvollziehbar geschrieben, übersichtlich und durchweg informativ. Sie vermitteln grundlegende Werbetricks und Kniffe, die du schon morgen umsetzen kannst, da sich die Inhalte überschneiden würde ich bei diesen Titeln ebenfalls empfehlen, nur die günstigeren Gebrauchtversionen zur Ergänzung meines Buches zu nutzen.

Danksagung

Meiner Frau Doris ein Meer von Liebe! Für alles, was du mir bist, du Engel auf Erden.

Meinen Vater Jürgen und seiner Frau Ute möchte ich für die Unterstützung in den ersten Jahren meiner kreativen Laufbahn ganz herzlich danken.

Meinen Großeltern Anni und Franz danke ich wieder und wieder für den Ort des Friedens, den sie mir über Jahre geboten haben. Ohne sie hätte mein Herz niemals heilen können. Wir werden uns wiedersehen …

Dank an den großen Geist, dafür das er mir meinen Gefährten Socke geschickt hat.

Rena Umland danke ich für die Last-Minute-Korrekturen und Ansgar-M. Stein für das Layout.

Dank den zahllosen Kreativen, die mich in den letzten Jahren soviel gelehrt haben. Es ist mir eine Ehre euch begegnet zu sein. Danke auch all jenen, die da noch kommen werden.

Danke der Freude und der Begeisterung, dem Mut und der Liebe. Was wäre ich, würden sie nicht zu mir halten?!

David Lindner
Odenwald, im Oktober 2004

Der Autor

David Lindner ist Autor, bildender Künstler und Musiker. Er arbeitet als Feng Shui-Berater und praktiziert schamanische Heilarbeit, unterrichtet das Spiel des australischen Didgeridoo und gibt Klangmassage-Ausbildungen.

David spielt meditative Klangkonzerte und musizierte als Klangschamane auf rund einem Dutzend CD-Produktionen.

1998 gründete er den Traumzeit-Verlag, in dem der Autor inzwischen über zwanzig seiner eigenen Projekte erfolgreich veröffentlicht, vermarktet und vertreibt. Einige seiner Werke wurden Bestseller. Mehr und mehr unterstützt David über den Verlag auch andere innovative Autoren, Künstler und Wissenschaftler mit Buch- und CD-Projekten.

Wenn du Interesse an der Arbeit von David Lindner hast, sende eine eMail an: *info@traumzeit-verlag.de*

Den Verlag erreichst du auf der Internetseite
www.traumzeit-verlag.de

gib mir deine hand

komm
gib mir deine hand
laß uns über die wiesen
und durch die wälder
unserer träume wandern

folgen wir
der fährte des wolfes
den uralten ort zu finden
an dem wir seit langem
erwartet werden

komm
komm mit mir
auf die lange reise
in eine wunderschöne welt
nie endender liebe

komm
folge mir
zu dir

fühle dein herz

aus der finsternis
den schrecken und qualen unserer zeit
geboren
ein neues
altes geschlecht
uns
zu führen
durch das magische tor

schau in den spiegel
deines ursprunges
und du schaust das gesicht
aller menschen

sieh in den spiegel
und du siehst den traum
deines gottes

fühl dein herz
fühle es schlagen

in jedem von uns wohnt
das vermächtnis
der friedvollen krieger

fühle dein herz
öffne das magische tor

es wird zeit
für einen wandel

fühle dein herz
vertraue ihm

sonnige aussicht

wenn ich
dich lachen sehe
dann möchte ich
ganz ganz klein sein
so klein
daß ich auf einem
deiner lachfältchen
platz hätte

ich würde
da rumsitzen
mit den füßen
baumeln
und mich sonnen
in deinem licht

willkommen

tritt ein
dies ist das tor
in eine andere welt

eine welt
in der es noch helden gibt
denn held ist
wer zu träumen wagt

eine welt
in der es noch weise gibt
denn weise ist
wer zu lieben wagt

tritt ein
dies ist das tor
in eine andere welt
gleich neben dir

eine welt
in der die träume
nur eine andere art
von wirklichkeit sind

eine wirklichkeit
die wartet
von uns gelebt zu werden

tritt ein
dies ist das tor
in meine welt
das land
der lebenden träume

willkommen

endlos

den tag anhalten
ihm namen geben
sich in seinen armen wiegen
lauschen
wir er uns
ein lied summt

traumtanzen
an deiner seite
durch die stillen weiten räume
ewiger augenblicke
die nun uns gehören
nur uns

die augen schließen
lachend erwachen
stumm
vor freude

endlos
deine nähe
atmen

Für Träumer und Liebende
Den wahren Helden unserer Zeit

Danke an meine Leser!
4. Auflage - ohne Anzeigen, ohne Feulliton!

David Lindner
Für Träumer und Liebende
- Den wahren Helden unserer Zeit

Gedichte und Texte

98 Seiten
Paperback
Mit stimmungsvollen Fotos und Graphiken

€ 8,00 (D)
ISBN 3-933825-17-2

Eine poetische Reise in das Herz der Lebenslust:
Das Lied des Lebens - Begegnungen mit der Weltenseele

David Lindner
Das Lied des Lebens
Begegnungen mit der Weltenseele

Gedichte und Texte

98 Seiten
Hardcover
2. Auflage

€ 14, 00 (D)
ISBN 3-933825-41-5

traumfänger

zauberer
aus dem geschlecht
der zeitlosen

geboren im feenland
dem reich des wahren königs
Frieden

ein riese von gestalt
im wesen zarte wolkenhand
ist er der bote
der anderswelt

öffnest du dich
den träumen
wird er kommen
dir geschenke machend
wunschdurchwoben

willst du
weiter wissen
wird er den weg
dir weisen
zum tor aller wahrheiten
zum tor
in traumfängers wirklichkeit

es wird zeit

lass dich
vom wind
wachflüstern

geh
das sonnenlicht
lieben

trinke
den tag

fühle freiheit
sie kitzelt einen
bis man lacht

vielleicht ist morgen
für dich
nie

heute wird es zeit
zu leben

Klangschalen, Gongs, Didgeridoo und mehr: Nur Sound, keine Elektronik

www.traumzeit-verlag.de

The Ancient Voice
The Secret Power of the Singing Bowls
Entspannend & energetisierend: Eine Hörreise in
die schwingende Welt der Klangschalen. Erstmals
auf einer CD die verschiedensten Klangschalen
aus Tibet, Indien, Japan, China und Kristallklang-
schalen mit ihren harmonisierenden Effekten.
Authentisch in der Wiedergabe und deshalb sehr
wirksam: Als würden die Instrument vor Ihnen
angespielt.
CD , über 70 Minuten Relax-Musik
ISBN 3-933825-29-6

David Lindner & The Ancient Voice
The Gong-Experience
Geh in Berührung mit der Kraft der Erde

Fünf verschiedene Gongtypen sparsam mit ein-
zelnen Instrumenten wie Didgeridoo, Oberton-
gesang, Trommel oder Natursounds kombiniert.
Die Grenzen des technisch Reproduzierbaren:
Kräfte und Töne der Gongs für die Erweckung
Deiner Erdenergien.

CD, über 70 Minuten Klangereignis
ISBN 3-933825-20-2

Adalgis Wulf
Die Kraft im Wasser
Authentische Natursounds von Gewitterregen,
Quellbach, Fluss und Meeresrauschen.

Lauschen Sie den Wesen des Wassers.
Für Entspannung, zur Belebung und Raumklä-
rung, für Feng Shui und schamanische Reisen.
Es wurden keine Musik und Effekte hinzugefügt,
die Obertöne des Wassers entfalten eigene Stim-
mungen, Rhythmen und wahre Klangwelten.
CD, ca. 60 Minuten reiner Energiesound
ISBN 3-933825-34-2

David Lindners The Ancient Voice
Ceremony - Didgeridoo-Weltmusik
Zum Entspannen, Träumen, kreativ arbeiten -
sehr atmosphärisch. Mein Tip: Ein warmes
Vollbad, Kerzenlicht, diese CD einlegen und die
Seele geht auf die Reise. Didgeridoo kraftvoll
und klar, voller Spirit und Herzpower, kombiniert
mit über dreißig Instrumenten aus aller Welt.
Sound pur. Entspannen ohne elektronisches
Beiwerk.

CD, ca. 70 Min., im edlen Digipak
ISBN 3-933825-10-5

GEMAfreie Klänge - Die dürfen Sie auch auf Ihrem Event im Bereich Kleinkultur spielen (Auf Ausstellungen, Seminaren, Workshops, im Laden oder Atelier).

weit wie der himmel

ich trinke
die zarte wärme
einer erinnerung
die deinen duft trägt

betrunken
vom licht dieser tage
flüstere ich
deinen namen
er klingt
wie der geschmack
der liebe

ich spüre den atem
deiner berührung
wie einen lachenden traum
auf meiner haut
und mein herz
mein herz wird
weit
weit wie der himmel

sie wissen genau

grillen singen
milchstraßensinfonien
sie wissen genau
sterne lauschen

gebirgswasser gurgelt lustig
über flußbettsteine
es weiß genau
kiesel lieben gelächter

wale
springen tanzend aus dem meer
sie wissen genau
die luft
findet ballett schön

winde erzählen
in blättern geschichten
sie wissen genau
bäume sind wissbegierig

träume küssen
menschen wach
sie wissen genau
menschen lieben leben

für doris

abendhimmel
schmiegen sich
dunkelblau träumend
an deine atmende haut

sterne
gehen schwimmen
im glanz deiner augen
leise kichernd
vor glück

monde
tanzen barfuß
durch die wärme
deiner küsse
wie benommen
von ihrem duft

meine nächte
verneigen sich
voll tiefer ehrfurcht
vor dem
weiten herz
deiner liebe